鱼道及其他过鱼设施的设计

Design of Fishways and Other Fish Facilities (Second Edition)

[加] Charles H. Clay 著
骆辉煌 冯顺新 杨青瑞 余晓 等 译

中国水利水电出版社
www.waterpub.com.cn
·北京·

内 容 提 要

本书主要描述了北美洲多种鱼道及其他过鱼设施的类型以及发展过程，并提出对鱼类的保护措施。具体包括鱼道设计和运行过程中的相关知识和研究，强调生物学家和工程师在鱼道设计中应共同探讨研究，以制定出适合的保护鱼类生存和渔业发展的工程措施，内容尽可能涵盖了发展中国家对过鱼设施的需求。

本书为从事鱼道及其他过鱼设施设计的科研和设计人员提供相关的借鉴，也为相关学科的师生学习提供参考

北京市版权局著作权合同登记号：01-2016-7366

图书在版编目（CIP）数据

鱼道及其他过鱼设施的设计 / (加) 查尔斯·克莱(Charles H. Clay) 著 ; 骆辉煌等译. -- 北京 : 中国水利水电出版社, 2016.11

书名原文: Design of Fishways and Other Fish Facilities (Second Edition)

ISBN 978-7-5170-4932-6

Ⅰ. ①鱼… Ⅱ. ①查… ②骆… Ⅲ. ①鱼道－设计 Ⅳ. ①S956.3

中国版本图书馆CIP数据核字(2016)第287527号

书　　名	**鱼道及其他过鱼设施的设计** YUDAO JI QITA GUOYU SHESHI DE SHEJI
原 书 名	Design of Fishways and Other Fish Facilities (Second Edition)
原　　著	[加] Charles H. Clay
译　　者	骆辉煌　冯顺新　杨青瑞　余晓　等
出版发行	中国水利水电出版社 (北京市海淀区玉渊潭南路1号D座　100038) 网址：www.waterpub.com.cn E-mail：sales@waterpub.com.cn 电话：(010) 68367658（营销中心）
经　　售	北京科水图书销售中心（零售） 电话：(010) 88383994、63202643、68545874 全国各地新华书店和相关出版物销售网点
排　　版	中国水利水电出版社微机排版中心
印　　刷	三河市鑫金马印装有限公司
规　　格	170mm×240mm　16开本　13.25印张　252千字
版　　次	2016年11月中文版第1版　2016年11月第1次印刷
印　　数	0001—1000册
定　　价	**38.00**元

从联合国粮食及农业组织（*Food & Agriculture Organization of the United Nations*，简称联合国粮农组织）退休以来，Charles H. Clay 已经成为世界上许多组织、企业和政府的顾问。他出生于加拿大不列颠哥伦比亚省的新威斯敏斯特，并于 1944 年在英属哥伦比亚大学土木工程系获得了应用科学的学士学位。在 1962—1963 年间，他完成了荷兰代尔夫特大学水利工程的国际课程，获得了水利工程的研究生学位。从 1949 年以来，他是不列颠哥伦比亚省的专业工程师协会的成员，现在为终身会员。他在国际太平洋鲑鱼渔业委员会的工作期间，由于其在不列颠哥伦比亚省的鲑鱼保护的首创性工作，他 1950 年获得了首席工程师及温哥华渔业联邦部的资源发展首席。在这段时期，在鲑鱼保护方面的成绩主要在不列颠哥伦比亚、育空及华盛顿、俄勒冈和加利福尼亚等西部各州工作而获得。他还担任加拿大政府顾问，研究加拿大东海岸、纽芬兰和五大湖间鱼类洄游问题。基于工作经验的积累，他在 1961 年写的鱼道和其他过鱼设施设计的第 1 版。随后在 1965 年加入位于意大利罗马的联合国粮食及农业组织前，他在其他国家获得了解决鱼类洄游问题的大量经验，这些国家包括英国、苏格兰、爱尔兰和荷兰。在联合国粮食及农业组织工作期间，他担任湖泊项目协调员，评估和发展埃及阿斯旺大坝、尼日利亚卡因吉大坝、加纳沃尔特大坝、赞比亚卡里巴大坝及其他等新建大型水坝而形成的巨大水库渔业。他也考察过印度、伊朗、波兰、希腊、冰岛及其他国家的水利工程，并对渔业工程问题给出了建议。他参加了国际联盟在希腊雅典召开的自然保护会议、美国地球物理联合会在田纳西州诺克斯维尔召开的会议、在日本岐阜县召开的鱼道国际学术研讨会，并提交了论文。现在他已经收集了所有的知识，在世界上的渔业工人的帮助下，从全球学科发展最新的视度，编辑了《鱼道及其他过鱼设施的设计》（第 2 版）。在 1993 年，他获得了美国渔业协会生物工程部分的优秀奖。

作者

译 者 序

大规模的水利水电工程建设对鱼类洄游造成了显著的影响，鱼类洄游通道严重受阻。鱼道及其他过鱼设施是为解决鱼类自然洄游通道受阻的补救措施，一般用于在水闸或大坝上修改人工过鱼设施来保护鱼类的洄游习性。目前在我国水利水电工程建设中，鱼道是保护修复鱼类洄游通道的主要举措，得到了广泛应用。

鱼道一般由进口、槽身、出口和诱鱼补水系统组成。进口多布置在水流平稳处，依靠水流的吸引进入鱼道。鱼类在鱼道中需要依靠自身的力量克服流速逆游而上，以实现溯河洄游。目前鱼道设计尚存在诸多技术问题亟须解决。

本书作者Charles H. Clay曾就职于联合国粮食及农业组织，并且是世界上许多组织、企业和政府的顾问。他在国际太平洋鲑鱼渔业委员会和联合国粮食及农业组织的工作期间，研究解决了加拿大、英国、苏格兰、爱尔兰和荷兰等国家和地区的鱼类洄游问题。基于工作经验的积累，他在1961年写的鱼道和其他过鱼设施设计的第1版。随后根据科学技术的发展，重新编著了《鱼道及其他过鱼设施的设计》（第2版）。《鱼道及其他过鱼设施》（第2版）为解决鱼类过坝问题提供了很好的参考，值得为我国水利水电工程鱼道规划和设计的科研人员推荐。

全书分为7章。第1章作为概论，对鱼道及过鱼设施作了简要的介绍，并简要介绍了世界各地鱼道及过鱼设施的使用情况；第2章至第5章分别着重介绍了自然阻隔下的鱼道、大坝的鱼道、鱼闸和升鱼机，以及栅栏和拦截坝；第6章重点介绍了下游河段鱼类洄游的保护；第7章重点介绍了涵管式鱼道。附件对一些鱼道的改进进行了说明。附录A和附录B分别介绍了鱼道相关的水力学知识和鱼类常用名录。

本书由长期从事水生态与水环境学科研究的科研人员合作翻译。参加本书翻译的人员有骆辉煌、冯顺新、杨青瑞、余晓、黄智华、高婷、王尚玉、杨锋、郑敬伟等人。全书由骆辉煌、冯顺新、杨青瑞统稿校译。

在本书的翻译过程中，还得到了赵珊珊、陈芳斐、景傲霜、袁梦娇、杨成锋和甘甜等同志对部分文字的编辑，在此对他们的辛勤劳动表示诚挚的谢意。

由于时间和水平有限，不免有疏漏之处，敬请读者不吝指正。

译者

2016年11月于北京

原 著 前 言

联合国粮农业组织渔业部门的前同事的启发下，编写了这个新版本。他们接收到有关鱼道的咨询时感觉到很尴尬，他们不得不告诉咨询者，仅有的一本关于鱼道的著作，是在20年前所著，最近已经绝版了。于是我与联合国粮农组织资源和环境部主任亨德森-弗兰博士达成协议，开始编写新版本，在新版本中尽可能涵盖发展中国家对过鱼设施的兴趣和需求。

在改版的最初阶段，很快就发现在发展中国家，特别是在南半球，关于过鱼问题的研究进展非常缓慢。然而，我总结了我在这些国家工作的经验，此外更新所有北半球发达国家的数据和材料。

我对所有客户的帮助深表感谢。感谢美国的 Milo Bell，George Eicher 和 Ted VandeSande 非常有用的帮助。感谢加拿大的 Chris Katopodis，Ray Bietter，Vern Conrad，H. Jansen 和 Paul Ruggles 提供了有价值的信息。感谢法国的 M. Larinier，英国 M. Beach，爱尔兰的 C. McGrath，冰岛的 T. Gudjonsson，德国的 G. Jens 和荷兰的 L. Van Haasteren 提供的大力帮助。同样感谢南非的 A. H. Bok，澳大利亚的 J. H. Harris 和 M. Mallen - Cooper，新西兰的 C. Mitchell，和东南亚的 V. Pantulu 和 H. R. Rabanal，及中国的 Xiangke Lu 提供的帮助。联合国粮农组织资助的俄罗斯 D. S. Pavlov 和拉丁美洲 R. Quiros 的出版物非常及时。这为我更新全世界的鱼道问题和实践提供了大量的素材。

在美国渔业协会资助下，我得以完成手稿和新的插图；卡尔沙利文在这方面提供了帮助。以下机构慷慨地提供资金支持：

• 联合国粮农组织

- 加拿大渔业和海洋部
- 美国内政部、农垦局

渥太华的加拿大渔业和海洋部已经授权可使用原著的数据。J. Clay 绘制了新的图表，J. Johnson 输入了手稿。在此真诚地感谢以上所有的人和组织为第 2 版的出版提供的帮助。

Charles H. Clay

目　　录

第1章　概　　论

1.1　简介

许多类型的过鱼设施帮助鱼类在洄游时越过大坝、瀑布和激流，本章中介绍的这些过鱼设施的类型主要为鱼道（fishway）、鱼梯（fish ladder）或者鱼通道（fish pass）。通常，鱼道（fishway）和鱼梯（fish ladder）主要应用于北美洲，而鱼通道（fish pass）主要应用于欧洲。为了术语一致性，本书统称这些设施为鱼道（fishway）。某些类型的鱼道能够帮助鱼类通过自己的努力逆流而上，本书将在第2章、第3章着重介绍这些类型的鱼道。鱼闸和升鱼机则是通过提升的方式帮助鱼类翻越障碍物，将在第4章重点介绍鱼闸和升鱼机。

无论这些过鱼设施在世界不同地区称作什么、是为哪种鱼类所设计，但所有鱼道的定义基本相同。从本质上说，鱼道即为通过消能的方式帮助鱼类在其可承受压力范围内上行越过障碍物的河流通道。

鱼道有着悠久的历史，最早的记录可追溯至300多年前的欧洲。毫无疑问，对于鱼道必要性的认知远早于此。但在早期时代，在会议上讨论鱼道的必要性是难以理解的。且不幸的是，对鱼道必要性的忽视一直延续到近代。近些年，随着工业的发展，鱼类通道问题才为人类所意识到。在很多地区，洄游鱼类的种群已完全消亡，任何恢复、补救措施均无济于事。与此同时，世界各地尚有许多洄游鱼类的物种面临灭绝的危险。随着人类科学研究能力和管理水平的日益增强，人类对物种保护的意识也不断加强，从而使得尚存洄游鱼类物种的数量在很大程度上能得到维持甚至增加，其中修建足够数量的鱼道即为保护的方法之一。

1.2　一些法律方面的考虑

在大部分有鲑鱼洄游的北半球国家，均意识到应该在建有大坝或水闸等阻隔建筑物的河流上为鱼类提供过鱼设施。这种生态保护意识直接表现在为保证鱼类洄游，在新修建的堰坝上修建了过鱼设施。随着生物科学的发展、公众对生态保护认知的提高，生态保护的需求已经纳入到了现代法律规定之中。

在许多国家，洄游性鱼类在某些重要的渔场中具有举足轻重的作用。在这些国家一般都建立了特别的法律、法规用于保护这些受到大坝和其他水工建筑物影响的鱼类。在北美洲，相关的法律概念和管理措施较为统一。该区域法律规定，对于影响鱼类洄游的大坝或水工建筑物的所有者有义务提供、修建过鱼设施。在法律规定大坝所有者提供合适的过鱼设施的同时，大坝所有者并不需要成为专业的鱼道设计者，政府或者政府顾问有义务为大坝所有者提供相应的设计，以确保顺利实施过鱼设施的建设。这一政策使大坝所有者制定鱼道设施的功能规划和规范提供了依据。这些规划和规范通常包括总体布局、内部尺寸和鱼道水力形态的技术指标等具体细节。鱼道结构设计与大坝设计同时进行，从而设计方案更易获得政府批准。

本书将以如下方式介绍鱼道。对于大坝上的鱼道，将不详细介绍结构细节，此类信息在大坝和其他水工建筑物的设计标准中有详细介绍。本书将重点介绍关于鱼道功能及其水力形态需求，这是鱼类学家最为关心的问题。在具有天然障碍物的河道上修建鱼道时，由于渔业工程师和生物学家们能够全盘考虑负责的项目，可整体性地解决鱼道建设所面临的诸多问题，如构思、勘测、水力形态与功能设计、建造及鱼道的运行等。

一般理所当然地认为在满足公共利益最大化的前提下，在大坝上修建鱼道会更容易获批准，但实际上并不完全如此。在某些情况下，最好的鱼道设施可能也无法保证渔业的持续发展。如果渔业在该区域具有举足轻重的作用，那么公共利益最大化得以保证的前提是拒绝修建大坝。因此，本书假设水工建筑物的修建后公共利益能够得到满足，在此条件下修建最经济实用的过鱼设施是必要的。

1.3　定义

为了定义用来描述鱼道各个部分的专业术语，有必要了解鱼道的基本类型。全世界最常见的鱼道通常都是由一系列的水池组成，按照梯级分布将水流由大坝上游引导至坝下，水流从上游由一个水池流向下一个水池。鱼类则通过跳跃或游动由一个水池到达相邻的水池，从而成功实现逆游洄游。这些水池被各种堰（障碍物或坝）所分割，且每个被分割的水池的水位均由这些堰控制，这种鱼道即为溢流堰式鱼道。这种类型的鱼道起源于在大坝附近开挖一系列梯级池塘或水池形成的鱼类洄游通道。现代鱼道的基本设计原理基本一致，即通过一系列横墙将矩形横断面的水槽分割成一系列互相沟通的水池，这些横墙的作用相当于堰，用来增加水流阻力和减缓流速。

虽然我们通常更多地采用溢流堰式鱼道，但有时也会采用淹没孔口式鱼道，即在隔板上设有浅孔或溢流孔，鱼类可通过这些溢流孔实现溯河洄游。这种类型的鱼道通常称为淹没孔口式鱼道。本书中将会讨论此类型鱼道。

大多数现代堰式鱼道在挡水隔板上设有溢流孔，这种鱼道仍然属于堰式鱼道。如此设计能够保证有足够水流溢出隔板以便于鱼类向上游游动。

既有堰也有溢流孔的鱼道，能够确保水流从一个水池到下一个水池的过程中，水能消散于每个水池的湍流之中。理论上，通常水池的容量比水量大很多，以便使每个水池都能有足够的空间吸收这些湍流，确保水流在进入下一个水池之前水能充分消散。这种方式使水能均匀地消散于鱼道内，从而确保鱼类能够在其允许的压力范围内实现溯河洄游。

大约在80年前，比利时一位鱼类学家丹尼尔提出一种消散水流下泄能量的设想，即通过构建一个斜槽及在槽壁与槽底安装隔板和底坎，从而促使部分水流回流以达到消耗能量的目的。由于隔板和底坎的存在，水流从中央孔口通过时在其边壁和底坎上会形成反向回流从而实现减速消能，使得鱼类能够通过鱼道逆流洄游。这种类型的鱼道即为丹尼尔鱼道，并由此衍生出很多不同的鱼道设计，本书将所有这些类型都归类为丹尼尔式鱼道。

第四种类型的鱼道称为竖缝式鱼道，类似于淹没孔口式鱼道。但不同的是溢流孔沿隔板自下而上连续分布，形成一条狭长的竖缝，而不仅仅是底部的一个溢流孔。相对淹没孔口式鱼道，竖缝式鱼道会形成不同的水流特征和水力形态。此种鱼道大约在1943年研发成功，其称作竖缝式或地狱门式鱼道。这种鱼道一定程度上借鉴了丹尼尔式鱼道最初的设计原理，所以又称其为组合式鱼道，成功广泛应用于北美洲和欧洲鲑鱼及其他鱼类的过坝洄游。竖缝式鱼道的构造方式为沿水槽壁每隔一定距离设立一个隔板，不同形状的隔板能够使得部分下泄水流产生回流。如果竖缝形状和尺寸设计得当，会最大程度地实现水能的消散。由于竖缝自上而下分布于隔板上，如此设计能够保证生活在不同水层的鱼类都能通过竖缝由下游水池游向相邻的上游水池。这种类型的鱼道在Milo C. Bell的管理下，成功地运用到加拿大弗雷泽河的地狱门，因此其又称为地狱门式鱼道。由于这个设计广泛地应用于世界不同地区，因此本书统称其为竖缝式鱼道。

和鱼道有关的其他术语大多来源于一个概念，即鱼道是鱼类由下游上溯至上游的通道，而非由上游到下游的通道。例如，下游处被称作鱼道入口，或简称为入口；上游处则被称作鱼道出口或简称其为出口。这种术语会给水力学家带来困扰，他们更习惯于通过河流的流向来定义入口和出口。在使用鱼道入口和鱼道出口这类专业术语时，其所隐含的原理具有重要意义，因为它是从鱼类的角度来看待鱼道的所有问题。

鱼道入口是鱼道最重要的部分，尤其是当鱼道入口在大坝上时显得特别重要，本书将在后文有专门章节来讨论鱼道入口的各种变化和需求。下面将讨论的进口诱鱼系统为电站尾水处鱼道入口的准备装置，其作用是为了使鱼类能够为电站尾水的下泄水流所吸引，从而更容易找到鱼道入口。

相较于河道水流，鱼道入口的出水水流很小而难以吸引溯河洄游的鱼类，因而需要一个辅助供水系统来提高鱼道入口的出水流速，从而更易于吸引鱼类，这个即为诱鱼水流。下面的章节将详细介绍目前诱鱼水流数量和流速的技术参数。

鱼道通常位于或靠近河岸，如此设计能够为鱼类向上游洄游提供保证。通常，在自然障碍物和大坝的两侧均会设置鱼道。此种情况下，为了区分这两处鱼道需要对一个或另一个进行指定、说明。标准的说明办法是指定左岸鱼道或者右岸鱼道，即人面对下游的左手边为左岸，右手边为右岸。

鱼闸和升鱼机这两种不同类型的鱼道将在本书第4章详细介绍。确切地说，鱼闸是一种供鱼类自下游翻越到大坝上游的鱼道设施。这种鱼道一般有两个闸室，一个位于坝的上首，另一个位于坝的底部，上、下两端闸门交错启闭进行过鱼，两者由斜井或竖井相连接。底部闸室每隔一定时间关闭。底部闸室关闭时，闸室内水位上升，闸室中的鱼群可沿斜井往上游，并通过上闸室的溢水闸游出，如此鱼类可顺利地翻越大坝。鱼闸的运行原理同船闸相同，实际上很多情况下，鱼类直接通过船闸实现溯河洄游。升鱼机是一种机械类的运输鱼类设施，像是一节火车车厢、油罐车或者缆车车厢。本书将从鱼类收集与运输两个方面对升鱼机进行介绍。

图1.1和图1.2简单地展示了鱼道、鱼闸和升鱼机的形式。

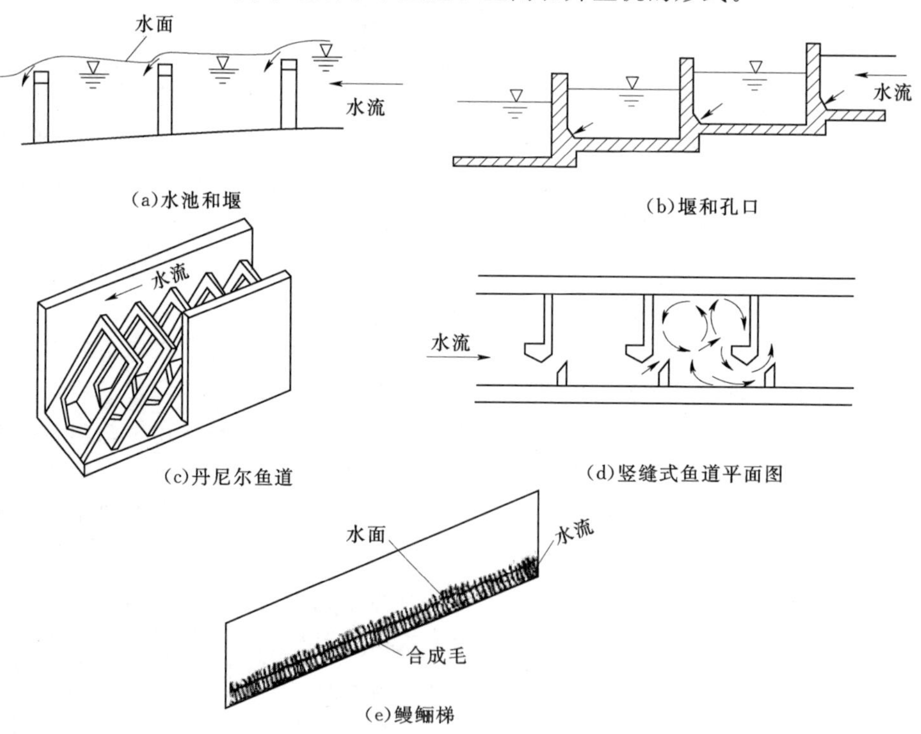

图1.1　大坝上的鱼道和其他过鱼设施的横截面及竖缝式鱼道平面图

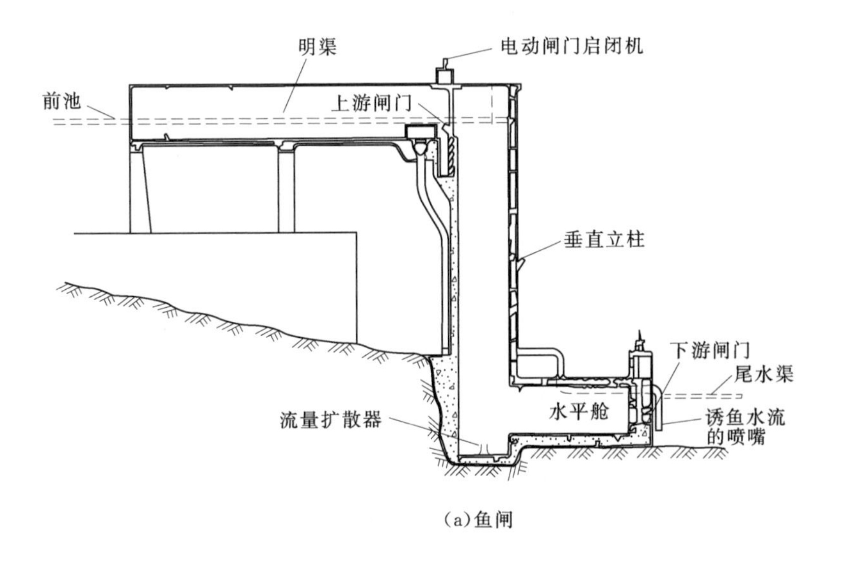

(a)鱼闸

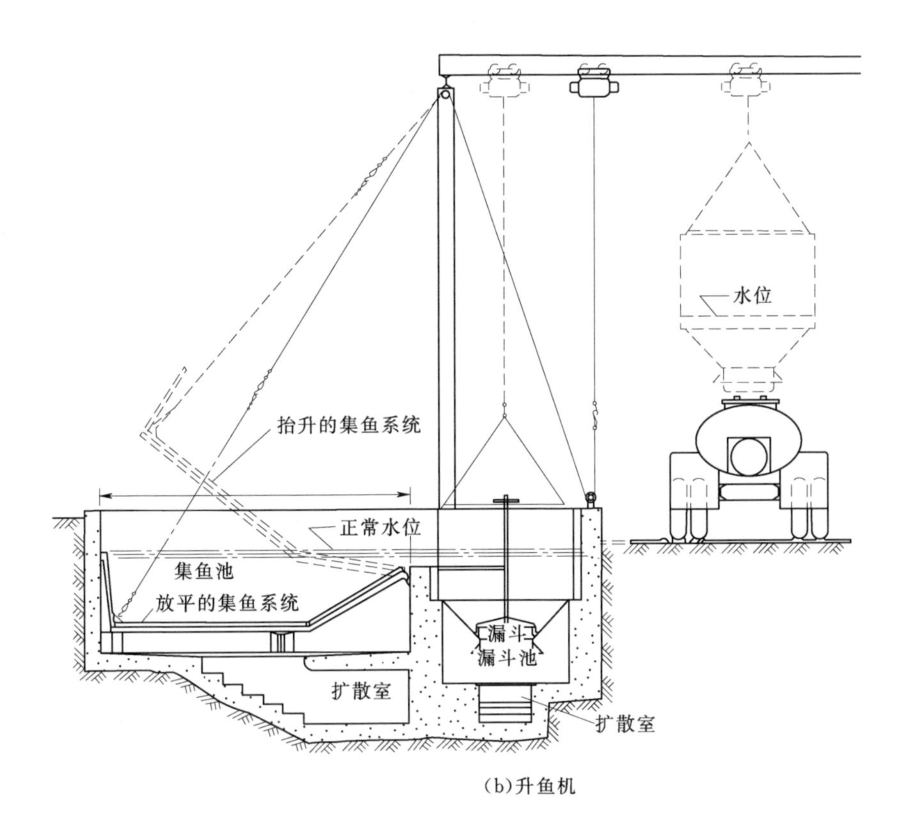

(b)升鱼机

图 1.2 鱼闸和升鱼机

1.4 历史

正如前文所提到的，最早尝试建设鱼道的记录大概在 17 世纪。而且毫无疑问，肯定有比该记录更早的原始尝试和自然探索。但在 20 世纪之前，没有建立在科学基础之上的任何尝试和探索，尽管此时水力学及其相关领域已取得了突飞猛进的发展与进步。

Nemenyi 在 1941 年出版过一本关于鱼道的书，其文献注释里列出了很多篇关于鱼道的公开发表的论文，这些论文大多发表于 19 世纪末 20 世纪初。尽管部分论文中涉及了关于鱼道的详细规划，而且这些规划在当时是相当复杂和精细的，但是没有一篇论文具有科学的理论基础。

1909 年 Denil 发表了一篇论文，介绍了一种由其自主研发的新型鱼道，且其是建立在更为科学的理论基础之上。从那时起，对于鱼道设计的理论方法有了明显的变化与进步。首先，运用鱼道的水力学特性来消散水能受到广泛认知且开始得到深入研究；其次，关于鱼类游动的水力学特性的研究越来越多。后来关于工程研究的分支学科相继出现，他们不局限于将鱼类视为一种生物来考虑其生理限制和行为模式，而是试图将鱼类视为静止物体，从而量化其受的外部力作用。

Denil 及其他人所做的相关研究大大推进了科学的发展与前进，仅就丹尼尔式鱼道本身而言，直到目前它仍然被广泛地运用。Denil 及其他研究者对鱼类行为的指标进行了大量的观察和记录，这些记录被后来的相关研究所印证。在 1939 年和 1940 年，以 McLeod 和 Nemenyi 为代表的研究学者，在 Denil 等人的观察、记录为基础上，研究了不同形式的鱼道与鱼类行为之间的关系，并取得重要的成果。尽管这项研究仅局限于爱荷华州河流的本地鱼类物种，但其仍具有相当重大的意义和价值。

与此同时，在当时已有的科学基础上，将鱼道纳入了大坝设计、建设的全过程。在一些重要的工程建设中，获得了很多关于鱼类行为和特性的经验。由于经验的取得具有较大的偶然性，因而研究进步缓慢。然而，在 1937—1938 年间，在哥伦比亚河的邦纳维尔大坝上建设过鱼设施时，相关研究取得巨大的进步，尤其是鲑鱼鱼道设计（图 1.3）。这里，大约第一次有如此数量巨大的鲑鱼，因此要求有足额的设计经费支出，以能够吸引经验丰富的工程师和理念先进的生物学家来参与设计鱼道。这个专门为成年鲑鱼溯河洄游而设计的过鱼设施比之前的相关建设更为复杂更为有效。这次设计运用最新的理论基础，包括使用大量的诱鱼水流和多个进口的集鱼系统。在标准溢流堰式鱼道的基础上，建设了鱼闸，这对下游无法成功洄游的幼鱼是一次很好的尝试。这个过鱼设施的每个部分都是成功的，其中关于成年鲑鱼的设计尤为成功，它的总体设计成为很多区域进行鱼道设计时的一个范本和标准。

图 1.3 邦纳维尔大坝鱼道正面图

美国鱼类和野生动物服务部门、华盛顿州和俄勒冈州的渔业部门是这次鱼道建设的行政主管部门，主要负责鱼道设计中关于水力学和生物学的具体技术细节，这次巨大的成功当然也要归功于他们的生物学家和工程师们。

此后不久，国际太平洋鲑鱼渔业委员会（the International Pacific Salmon Fisheries Commission）对弗雷泽河红大麻哈鱼的生物特性进行了深入研究，研究建议在加拿大弗雷泽河的地狱门峡谷处修建鱼道，用于减缓大坝对于红大马哈鱼洄游的不利影响。

在此次设计中，适当改进了竖缝式隔板以适用于地狱门独特的地理位置（图 1.4），这种发展代表了鱼道设计的另一大进步。如前文所述，此次设计的原理是通过隔板上的竖缝使部分下泄水流回流，以便使其在水池内最大程度地实现水能的消散。另外，通过在不同深度营造某种固定形式的漩涡，能够为鱼类提供更好的休息区域。由于此种鱼类本身具备一种适应能力，其能够适应较大范围的源头波动和尾水高度，因而在设计时采用较为简单的方法，以尽可能地控制成本在合理范围内。实践证明这种类型的鱼道是建设在自然障碍物上最合理的鱼道。

自从建设邦纳维尔大坝过鱼设施的半个世纪以来，人们已经越来越清楚地意识到过鱼设施问题的复杂性，这引发了人们对于下行鱼道的问题和上行鱼道的效率等方面的大量基础研究。

当时有一种强烈的呼声，即在哥伦比亚河上应该建设更多的大坝。这种观

图1.4　地狱门鱼道（面向上游）

点无疑刺激了大家对于现有过鱼设施的评估和针对增加新过鱼设施深入研究的热情。

随后进行了两项独立的调查。第一项调查是由美国鱼类与野生动物保护协会（the U. S. Fish and Wildlife Service）在1948年组织开展，调查内容是洄游鱼类顺流而下越过邦纳维尔大坝的损失率。调查结果指出，鱼类顺流而下越过大坝的损失率大约为15%。第二项调查是由俄勒冈州渔业委员会开展，据Schoning和Johnson（1956年）的报道指出，洄游鱼类在溯河洄游穿过邦纳维尔水坝的过鱼设施时，其历时较自然状态平均延长数天。

这些调查表明，关于如何有效改进上行鱼道设施和尽可能降低下行鱼类死亡率的研究，亟待深入探讨。

一项关于基础生物学研究的长期规划开始进行，其核心内容是研究洄游鱼类大马哈鱼的生物及其行为特性。这项研究的目的是为了能够完全了解大马哈鱼的生物需求，以便工程师和鱼类学家能够有效地设计大坝过鱼设施，从而最大程度保护有价值的大马哈鱼。对于鱼类基础生物学知识的需求在其他国家也被广泛地认知，研究的领域也同样是鱼类生理学和行为学范畴。而且其中一小部分国家同样也开展了相似目标的长期研究规划。这不能简单地视为一个重复的工作，很显然，鱼类的生物需求多元化。在不同的区域研究不同的物种，越努力收获越大。不仅仅是该特定区域的相关研究会有较大进展，同时也可以将其经验推广到更广泛的领域。

和传统鱼道相比，鱼闸和升鱼机的历史较短。大约在1900年，苏格兰Malloch提出类似于现在的鱼闸的一种方案，但显然这种想法在当时没有被接受，因而也没有直接应用。鱼闸和升鱼机开始进入最初的实际应用出现在20世纪20年代中期，这个时期大坝的设计高度越来越高，远远超过以往的设想。在当时，对于高度低于50ft（1ft≈0.3048m）的大坝，传统鱼道因其较高的性价比能够满足要求。但实际情况是，越来越多的大坝高于50ft，甚至在某些以鲑鱼为主要物种的河流，大坝高度的设计达到了300ft，这种情况下，人们不得不寻找一种替代方法和设施来作为成年鲑鱼有效的过鱼通道。除了经济因素外，还有一个因素在这些设施的发展过程中发挥了重要的作用，即人们开始担心，鱼类无法通过自身的努力通过鱼道上升越过这些高坝。随着经验和知识的增多，越来越多的鱼道建造在日益增高的大坝上，这在某种程度上降低了人们先前的担忧。

鱼类溯河洄游通过建造在不同高度大坝上的鱼道时，由于缺乏其所承受压力的实测数据，增加了鱼道设计的难度，这无疑有助于鱼闸和升鱼机的发展。因为这两种设施与传统鱼道相比，鱼类自身不需要很多努力就可以实现溯河洄游。然而这并不是说鱼闸和升鱼机能广泛推荐使用，因为同样也缺少鱼类通过这两种设施时所承受压力的实测数据。但鱼闸和升鱼机的优点显而易见，即鱼类通过这些设施时仅需较少的努力。

Nemenyi（1941年）在他的文献中引用了两篇论文，分别为1924年在美国西部的白鲑鱼河试验的实验性升鱼机和1926年在俄勒冈州的安普瓜河试验的获得专利的升鱼机或鱼闸相关论文。这些文献同时也描述了欧洲最早的类似设施为1933年在芬兰Aborrfors的升鱼机。随后几年内，在芬兰出现了其他一些相似设施，在德国的康布莱茵河畔也建设了升鱼机。

与此同时，北美洲的研究主要集中在华盛顿州贝克大坝的过鱼设施。它利用网箱系统，让鱼类能够顺利通过总高度近乎300ft的大坝。这项发明当时作为解决鱼类过高坝这一难题的有效方法而受到广泛热捧，但值得注意的是，后来它被一种新的诱捕和运鱼操作所替代。根据Hamilton和Andrew于1954年的实测记录，在大概30年时间里，虽然并非完全为船运影响的原因，大坝下游幼鱼出现了较高死亡率，鲑鱼经过贝克河后出现较大数量的衰减。但是，该系统后来被花费巨大成本的为成鱼洄游而建造的鱼道所取代，这被视为对最初网箱系统不满意的直接证据。同样建于20世纪30年代的邦纳维尔大坝除了前面介绍的传统鱼道外，还配有大型的鱼闸。虽然这些鱼闸主要是实验性的，但也发挥了较大的效益，在后面的介绍中将会提到。

直到第二次世界大战结束后的15～20年内，没有报道表明进一步建设了任何规模的鱼闸或升鱼机，但这并不意味着在过渡时期对这些设施的研究完全停止。在1939—1943年，大古力水坝建造完成后，在哥伦比亚河下游的Rock Island Dam实施了暂时性诱捕和运鱼的操作，该系统成功地将数千条成年鲑鱼从Rock Island输送到达上游新的产卵场。Fish和Hanavan于1948年报道了此次操作的具体细节，该数据对分析大古力水坝上游原产卵场的损失非常有价值。

第二次世界大战结束后，鱼闸作为实际性过鱼设施在欧洲得到了较快的发展。在1950年左右，在爱尔兰都柏林附近的利菲河开始建造鱼闸，并继续在苏格兰和爱尔兰发展至今。另外，据Deelder记载（1958年），在接下来的几年里此种类型的过鱼设施在荷兰亦成为一种发展趋势。

同一时期，在美国和加拿大多种诱捕和运鱼的升鱼机作为有效的鱼道设施运用于高坝上，其中一个案例是在怀特河上的运鱼系统，为鱼类提供了翻越华盛顿州马德山坝的通道。

此外，在1943年之后升鱼机成功运用于加利福尼亚州的萨克拉门托河。在1949年，Moffett介绍了Keswick和Balls Ferry在Shasta坝下的运用结果。在新哥伦比亚河的麦克纳和达尔斯，除了建有传统的鱼道外还都配备了鱼闸。由于这些鱼闸的部分目的是用于实际运行，部分用于实验研究，并且不是帮助鱼类翻越大坝的主要或唯一方式，因而不能完全等同于欧洲的鱼闸。

在过去30年，鱼闸在北美仅为零星、分散安装。首先是在马萨诸塞洲康乃狄克河附近的霍利约克，该鱼闸主要是为了美国鲥鱼的溯河洄游，但其结果并不理想，后来为由一个水桶或漏斗组成的升鱼机所替换。该升鱼机的效果非常成功，并作为过鱼设施模型于1980年应用于梅里马克河埃塞克斯大坝。在1967年，一个类似的过鱼设施也修建于纽布伦斯威克省St. John河Mactaquac大坝上。

有调查记录显示，大量来自北美五大湖的虹鳟鱼和大鳞大马哈鱼通过安装在安大略省海恩斯河索恩伯里的鱼闸成功地越过了7.3m高的水坝。在加拿大西部的Brunette Creek小坝同样安装了鱼闸，但其效果却并不令人非常满意。

与此同时，在第二次世界大战后，俄罗斯开始建造大量过鱼设施。S. M. Kipper在1959年描述了一种主轴为8.5m×8.5m、有2条航道的鱼闸。同时，他还指出在齐姆良斯克的顿河上安装了升鱼机。Klykov（1958年），Z. M. Kipper and Mileiko（1967年）和Pavlov（1989年）分别介绍了许多运送鲟和鲤科鱼类翻越堤坝的过鱼设施。

总之，现代的鱼道、鱼闸和升鱼机的设计历经数百年，在过去的50年内得到了快速发展。然而，由于缺乏鱼类生物需求的基础数据，在后面这段时期内其进步速度变得缓慢。有学者认为，在未来几年这个弱点将会得到解决，过鱼设施将会大大改善。

1.5 世界各地鱼道、鱼闸、升鱼机的使用现状

非常有必要全面地评述世界各地鱼道、鱼闸和升鱼机的当前运用状态，一方面能展示不同国家不同类型过鱼设施的成功经验，另一方面也能显示有哪些不同种群鱼类的过坝问题已妥善解决，并能够为读者提供解决自己所面临问题的初步构思。在许多情况下，针对不同物种设计不同类型的过鱼设施并使其能够顺利通过的经验记录，往往能够为新设施的设计提供重要的参考依据。如果对特定物种能够顺利通过某种类型的鱼道有详细的记录，那么后来者就不必冒险使用其他类型，尤其是当受影响的渔业具有举足轻重的作用。据笔者所知，将世界各地过鱼设施运用经验的总体情况介绍如下。

1.5.1 北美洲

1.5.1.1 西部海岸

在北美洲的太平洋海岸，在大坝上使用设有溢流孔的堰式鱼道具有悠久的历史，并且很多第一手资料可从哥伦比亚河上的许多大型大坝上获得。其中大多数鱼道的每个隔板都有 1ft 的水头，在多年的设计、运行中这些设计细节都逐渐细化。在斯内克河冰港邻近哥伦比亚特区的汇流处采用了一种新式装置，即在鱼道的上游尾端安装了设有多个孔的隔板，新装置中其余的隔板为堰式。具备溢流孔的堰式鱼道已应用于 5 种太平洋鲑鱼的过坝洄游，同时也应用于虹鳟、美国鲥鱼、鲤鱼、北方大型食用淡水鱼、鲟鱼、胭脂鱼、七鳃鳗、闪光鱼、白鱼、鲢鱼、鲮鱼、鲈鱼、翻车鱼、鲶鱼、彩虹胡瓜鱼和较小的鳟鱼的过坝洄游。这表明可认为此种类型的鱼道适用于这些鱼类，但需谨记的是，这些鱼道主要为太平洋鲑鱼和虹鳟鱼而设计，并不是为以上提到的其他物种专门设计。由于隔板上溢流孔的存在，使我们有充分的理由相信，这种类型的隔板可以适用于几乎所有的洄游鱼类。此类型的鱼道通过调整相邻水池的水头，使得水流速度低于鱼类的巡游速度，并且保障了水池中不会出现大的湍流。

在太平洋沿岸，竖缝式隔板用来克服河流中的自然障碍物，其最大的优点是在头部和尾水合理变化的条件下，不需手动调节水流，其常安装于满足该条件的大坝。Seton Creek 的混凝土水电站导流坝和 Great Central Lake 的混凝土蓄水坝均安装了该种类型的鱼道，它同样也安装在不列颠哥伦比亚省，同时也在某些哥伦比亚河大坝围堰作为临时鱼道。竖缝式鱼道在大坝和自然障碍物上的应用经验表明，只要水力条件合适，该装置即可发挥较好的作用。此种类

型的装置已成功应用于5种太平洋鲑鱼、虹鳟、小鳟鱼和虹鳟鱼的溯河洄游过鱼装置。通过观察，大多数的七鳃鳗也能够顺利地通过此种类型的鱼道。因为这个隔板能够允许鱼类选择任何水深上溯，并且只需调整水池之间的水头即可确保水流速度和湍流在鱼类的巡游能力之内，所以该种鱼道适合于任何溯河洄游性鱼类。

在白马附近的育空河大坝上安装了堰式鱼道，并于1959年开始运行。据报道，加拿大最北部的鱼道安装在50ft高的大坝上，对太平洋鲑鱼（大鳞）、北极茴鱼、杰克鳟鱼、最小的加拿大白鲑、白鱼和胭脂鱼类都有较好的效果。在1980年Cleugh和Russell的相关研究中发现，鲑鱼上溯的时间在入口处受到延迟，但一旦它们进入了鱼道则能够顺利溯河洄游，没有明显延迟迹象。

在北美的太平洋沿岸，丹尼尔鱼道经测试并应用于红鲑、大鳞和银鲑的溯河洄游。据Fulton等（1953年）报道，在华盛顿州韦纳奇河的Dryden大坝上安装了丹尼尔鱼道的实验设施。这些测试结果表明，与其他物种一样（如虹鳟、红点鲑、胭脂鱼和大型淡水鱼），两个种类的太平洋鲑鱼（大鳞和红大马哈鱼）比较容易上溯到精心设计的丹尼尔鱼道。丹尼尔鱼道由英国土木工程师学会（1942年）推荐设计。Furuskog（1945年）介绍了在瑞典的Hurting Power大坝上的应用，其对丹尼尔鱼道设计进行了修改，鱼道线性尺寸约增加了42%。

然而，除了阿拉斯加外，丹尼尔鱼道并没有得到广泛使用。据Zeimer（1962年）所述，在阿拉斯加的案例表明，采用铝构造对于丹尼尔鱼道的自重和灵活性很关键，然而除非使用直升机，否则将很难将铝构造安置在自然障碍物上。

Orsborn（1985年）报道了为太平洋鲑鱼过坝而设计、具有新型挡板的堰式鱼道的实验。因为太平洋鲑鱼需要跳过挡板，因而本次实验增加了每个挡板的高度而减少了挡板的数量。该项工作首先详细分析了鱼类到达障碍物时的生物学特性行为，然后通过调整挡板的设计使鱼类能够充分发挥其自身的极限能力。该报告建议以一个2.5ft的水头落差来设计隔板，并声称在现场测试的所有银大马哈鱼和鲑鱼都越过了这个挡板。但仍有很多渔业生物学家和工程师对其结果表示怀疑。直到该挡板的优势得到了充分的评估后，该项工作的成果才为大家全面接受。

鱼闸在北美的太平洋沿岸已进行了实验，但尚未达到实际应用的程度。升鱼机同样也经过实验，并且已经广泛地使应用于许多高坝上。假如遵从良好的设计原则，则采用升鱼机后对于该区域内的所有鱼类都将具有良好的保护效果。

1.5.1.2 中部

在加拿大和美国中部建造了大量的鱼道设施，并且主要是建造在水利大坝上。其中大多数鱼道设施为水池堰式鱼道，对于白斑狗鱼和角膜白斑均具有不同程度的良好保护效果。其他几种不同类型的鱼道也进行过试验，但大多数未能发挥令人满意的保护效果，主要原因是鱼道入口处的水流能量过大，导致产生诸多不利影响。

据报道，目前在加拿大的阿尔伯塔省、萨斯喀彻温省、马尼托巴省共建有35个鱼道设施，几乎全部为水池堰型鱼道（Washburn和Gillis有限公司，1985年），主要保护鱼类为白斑狗鱼、角膜白斑、思科、褐鳟鱼、北极茴鱼和山白鱼。据Katopodis和Rajaratnam（1983年）报道，阿尔伯塔大学开展了丹尼尔鱼道的研究工作，以解决丹尼尔鱼道入口存在的问题。

另据报道，在美国中部得梅因河上有5处丹尼尔鱼道（Katopodis和Rajaratnam，1983年）。其中爱荷华州的鱼道可以通过所有尺寸在15.2cm以上的鱼类，其中大部分鱼类为吸口鲤科、鲤科和北美鲇科，也包括大白斑狗鱼和玻璃梭鲈。

1.5.1.3 五大湖流域

五大湖流域包括加拿大的安大略湖和美国的五大湖及其支流，比如威斯康星州、伊利诺伊州和印第安纳州。由于在五大湖流域养殖太平洋鲑鱼十分成功，为了保证鱼类的洄游顺利进行，因而有必要在通湖的支流上建设鱼道。目前的主要洄游鱼类中，除了大鳞和银鲑外，主要是春季溯河洄游的虹鳟鱼，虹鳟鱼生长到约7lb（1lb≈0.454kg）后就开始大量洄游。由于该流域内同时存在璃梭鲈和七鳃鳗，考虑到这种独特的多种鱼类的物种混合，需要在堤坝上给予特殊处理以保证鱼类的洄游。

由于七鳃鳗能够通过运河航运和鱼闸进入湖中，并大量掠夺土著鲑鱼种群，因而通常需要在水系中最下面的坝中设计一个七鳃鳗屏障，以试图消除七鳃鳗的溯河洄游入湖，这种工作至少持续了30年。七鳃鳗屏障包括第一道堰的外伸唇，延伸大约8in（1in≈2.54cm）。对于大多数鱼道（主要为堰式鱼道）而言，七鳃鳗屏障有效地阻止了七鳃鳗的洄游，同时鳟鱼和鲑鱼能够跳过挡板后完成洄游。

在安大略省已经建成并成功运行了一个主要针对虹鳟鱼和大鳞大马哈鱼的Borland类型鱼闸。

1.5.1.4 东部海岸

在大西洋沿岸的美国和加拿大，各种类型的鱼道主要用来输送大西洋鲑鱼、鲱鱼、鳗鱼、灰西鲱、鳟鱼和鲈鱼。

在加拿大的沿海省份，水池堰式鱼道占主导地位。近年来有一种值得称道的进步是为不同鱼类选择其最适合的鱼道，如堰式鱼道、竖缝式鱼道或丹尼尔鱼道。升鱼机亦应用于在圣约翰河及其支流比较高的大坝上。相比在新英格兰和欧洲的广泛应用，该地区对丹尼尔鱼道的使用并不常见。

据 Conrad 和 Jansen（1987 年）的报告，在这些区域共有 200 座水池堰式鱼道，25 座竖缝式鱼道和 15 座丹尼尔鱼道。只有鲑鱼能够越过较高的水头，鱼道相邻水池的落差可高达 2ft。灰西鲱和鲱鱼则只能越过较低的水头，并在鱼道中需要一个特殊的隔板，鱼道相邻水池的水头约为 9in，而且它们不容易通过较小的竖缝式鱼道。相关内容将在本书后面进行详细介绍。

近年来丹尼尔鱼道广泛应用于缅因州。基于鱼道委员会（the Committee on Fish Passes）（1942 年）的设计方案，采用单一的平面挡板对过鱼较为有利，鱼道坡度为 1∶5（垂直到水平）。根据 Decker 在 1967 年的报道，缅因州的一座丹尼尔鱼道设计长为 227m（包括休息池），垂直高度为 15.2m。根据 Katopodis 和 Rajaratnam（1983 年）的报道，在罗得岛的 Annaquatucket 河建造了两座丹尼尔鱼道，其对灰西鲱的过坝洄游有较好的作用，同时在马萨诸塞州和纽约州也建造了几座丹尼尔鱼道。另外，在马萨诸塞州的 Holyoke 河上，不仅建设了堰式鱼道，同时也安装了升鱼机和鱼梯，这些过鱼设施为大量的鲥鱼溯河洄游提供了有效的通道。

1.5.2　西欧

自早期开始，西欧就建设了多种形式的堰式鱼道。此外，研究机构一直在持续研究丹尼尔鱼道，并针对丹尼尔鱼道进行了大量的实验室研究与实践。

一款由鱼道委员会（the Committee on Fish Passes）设计并对之改进的堰式鱼道是最经常得到推荐的鱼道（1942 年）。对于高坝（30m 以上），鱼闸作为过鱼设施已受到广泛采用。

在冰岛，鱼道主要建造在自然障碍物和低坝上，其中许多堰式鱼道是为大西洋鲑鱼和鳟鱼而建造。

在爱尔兰，McGrath（1960 年）分别列举了在香依河帕蒂堰上 26ft 高的堰式鱼道、厄恩湖上两座分别高 94ft 和 33ft 大坝的淹没孔口式鱼道、建造在利菲河和利河上高度分别为 58ft、99ft 和 45ft 的 3 个大坝上的 Borland 鱼闸以及建在多尼戈尔郡的香依河和科兰第河上其他类型的鱼闸。McGrath 的报告进一步指出，每年有多达 6000 尾大西洋鲑鱼成功通过厄恩河的淹没孔口式鱼道，还有一小部分则是借助其他过鱼设施实现溯河洄游。在爱尔兰，主要的洄游鱼类是大西洋鲑鱼、鳟鱼和鳗鱼。根据目前调查所知，除鳗鱼外，已为其他所有洄游性鱼类建设了鱼道和鱼闸。对于鳗鱼的过鱼通道出现了一个特殊的问题，即鳗鱼的过鱼通道需要增加额外的装置，鳗鱼通行通道需要在水下设置一个窄槽或有毛发内衬的管道。相关内容将在后文将有更详细的阐述。

按照 Beach（1984 年）所述，在英格兰和威尔士只建设安装了堰式鱼道和丹尼尔鱼道。这并非说其他类型的鱼道诸如淹没孔口堰式鱼道完全受排斥，实际上大多数堰式鱼道都采用了有凹口的挡板。事实上，上述鱼道的尺寸是有严格定义的，例如水池的最小尺寸、最小深度、凹口的尺寸以及挡板的厚度等。鱼道委员会（the Committee on Fish Passes）于 1942 年设计的丹尼尔鱼道同样有详细的规定，但可灵活设计尺寸以便适应不同物种、不同尺寸的鱼类以及大坝的自身条件。在英格兰和威尔士，各种类型的大坝建造必须保证大坝产生的水流条件非常稳定。因为在 Beach 的报告中并未考虑不同水头的各种变化以及尾水与鱼道入口的影响，而仅仅说“应保证所有水流条件下鱼类都能较容易地找到入口”。该地区鱼道的建设主要是针对大西洋鲑鱼和鳟鱼，而被列为“下等鱼”的其他物种虽然也存在洄游问题，但问题不严重。据 Beach 所述，欧洲鳗鱼同样存在洄游问题，但大多数鱼类均能够越过出现的障碍物。

在苏格兰，淹没孔口式鱼道与堰式鱼道已经成功运用于大西洋鲑鱼过鱼设施中，但堰和溢流型的通道都采用了 Borland 类型的鱼闸。

在丹麦，根据 Linnebjerg（1980 年）的报告，阻隔鲑鱼溯河洄游的大坝和堰有可能超过 1000 个，但只有少数的大坝建造了鱼道。他介绍了在 the Rohden－Arum 河 Arup Molle 上的丹尼尔鱼道。在该鱼道在安装前，研究者在霍森斯进行了广泛的试验，其中一个试验结果表明其对 10in 长的红点鲑和虹鳟鱼有较好的过鱼效果。另一个丹尼尔鱼道安装在上 Gudena 河上的 Tange 电站，其高度大约为 10m 左右，由 8 个约 6.5m 的横截面和 7 个静止的水池组成。这些横截面是由鱼道委员会（the Committee on Fish Passes）（1942 年）设计，采用单一平面隔板，坡度为 1∶5。

在瑞典，水池堰式鱼道与丹尼尔鱼道一起受到广泛使用。在 1945 年，Furuskog 报道了 Hurting 的丹尼尔鱼道；在 1955 年，McGarth 介绍了 Alvkarelby 和 Bergforse 的过鱼设施。

在荷兰，由于其地势低洼平坦，因而不需要建造高于 5m 的鱼道，最普遍的是 1～2m。简单的水池堰式鱼道即可满足鱼类克服低矮障碍物的过鱼需求。据 van Haasteren（1987 年）的记录，鳟鱼、鲑鱼和其他许多鱼类，包括鲤科鱼类均可采用此种鱼道。针对鳗鱼的特殊类型通道已经研究成功，其由一个合成毛刷的立式管道和水泵组成，本书将在第 3 章 3.17 节进行详细介绍。

在德国，采用的鱼道类型与荷兰基本相似。但由于莱茵河及其支流的水利工程开发较多，因而需要建设传统的水池堰式鱼道和特殊的鳗鱼通道。

在法国，在过去的 15 年里，鱼道设计和施工一直非常活跃。已在实验室中试验了多种类型的丹尼尔鱼道，并且构建了鱼道原型。此外，水池堰式鱼道及竖缝式鱼道在大西洋鲑鱼、鳟鱼和鲱鱼的溯河洄游通道中得到运用。Larinier（1983年）出版了一本关于法国所面临的鱼类洄游问题的导则，概述了通常情况下过鱼设施必要的设计数据，并介绍了满足这些条件的过鱼设施可采用的类型，鱼闸、升鱼机以及上面提到的各种鱼道均在该导则中有所涉及。

1.5.3 东欧和俄罗斯

Zarnecki（1960年）记录到鲑鱼通过适宜的水池式鱼道已经上溯至波兰的Vistula河支流上，该鱼道位于两座大坝之间，坝高分别为10m和32m。Sakowicz和Zarnecki（1962年）认为，西欧和东欧的过鱼通道包括水池堰式鱼道都能够满足鲑鱼的通过，但是其他类型如丹尼尔鱼道则不适合，尤其不适合于东欧国家（俄罗斯）。Pavlov（1989年）提出借助标准的水池堰式鱼道或者合适的鱼闸和升鱼机均能够十分圆满地解决鲑鱼洄游的问题。Pavlov指出，在前苏联欧洲地区南坡的河流上，存在一个鱼类保护问题。由于该处河流位于里海、亚速海、黑海的盆地，并且位于伏尔加河、顿河和库班河水利工程开发及其他取用水的中心之处。鲟鱼、大西洋（里海）青鱼、鲤鱼、鲶鱼和鲈鱼的溯河洄游保护是这个地区的主要问题。Pavlov对许多针对解决这个问题而设计的建筑物进行了描述和评价。其中，精心开发研制的升鱼机和集鱼船成功应用于鱼类溯河洄游保护，其核心部分包括在水电大坝下游逆流而上鱼类的捕获以及水利工程鱼道入口系统，部分内容在下文中会有所介绍。另一个更为有效的保护措施是在翻越障碍物的运输阶段使幼鱼远离入口，具体的措施为将洄游鱼类与10～30mm长度的鱼类进行区分，不过这项工作非常困难。

1.5.4 拉丁美洲

拉丁美洲的洄游鱼类与北半球的种类完全不同，而且对于它们生活的历史记录、洄游习性和游泳能力的研究少之又少。因此在已经建造的数以百计的大坝上及在该区域许多河流上设计合理的过鱼设施很困难。

在河流系统中，每年在确定的时间内逆河而上至某一水域繁殖的大多数溯河洄游鱼类是具有商业价值的种群。因此，在建设第一座大坝时，为这些鱼类建造过鱼通道的需求变得很明确。自20世纪初开始，大坝的设计中已经考虑了鱼道。由于缺少上述鱼类的基本信息，因而鱼道的建设主要是根据欧洲国家和北美鳟鱼鱼道的标准而粗略设计。根据Quiros（1988年）所述，自1910年到目前的这段时期内，该区域建设了50余座鱼道，且多数是在巴西。所有的水池堰式鱼道无论规模大小都取得了较好的效果，而且似乎与水流大小无关。小脂鲤属和条纹鲮脂鲤属的鱼是该区域最重要的鱼类，在一定程度上它们的尺寸（超过30cm长）、游泳能力和跳跃能力上看起来很像鲑鱼。然而，依据Quiros

(1988年)的记载，通过对其游泳能力仅有的一点点认知来比较，尽管它们在遇到障碍物时能够频繁的跳跃，但其跳跃能力还是略逊于鲑鱼。因此若将标准的堰式鱼道或竖缝式鱼道的每处挡板都下降30cm或更小，则可能会使该鱼类顺利通过。关于鱼道的入口条件和其他要求会在下文中进行概述。

从1980年开始，在近代的工程中，巴西和阿根廷对坝高超过20m的大坝选择使用了Borland类型的鱼闸，其建设费用非常昂贵。这些鱼闸已表现出其普遍性缺点，即短时间内无法使大量鱼类通过。此外，Quiros认为鱼闸的吸引和收集系统也十分不恰当。

目前最新的过鱼设施为升鱼机，它是基于为所有鱼类提供可行通道为前提而设计。该区域鱼类已受到深入研究，而且评估了过鱼设施的过鱼能力。Kipper和Mileiko(1967年)描述，升鱼机的设计基于俄罗斯模型，其原则是为保证所有种群的鱼类都能顺利通过过鱼设施。Quiros没有给出过鱼设施的造价和检修运行的费用，但这些费用应该会相当高。

总之，南美的经验总体上落后于世界其他地区，而且由于缺乏相关鱼类需求的知识和没有鱼道设计标准，因而过鱼设施没有明显的过鱼成效。

1.5.5 非洲

在非洲，仅在近几年对高效率鱼道的需求才开始变得明显。最早的鱼道修建在苏丹尼罗河上的Jebel Aulia大坝上，在南非的一些二级河流上也有部分过鱼设施。Jebel Aulia大坝上的过鱼设施主要为协助尼罗河鲈鱼溯河洄游。根据Bernacsek(1984年)的报道，这座鱼道并没有很好的发挥功能。美洲西鲱因常在摩洛哥和其他沿海的地中海国家溯河产卵而受到广泛关注。但直到今天，这个地区大坝上的鱼道要么受到忽视，要么被认为不必要。

中非区域广阔且都处于热带，因而鱼类的生长速度很快，并且对大坝和水库所带来的新环境适应性很强。正因为如此，这个地区许多大坝上建造鱼道的需求基本受到忽略。毫无疑问，通过深入的研究发现在新建大坝上安装鱼道能够显著提高渔业的经济效益，但是直到现在这种需求也未列入日程。

然而，在南非的河流上有许多小型的大坝和围堰，并在这些大坝上修建鱼道的意识日益增强。建造在这些大坝上的鱼道类型大多数是基于目前欧洲或北美专门为大马哈鱼设计的鱼道类型。因此，鳟鱼能够成功的通过这些鱼道，但是其无法满足其他种群鱼类的过鱼需求。由于无法成功地通过为大马哈鱼和鳟鱼设计的鱼道，近年来淡水胭脂鱼和其他入海产卵的鱼类对过鱼通道的实际需求受到了重视。根据Bok(1984年)调查，目前南非已开始研究本地区鱼类的相关需求，这将有助于他们设计出有效的过鱼设施。

1.5.6　澳大利亚和新西兰

Harris（1984年）介绍了一项关于澳大利亚西南部沿海河流上29座鱼道的调查。建造了鱼道的水利工程占这个地区所有大坝、堰和堤道的9%。在这29座鱼道中，有18座鱼道高度为2m或低于2m，剩下的高达8m。调查结果表明大约有75%的鱼道运行效果不能令人满意。因为这些鱼道的设计同样是以早期欧洲或北美专门为大马哈鱼所设计的鱼道为基础。目前关于土著鱼类种群的需求正成为一个新的研究方向。在其生命周期中，这些鱼类种群在一定阶段处于洄游状态，这些鱼类包括澳大利亚鲈鱼、灰鲭鲨、新西兰长鳍鳗、鲻鱼、彩虹鱼、虾、棱须蓑鲉、沙梭鱼、黄鲈、虹鳟鱼、七鳃鳗、澳洲肺鱼和鲈鱼。调查结果表明在采用北美和欧洲的设计原理时，应需充分考虑其适应性，同时应兼顾这些土著鱼类种群的生命周期和游泳能力的研究。

1.5.7　中国

卢祥科（1986年，1988年）提到在中国已经在水工建筑物的溢洪道处建造了有40座鱼道，其中在江苏省建了29座，但只有3座鱼道取得了较好的效果。这些鱼道主要是为鳗鱼、青蟹和四大家鱼的洄游而建造。另外，在浙江省富春江一座15m高的水力发电大坝上也建设了鱼道，但因其过鱼效果很差而受到废弃。

据记载中国拥有广阔的水库系统，水库数量大约超过85000座。这些水库的渔场受到了充分的开发和利用，水库主要用来养殖四大家鱼。鉴于此种情况，基本不需考虑在溢洪道建设鱼道以帮助维持鱼类的数量。

1.5.8　日本

在日本，大约有1400座鱼道，其中大多数鱼道是各种形式的水池堰式鱼道，丹尼尔鱼道数量很少（大概0.1%），鱼闸和特殊鳗鱼鱼道同样占比例的很小（Sasanabe，1990年）。

水池堰式鱼道主要用来为溯河洄游的香鱼提供通道。这种溯河产卵的鱼类长约25cm，其对于日本人来说非常有价值，在他们的饮食中占据了十分重要的地位。水池堰式鱼道非常有效，它们中的大多数仅仅略有瑕疵。几年来，日本做了很多努力来从改善其不足。

1.5.9　东南亚

Pantulu（1988年）分别介绍了泰国和印度的一座鱼道。根据描述，泰国的一座鱼道的设计目主要是为了鲤鱼和鲶鱼溯河洄游，但对鱼道的有效性并没有相关评估。Pantulu（1984 年）介绍湄公河有许多洄游鱼类，部分海淡水两栖类（鲅鱼、鲈鱼、鲶鱼和鲱鱼）和其他主要干流的洄游性鱼类，如巨型鲶鱼和淡水明虾。这些鱼类由于湄公河的筑坝产生了一些问题。

Pantulu 提到了在印度南部恒河上的 Farakka 拦水闸上建有一座鱼道，但对其实际效果并未做任何评价。由于印度、巴基斯坦和孟加拉国均存在溯河洄游产卵的鱼类，因而这些国家毋庸置疑地会对鱼道使用的可能性和其他过鱼设施的建设加以更细致的考虑。

正如早前的建议，大坝鱼道设计的常规经验是基于综合考虑，如水量多少、上下游水位差和过鱼设施的相关经验记录，这是鱼道类型选择的第一步。在综合考虑、研究各方面细节后，最初的选择有可能会改变，但在大坝鱼道设计的程序中它仍是一个起始点。

1.6 关于游泳速度的第一个词

针对洄游性鱼类过鱼设施的设计，无论是溯河洄游还是降河洄游，第一个问题在于洄游性鱼类的游泳能力。比如，它们的正常游泳速度和极限游泳速度分别是多少？无论是哪种类型的鱼道，这些问题都是其设计过程中的重要因素。通过堰或者穿过孔口或槽的水流速度必须小于鱼类的极限游泳速度，而且水池中的流速必须小于鱼类的正常游泳速度。Bell 在 1984 年定义了在鱼道设计中至关重要的 3 种等级速度，如下：

- 巡游速度——可以在长时间（几小时）内保持的速度；
- 可维持速度——在几分钟内可以保持的速度；
- 极限（或者爆发）速度——一次性的速度，不能保持。

Beach（1984 年）分别根据鱼的需氧（红）肌和厌氧（白）肌的使用情况，仅仅定义了其中的两个速度：巡游速度和极限速度。他认为这两种速度间有一个渐变的过渡过程，唯一的变量是水温和鱼的体长。基于美国 Wardle 和 Zhou 的研究成果，Beach 绘制了两个曲线图，如图 1.5（a）和（b）所示。

这两组曲线基于一个假设：即假设所有体长相等的鱼具备同样的游速。但是必须记住的是这项研究基于的假设仅针对冷水鱼而言，而且仅应用于鲑鱼。热带鱼类能否适用于这张简化的图表中是不确定的。

较前面所述，Pavlov（1989 年）另外增加了两种临界速度，目的是为了考虑欧洲南部俄罗斯平原地区的底栖生物和浮游物种。这个地区主要是包括伏尔加河、顿河、库班河的盆地。他增加的另外两种速度主要应用于幼鱼，分别如下：

- 入口速度——鱼类能够逆流而上的最小流速；
- 临界速度——鱼类能够被水流带走的最小流速。

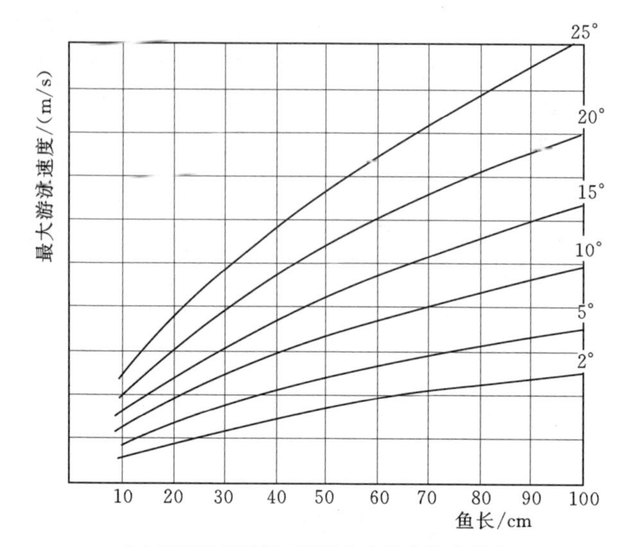

(a)不同温度下最大游速与鱼类身长的关系

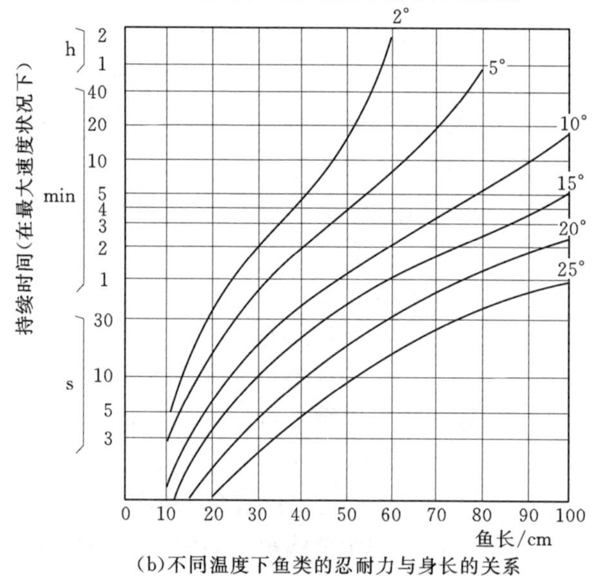

(b)不同温度下鱼类的忍耐力与身长的关系

图1.5　鱼类游速及忍耐力与水温关系

值得注意的是这些速度都是指水流速度，而非鱼类的游动速度，但是临界速度至少应与前面定义的持久速度最大值（极限速度）相差无几。图1.6展示了不同身长、不同种类鱼类的临界速度。从图1.6中可以发现，对于同一体长的鱼类有一个很重要的变量。Pavlov通过对不同种类、不同尺寸的鱼类进行观察与研究，发现其对流速的改变更为敏感。在设计过鱼设施时，必须充分考虑流速因素，尤其是为诱引幼鱼而设计的升鱼机。

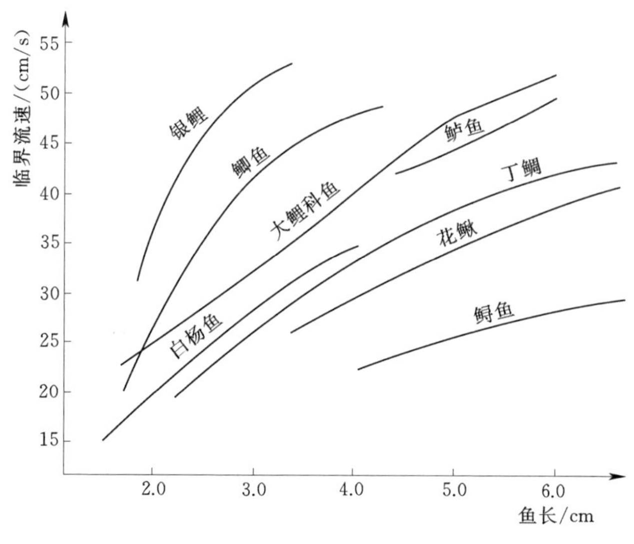

图 1.6　不同鱼类的临界速度

在设计过鱼设施时所有的因素都很重要，无论是鱼类溯河洄游还是降河洄游。接下来本书会在不同的章节做更深入的说明。

1.7　参考文献

Beach, M. A., 1984. Fish Pass Design, Fish. Res. Tech. Rep. No. 78, Min. Agric. Fish. Food, Lowestoft, England. 46.

Bell, M. C., 1984. Fisheries Handbook of Engineering Requirements and Biological Criteria, U. S. Army Corps of Engineers, North Pac. Div., Portland, OR. 290 pp.

Bernacsek, G. M., 1984. Dam Design and Operation to Optimize Fish Production in Impounded River Basins, CIFA Tech. Pap. 11. 98 pp.

Bok, A. H., 1984. Freshwater mullet in the Eastern Cape - A strong case for fish ladders, *Naturalist*, 28 (3).

Cleugh, T. R. and L. R. Russell, 1980. Radio Tracking Chinook Salmon to Determine Migration Delay at Whitehorse Rapids Dam, Fish. Mar. Ser. Manu. Rep. No. 1459. 39 pp.

Committee on Fish Passes, 1942. Report of the Committee on Fish Passes, British Institution of Civil Engineers, William Clowes and Sons, London. 59 pp.

Conrad V. and H. Jansen, 1987. Personal communication.

Decker, T. F., 1967. Fishways in Maine, Maine Dept. Inland Fish and Game, Augusta, ME. 47 pp.

Deelder, C. L. 1958. Modern fishpasses in The Netherlands, *Prog. Fish Cult.*, 20 (4), pp. 151 - 155.

Denil, G. 1909. Les echelles a poissons etleur application aux barrages de Meuse et d' Ourthe, *Annales des Travaux Publics de Belgique.*

Fish, F. F. and M. G. Hanavan, 1948. A Report upon the Grand Coulee Fish Maintenance Project, 1939 - 1947, U. S. Fish & Wildlife Serv. Spec. Sci. Rep. No. 55. 63 pp.

Fulton, L. A. , H. A. Gangmark, and S. H. Bair, 1953. Trial of a Denil - Type Fish Ladder on Pacific Salmon, U. S. Fish & Wildlife Serv. Spec. Sci. Rep. Fish. No. 99. 16 pp.

Furuskog, W. , 1945. A new salmon pass, *Sartryck ur Svensk Fiskeri Tedsrift* 11, pp. 236 - 239.

van Haasteren, L. M. , 1987. Personal communication .

Hamilton, J. A. R. and F. J. Andrew, 1954. An investigation of the effect of Baker Dam on downstream migrant salmon, *Int. Pac. Salmon Fish. Comm. Bull.* , 6, 73 pp.

Harris, J. H. , 1984. A survey of fishways in streams of coastal south eastern Australia, *Aust. Zool.* , 21 (3) .

Katopodis, C. and N. Rajaratnam, 1983. A Review and Lab Study of Hydraulics of Denil Fishways, Can. Tech. Rep. Fish. Aquatic Sci. No. 1145. 181 pp.

Kipper, S. M. , 1959. Hydroelectric constructions and fish passing facilities, *Rybn. Khoz.* , 35 (6), pp. 15 - 22. Kipper, Z. M. and I. V. Mileiko, 1967. Fishways in Hydro Developments of the U. S. S. R. , Clearinghouse for Federal Sci. and Tech. Inf. , Springfield, VA. TT67 - 51266.

Klykov, A. A. , 1958. An important problem, *Nanka* i *Zhizu*, 1, p. 79.

Larinier, M. , 1983. Guide pourla conception desdispositifs de franchisement desbarrages pourles poissons migreteurs, *Bull. Fr. Piscic.* , 39 pp.

Lonnebjerg, N. , 1980. Fishways of the Denil Type, Meddr. Ferskvansfiskerilab Danm, Fiskgg. Havenders Silkeborg, No. 1. 107 pp.

McGrath, C. J. , 1955. A report on a Study Tour of Fisheries Developments in Sweden, Fish. Br. , Dept. Lands, Dublin. 27 pp.

McGrath, C. J. , 1960. Dams as barriers or deterrents to the migration of fish, 7th Tech. Mtg. I. U. C. N. , Brussels, Vol. IV, pp. 81 - 92.

McLeod, A. M. and P. Nemenyi, 1939 - 1940. An Investigation of Fishways, Univ. Iowa, Stud. Eng. Bull. No. 24. 63 pp.

Moffett, J. W. , 1949. The first four years of King salmon maintenance below Shasta Dam, Calif. Fish Game, 35 (2) . pp. 77 - 102.

Nemenyi, P. , 1941. An Annotated Bibliography of Fishways, Univ. Iowa, Stud. Eng. Bull. No. 23. 64 pp.

Orsborn, J. F. , 1985. Development of New Concepts in Fish - Ladder Design, Bonneville Power Admin. Proj. No. 82 - 14. Pts. 1 - 4.

Pantulu, V. R. , 1984. Fish of the lower Mekong Basin. In *The Ecology of River Systems*, Dr. W. Junk Publishers, Dordrecht, The Netherlands.

Pantulu, V. R. , 1988. Personal communication.

Pavlov, D. S. , 1989. Structures Assisting the Migrations of Non - Salmonid Fish: U. S. S. R. , FAO Fisheries Tech. Pap. No. 308, Food and Agriculture Organization of the United Nations, Rome. 97 pp.

Quiros, R., 1988. Structures Assisting Migrations of Fish Other Than Salmonids: Latin America, FAO - COPESCAL Tech. Doc. No. 5, Food and Agriculture Organization of the United Nations, Rome. 50 pp.

Sakowicz, S. and S. Zarnecki, 1962. Pool passes - biological aspects in their construction, *Nauk Rolniczych*, 69D, pp. 5 - 171.

Sasanabe, S. 1990. Fishway of headworks in Japan, Proc. Int. Symp. on Fishways '90, Gifu, Japan.

Schoning, R. N. and D. R. Johnson, 1956. A Measured Delay in the Migration of Adult Chinook Salmon at Bonneville Dam on the Columbia River, Fish Comm. Oregon, Contrib. No. 23. 16 pp.

U. S. Fish & Wildlife Service, 1948. Review Report on the Columbia River and Tributaries, App. P, Fish & Wildlife. U. S. Army Corps of Engineers, North Pac. Div., Portland, OR.

Washburn & Gillis Assoc., Ltd., 1985. Upstream Fish Passage. Can. Elect. Assoc. Res. Rep. No. 157 G. 340 pp.

Xiangke Lu, 1986. A Review on Reservoir Fisheries in China, FAO Fish. Circ. No. 803. Food and Agriculture Organization of the United Nations, Rome.

Xiangke Lu, 1988. Personal communication.

Zarnecki, S., 1960. Recent changes in the spawning habits of sea trout in the Upper Vistula, *J. Cons. Int. Expl. Mer*, 25 (3), pp. 326 - 331.

Zeimer, G. L., 1962. Steeppass Fishway Development, Alaska Dept. Fish and Game Inf. Leafl. No. 12. 27 pp.

第2章 自然阻隔下的鱼道

2.1 概述

克服自然阻隔的鱼道设计方法，它的基本概念与大坝阻隔鱼道设计的概念有一定的差别，这种差别很容易被解释。

首先，自然阻隔是自然环境影响鱼类洄游的一部分，洄游鱼类已经适应了自然阻隔的影响，自然阻隔对洄游鱼类产生的影响小。然而大坝阻隔对洄游鱼类的影响却不一样，大坝阻隔影响较大会导致洄游鱼类的直接死亡或者生理损伤，最终使得鱼类洄游延迟或者洄游鱼类的数量减少。目前对于阻隔而言，完成洄游的鱼类数量可以作为评价阻隔影响程度的标准。鉴于大坝阻隔对洄游鱼类的影响，目前可以考虑在大坝阻隔的区域安装一些诸如鱼道等辅助鱼类洄游的装置，可能辅助装置的安装并不能完全解决大坝阻隔对洄游鱼类的影响，但这是最经济的、可最大程度减缓阻隔对鱼类影响的方法。

其次，自然阻隔与大坝阻隔在鱼道的设计方面存在差异。在其他因素相同的情况下，通常自然阻隔的鱼道其占地和尺寸可能都比大坝阻隔的小。

另外，自然阻隔和大坝阻隔在细节方面也有区别。自然阻隔水力条件的变化是不受人为控制的，人类很难对其进行调控和维护，所以自然阻隔的鱼道为了保证正常运行，需要安装调节装置来适应变化范围较大的水流。然而，大坝是在一定调度规程的指导下运行，其调度运行受人为控制，便于维护。

目前鱼道设计通常采用的围堰型鱼道，其适用的流量变化范围较小，不能用于自然阻隔的情况。围堰型鱼道的上游围堰用以控制鱼道进入的流量，当上游河流水位达到上游围堰要求的水位范围时鱼道才能有效地运行，这个流量范围较小。虽然在一些情况下，可以通过堰顶、闸门等的调节来扩大围堰型鱼道的适用流量范围，但改善效果有限。由于自然阻隔流量不受人为控制、水力条件变化大的特点，自然阻隔不宜采用围堰型鱼道。

对于没有人员定期维护的低坝，其鱼道入口流量变化范围较大，鱼道运行也与自然阻隔鱼道一样存在困难，为了解决这个问题科学家们做了大量的研究工作，尝试对丹尼尔鱼道进行改进，这也推动了鱼道的发展。通过研究，改进为垂直隔板的丹尼尔鱼道（也称为竖缝式鱼道）可以适用于上游河水水位变化范围较大的情况，但这种鱼道的进口水位受到进口结构的限制，适用范围为几英尺，不是无限的。比如地狱门（Hell's Gate）采用竖缝式鱼道，它在水位45英尺变幅下成功运行多年，其上游进口、下游出口水位变动仅仅受到鱼道结构的限制。地狱门鱼道以及其他竖缝式鱼道运行的有效性取决于上游进口和下游出口河流水位的变化，适用于自然阻隔的条件，在极少数情况下竖缝式鱼道运行效率低，需要采取其他必要的措施来控制。

2.2 隔板竖缝式鱼道

竖缝式鱼道成功地解决太平洋鲑鱼洄游的问题，这里将作详细的介绍，同时也会介绍迄今为止它在许多方面应用的成果。竖缝式鱼道用于太平洋鲑鱼洄游时对于各种可能情况表现出了许多优点，这些优点在它应用于其他鱼种时，应该也会同样存在。

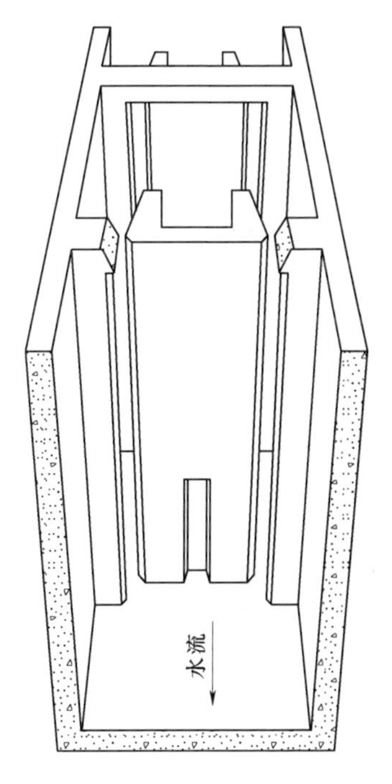

图 2.1 地狱门双侧竖缝式鱼道

国际太平洋鲑鱼渔业委员会力荐竖缝式鱼道（图 2.1），并应用于地狱，图 2.2 将鱼道水池中的流场都用箭头和数据形象地显示出来。值得注意的是，来自于两个槽的主流在鱼道的中间相互作用，此处正好是下一个水池隔板的上游。由于两条主流会以一定角度相互作用，改善了每个水池中的消能效果。如果两条主流线相互平行，那么必须依靠缓冲水池来消能。竖缝式鱼道的这些隔板墩头能使隔板中心上游来流被挑起，然后回到水流射流区，水流通过竖缝流向下游，每块隔板通过阻挡形成与主流流向相反的水流，起到消能的作用，这些隔板墩头引导主流射流的方向。

这些挡板的外形尺寸将在模型试验完全结束后给出，模型试验将在西雅图的华盛顿大学开展，并由华盛顿大学的水力学 C. W. Harris 教授、哥伦比亚大学土木工程系 Seattle 教授和 E. S. Pretious 教授共同完成（未公开发表）。许多关于隔板的形状、位置、竖缝宽度等各种组合已经过试验测试，试验得到了对水池扰动最小、产生不良水力特征最少的组合。

竖缝式鱼道在鲑鱼成鱼游泳行为相关的设计中有以下几个优点：

（1）能够满足鱼类需求的任何水深。随着每天不同时间关照条件、水的浑浊度等条件的不同，鱼对水深需求不同，可以据此调节鱼道水深。

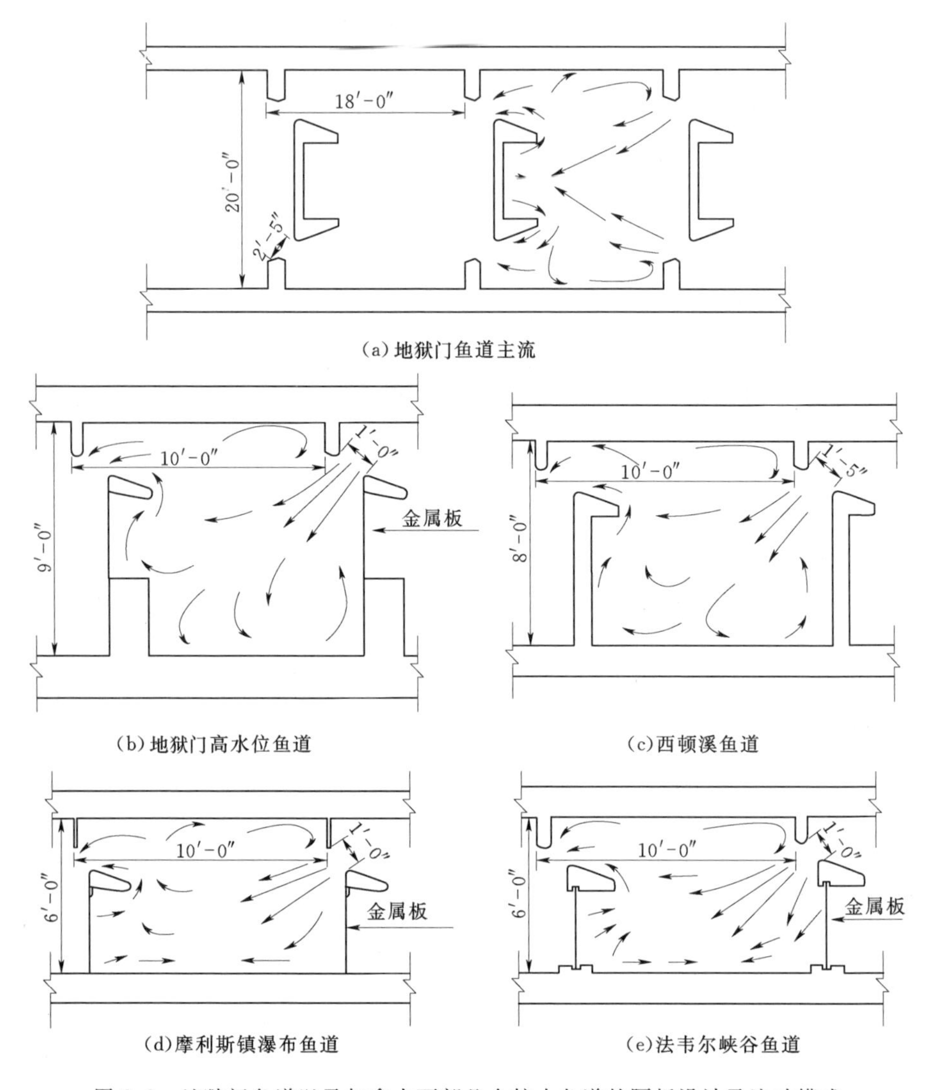

图 2.2　地狱门鱼道以及加拿大西部几个较小鱼道的隔板设计及流动模式

(2) 鱼沿着鱼道向上的路不是曲线。最近几年，通过大量的鱼类观测发现一些鱼类在穿过或越过一系列的有交错孔或交错槽的鱼道挡板时，表现得非常不适应，因此许多鱼道设计者认为鱼可能根据它们离鱼道墙壁的距离来确定方向，在坝上或挡板上有交错孔或交错槽的鱼道过鱼效果不佳。因此，由于鱼通过竖缝时离墙壁很近，竖缝式鱼道在设计时除了考虑挡板的对称性之外，竖缝的设计也是关键。

(3) 鱼道水池在设计中一定要为鱼类提供舒适的休息环境。鱼类倾向于积聚在距离较长的鱼道中，目前还不能准确地解释鱼类表现出的这种现象的生理需求，大多数人认为鱼类选择游动位置的必要条件是所处的环境没有额外的压力，因此鱼道中为鱼类提供休息场所的鱼道水池一定要为鱼类提供舒适的空间。

地狱门鱼道的出口池的尺寸为宽 20in、长 18in 和高 6in，可能很多人对这个鱼道的设计标准及各种假设感兴趣。1950 年 Jackson 在一篇文章中就此进行了论证：他根据一篇讲述地狱门鱼道标志性数据的综述以及对未来弗雷泽河洄游模式的预测文章，得出鱼道最大过鱼效率为 500 条/min，或者高峰期 20000 条/h，就此他推测一条鱼在鱼道中最少需要 $2m^3$ 的水，并最终估算出鱼通过一条鱼道或一个水池所需要的时间，保守估计鱼通过一个水池需要 5min、通过鱼道需要 45min。

通过考虑上述标准，Jackson 认为在鱼道下游出口处的水池应该可以容纳 1080 条鲑鱼。如果根据鱼道 500 条/min 的过鱼速度，或者沿着河岸 250 条/min、每条鱼 5min 经过一个水池的速度，水池最大能容纳 1250 条鱼的条件，计算得到的水池容积比设计大。但是根据每小时的过鱼的数据统计，这个容量是合适的。

这是第一个有资料记载的著名案例，它通过计算满足过鱼高峰期的水池容积来不断地优化鱼道的尺寸。在 Jackson 的文章发表时，他的数据最大值理论还没有在实践中应用，所以还没有测试出鱼道过鱼的上限。而标记试验表明，采用这个方法设计的很多鱼道效果较好。

2.3 竖缝式鱼道在小型鱼道中的应用

上一章节介绍了在弗雷塞河地狱门建设的鱼道，其设计需要大量实验数据的支撑，在该鱼道建设完成之后，相继在这条河支流奇尔科廷河等支流上监测到由于法威尔峡谷的自然阻隔而使得大马哈鱼洄游推迟的现象，因此迫切的需要在这些支流上修建小型鱼道。这些支流峡谷往往都分布在比较偏远的区域，冬季人类几乎无法进入，因此在地狱门的这些支流河段修建的鱼道，必须具备自动调节隔板水力学特征的功能。在地狱门鱼道设计中考虑了每小时期望最大过鱼量，而支流过鱼量相对较小，因此支流需要尺寸小且经济的鱼道。为了达到这个目的，按照将地狱门鱼道从中心线减半的原则设计，经过在实验室中多次试验不断测试和调整，最终得到合理的隔板设计方案，其设计图如图 2.2 所示。所有的鱼道，不仅需要在设计之前的不断试验测算，也需要运行之后的调整。

对于小型鱼道的设计而言，尺寸的微小变化可能产生较大的影响。比如小型鱼道的隔板可能不是沿着中心线对称的，这样会导致双缝隔板的射流消能效

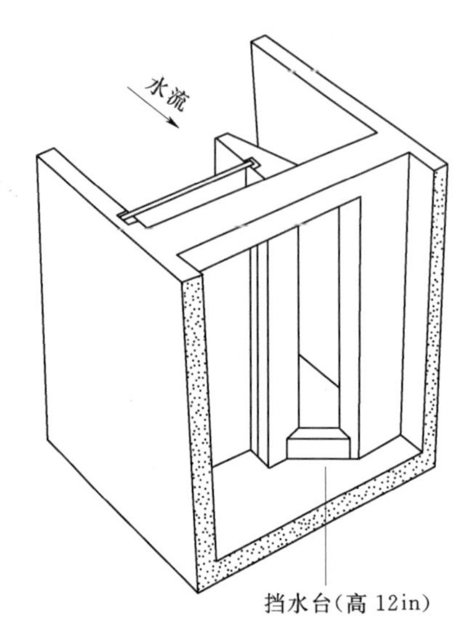

图 2.3　法威尔峡谷单竖缝鱼道隔板底部挡水台示意图

果降低，因此每个竖缝喷射水流的方向十分重要。通常设计的竖缝喷射方向是指向下一个竖缝，这样会影响鱼道水池的消能效果。为了解决这个问题，在隔板中间增加 12in 高的挡水台，如图 2.3 所示，这个挡水台对于水深较浅的鱼道效果显著，随着鱼道水深的增加效果逐渐降低。

国际太平洋大马哈鱼渔业委员会、加拿大渔业部门等机构在实验室对所有类型阻隔的鱼道均做了相关试验，目前这些试验的大部分试验结果都没有公开，仅仅只能查到各种类型阻隔鱼道设计大体的建议。

1948 年 Pretious 和 Andrew 在水力学实验室中对法威尔峡谷的阻隔进行了水力学模型试验，模拟水池尺寸的分别为长 8ft×宽 6ft、长 10ft×宽 6ft、长 8ft×宽 8ft，每个挡板的高度范围为 0.58～1.30ft，竖缝的宽度为 12in，流量系数的变化范围为 0.67～0.84，射流速度变化范围为 5.16～10.3ft/s。在各水池中设置不同高度挡水台，定性检测水池中水流的湍流、波浪、水面的波动以及曝气等，并记录这些现象。

试验表明，标准速度下采用竖缝式鱼道设计的小型鱼道能运行效果更好，其中地狱门小型鱼道有以下三个优点：①鱼在任何深度都可以完成上溯洄游；②鱼的上行通道不是弯曲的；③需要在中途设计休息池。

英国旅游资源保护部渔猎处的工作人员对法威尔峡谷的小型鱼道进行了设计，过鱼目标是比大马哈鱼体型小很多的鳟鱼。小型鱼道的尺寸约为地狱门鱼道的一半，水池尺寸为 4ft×5ft，竖缝的宽度为 7½in，木质隔板、混泥土墙，如图 2.4 所示。监测表明，这种鱼道对通过的鱼的尺寸有一定的限制，总体来说这个尺寸的鱼道运行良好。通过对法威尔峡谷设计的小型竖缝式鱼道的研究，总结了以下几个方面的结论。

(1) 竖缝的宽度——目标鱼种为大马哈鱼成鱼的竖缝式鱼道，竖缝宽度很少小于 12in，这表明 12in 的竖缝大约通过 5lb，或者说 12in 是体重大于 5lb 的大马哈鱼鱼道竖缝的最小宽度。目前没有数据显示竖缝的宽度与鱼的重量或者尺寸直接相关，或许竖缝的宽度也与鱼类的行为等其他因素有关系。

(2) 水池的尺寸——如果水池的水头恒定，那么竖缝的宽度（与流量系数相关）决定了水池中最小水量。竖缝宽度较大的鱼道，对应较大的水池尺寸，

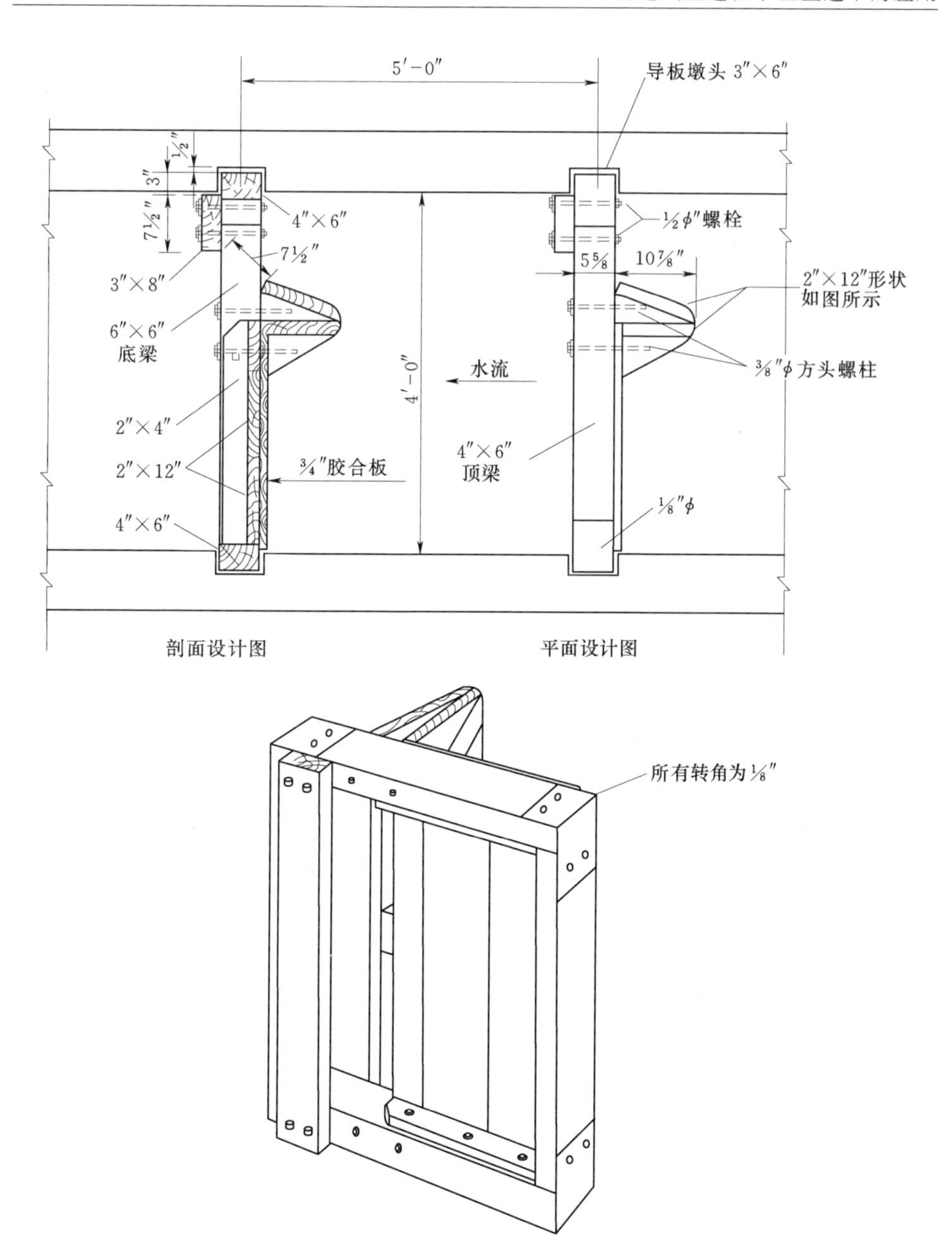

图 2.4 目标鱼种为鳟鱼的单侧竖缝式小型鱼道设计图

注：所有木材根据加拿大标准尺寸设计。

这对于消能而言非常重要。试验表明，当竖缝宽 12in 时，水池尺寸 6ft×8ft 能勉强满足消能的要求；水池尺寸为 6ft×10ft 时水池中出现湍流，效果较好；

当水池尺寸为8ft×10ft时，水池中产生最小的湍流，效果最好。类似的，当竖缝的宽度为6in时，水池尺寸为3ft×4ft时勉强满足消能的要求；水池尺寸为4ft×5ft时，消能效果更好。

（3）隔板的水头——每个水池由于湍流可以不同程度地降低水流流速，随着流速的减小，水池的尺寸要随之减小，当然减少湍流不是设计的唯一标准。对于6ft×8ft的水池，每个隔板的水头损失应保持小于1ft；但对于尺寸6ft×10ft的水池，控制湍流保持水头损失在1ft非常合适。当每个水池的水头损失为1ft时适合动作敏捷的鱼类，比如太平洋大马哈鱼和虹鳟等；当每个水池的水头损失为0.75ft时，适合游泳能力较弱的鱼类，比如细鳞大马哈鱼和马苏大马哈鱼。因此在鱼道设计的过程中，必须考虑目标鱼类的游泳能力和鱼类的行为，竖缝射流的流速不能超过鱼类的极限游速，另外也应该考虑鱼类的行为特征，比如美国西鲱总是成群结队的通过鱼道，因此西鲱为目标鱼类的鱼道不能设计成竖缝式的。

2.4　自然阻隔下的丹尼尔鱼道

在自然阻隔的河段采用丹尼尔鱼道具有很多的优势。首先，丹尼尔鱼道与竖缝式鱼道一样是一条不弯曲的鱼类上溯洄游通道，允许不同深度喜好的鱼通过。其次，虽然丹尼尔鱼道没有专门的鱼类休息区域，但间距较短的鱼道为鱼类提供了一系列体积合适的休息池。再次，丹尼尔鱼道在消能方面有明显的优势，且其他鱼道相比丹尼尔鱼道断面过流量较大，入口处较大的流量对于该处的诱鱼有积极的作用。一般情况而言，鱼类在寻找鱼道入口方面较困难，当鱼道出口流量较大时可以诱导鱼类选择鱼道入口完成上溯洄游。另外，由于丹尼尔鱼道设计时坡度较大（一般为1∶3～1∶5，小型竖缝式鱼道一般为1∶5～1∶10)，这样使得鱼道的长度大大缩减，减少了建设成本。如果鱼道长度太长，大量的鱼类在鱼道的休息池中容易迷失方向，不能顺利完成上溯洄游。

丹尼尔鱼道的主要缺点在于由于其深度调节范围有限以及复杂的隔板设计，使得它对通过的流量有一定的限制，这也使得它在建设和运营维护中都存在一些问题。

丹尼尔鱼道研究时间较长，拥有大量的试验成果，如图2.5展现了不同阶段的案例。图2.5（a）为1908年丹尼尔设计的最原始的丹尼尔鱼道，至今该鱼道都是最精致且消能效果最好的鱼道，经过后人大量的试验证明该处很难建造具有相同消能效果的其他鱼道。图2.5（b）为麦克劳德、内马尼亚(1939—1940年）以及过鱼委员会（1942年）的研究成果，他们的研究成果几乎成为后续几年的鱼道设计标准。虽然丹尼尔鱼道设计尺寸和坡度多变，但由

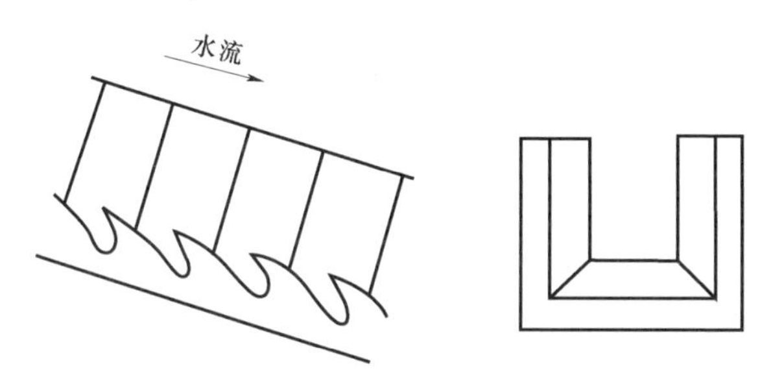

(a)1980 年丹尼尔发现的最原始丹尼尔鱼道的纵断面和横断面

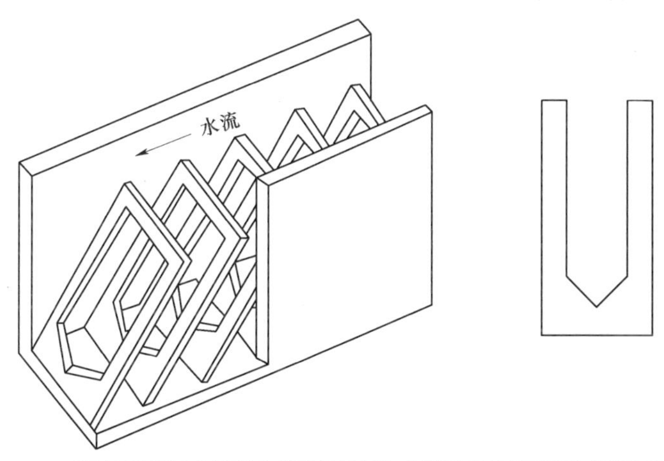

(b)1942 年过鱼委员会推荐的丹尼尔鱼道版本的剖面图和横断面图

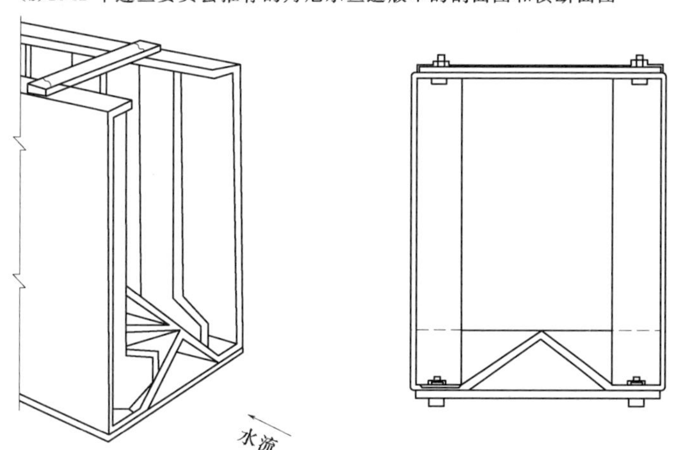

(c)1962 年 Zeimer 发现的较为陡峭的情况下布设的丹尼尔鱼道版本的剖面图和横断面图

图 2.5 各种类型的丹尼尔鱼道

于其建设简单，至今在阻隔的区域仍然选择它作为基础来设计鱼道。

图 2.5（c）展示了 Zeimer（1962 年）在阿拉斯加丹尼尔鱼道的试验成果，它被称为陡峭的通道，由铝制材料构筑而成，可以预制后直接运送到阿拉斯加

偏僻的鱼道布设场地。该鱼道在试验中坡度设置在 1：10～1：31.5 之间，流量在 2～4ft^3/s，水深的变幅较小，为 25～50cm，该试验有详细的介绍说明，同时还给出了该情况下比选出的丹尼尔鱼道设计图。

欧洲大量文献记载了丹尼尔鱼道在其他的试验成果，这些试验都是有关丹尼尔鱼道在大坝阻隔方面的应用，这方面的内容在后面章节中将会介绍。

总结自然阻隔下鱼道的设计经验，我们应该注意在鱼道设计之前先观察和记录鱼类洄游或准备洄游阶段河流水位的变化情况，如果变化较小，那么可以考虑用堰流式鱼道或丹尼尔鱼道；如果水位变化较大，可以考虑竖缝式鱼道。具体的总结如下表所示：

水深变化范围	在自然阻隔下推荐使用的鱼道类型
水深变化相对恒定	堰流式鱼道或丹尼尔鱼道
水深变化高达 5～6ft 或者 2m	丹尼尔鱼道或竖缝式鱼道
水深变化超过 6ft 或者 2m	竖缝式鱼道

2.5　在自然阻隔下布设鱼道的程序

20 世纪 40 年代不列颠哥伦比亚制定了自然阻隔情况下为洄游性鱼类设置鱼道的程序，该程序在弗雷塞河地狱门峡鱼道的建设过程中被采纳，地狱门鱼道的目标鱼类是佛雷塞河洄游性的大马哈鱼，大量的大马哈鱼、鲑鱼、鳟鱼等鱼类成功地通行该鱼道完成洄游过程。事实表明，通过调整部分尺寸的丹尼尔鱼道，可以用于解决任何自然阻隔情况下的鱼类洄游问题。同时，随着竖缝式鱼道的发展，通过修改部分尺寸的竖缝式鱼道，同样也可以用于解决任何已知类型鱼道解决的鱼类洄游阻隔问题。

2.6　问题的定义——生物数据

地狱门由于自然阻隔导致了大量经济价值较高的大马哈鱼洄游受阻，为了解决这个问题准备在地狱门建设鱼道，在鱼道建设之前开展了大量的生物调查，这对鱼道的建设非常有利。虽然这些调查虽然在科学上还存在一定的争议，但它仍然被认可并被广泛、详细的报道，这些数据作为判定自然阻隔的河流水位（或者河段）的依据。

从鱼道工程设计的角度，生物学家能够非常清晰地界定自然阻隔发生的水位，可能由于生物学家掌握的生物数据不太准确、完整，导致他们界定的自然阻隔不太准确，但我们在鱼道设计过程中应该依托于这些生物数据。

继地狱门鱼道之后，许多自然阻隔的河段建设了鱼道，虽然这些鱼道设计的生物数据很少，但是前面鱼道设计监测的所有生物数据都可以借鉴。跟踪监测表明，阻隔的严重程度将直接导致河流鱼类洄游效率、洄游起始时间以及最大峰值出现时间等信息的变化，也会影响单位时间鱼类最大洄游数量的变化，这些参数是设计高效、经济型鱼道的前提。在鱼道设计时即使没有相关跟踪监测，专业人士仍然能够根据其他的生物监测数据推断出以上这些参数。

2.7　工程测量及野外监测

鱼道设计的第一步是对自然阻隔的河段进行准确的地形测量，在条件允许的情况下最好对河底地形也进行测量。为了精确测量区域的地形，首先应该布设测量控制点，这些控制点是所有地形测量的基础，如图2.6所示，控制点尽量通过钻孔布设在基岩上，如果没有钻孔也可以通过铁质或者永久的木质材料标记，尽可能为永久点，保证在鱼道建设过程中不会损坏。如果测量区域较小，可只展布两个控制点，准确测量两点之间的底线；对于大区域的测量，在区域四边上布置四个控制点，在左右岸布置两个或者更多控制点。控制点的测量精度必须达到1/10000甚至更高，通过测量一个或者多个闭合的回路来保证测量精度，得到各点的高程。从控制点开始采用支水准路线法、测绘版以及用于野外测量的随机视距法等多种方法，对区域进行测量，绘制等高线。

自然阻隔通常出现在地质条件不稳定的区域，通常有基岩垂向分布或者洞穴等，这使得自然阻隔的位置在地图上很难精确确定，确定这些自然阻隔位置的方法随着区域的不同而不同，前面提到的任何方法在一些条件困难的区域可能都是合适的。

河底地形的测量比较困难，通常只有在河流水量较小、允许涉水时才可能进行测量。一种方法是使用缆车等辅助测量，由于河流流量较小、水位较低，不能使用船只辅助测量，这种方法测量的河底地形精度较低，只能供工程师参考来判断自然阻隔的位置。另一种方法是在河道中设置障碍物，用水力学模型的方法确定河底地形，这种方法得到的水下地形精度较高。

任何阻隔的水力条件是由河道地形和河道各断面的流速等决定的，在测量了河道地形数据之后，还需要其他水力学数据才能绘制整体流场图。这些水力学数据通常都较为复杂，不能通过有限数据的计算或者合理的概化确定，因此需要探索和研究新的方法来得到这些水力学数据，以便尽可能完整地绘制影响鱼类洄游的水力条件分布图或者流场图。

图 2.6　自然阻隔的地形测量（测量仪器架设在测量控制点上）

较大的流速、较小的紊动和曝气条件是影响鱼类洄游的主要因素，因此可以通过对比不同位置流速的方向和数量级的方法来研究。目前，由于自然阻隔河段地形较陡，通过仪器直接监测河流断面流速不太现实，只能通过间接的方法来得到流速。当前的方法是通过测量鱼类洄游河段的岸边流速，比较岸边流速来间接地确定河流断面流速。

当河段入流的流量稳定时，河流流速是水面坡度的函数，河流表面的剖面以及河岸线一起可以确定河流任一点的坡度，这样就得到了各点流速的大小的数量级、流速的方向。随着河段流速的增加，洄游鱼类被迫沿着河边上溯洄游，河边较低的流速和涡流有利于它们上溯洄游。当测量岸边流速的断面接近鱼类岸边洄游的路线时，这些监测数据对研究鱼类洄游水力特性而言就特别有意义。如果河流中多个河段都存在监测断面与洄游路线接近的状况，这样就能得到一个完整的洄游路线岸边流速对比图。

河流流量的监测应该涵盖鱼类洄游的整个时期，得到洄游整个时期流量的变化范围，通过这个范围能够绘制鱼类洄游水力条件的外包络图。

天然状态下河流水下地形、工程运行前后水面坡降等数据是非常有价值的。这些数据通常选择在冬季测量，测量时在永久水准点架设测量仪，通过仪器镜头随机观测河面以及裸露河床的高程。

测量鱼类洄游过程中水面坡降、准确的记录关键点位在特定时间的水面高程特别重要，这需要测量团队有充足的测量经验，能够巧妙地架设测量仪器装置，并不是多次反复测量就能达到效果。比如，为了测量短时间内形成的波浪中心点水面高程，需要有经验的工作者高效率地完成；另外，有些关键的测量点位于悬崖的底部或者其他人不能达到的区域，为了测量这些点位的水面高程，就需要巧妙地架设测量仪器，在这种情况下比较适用的方法是先测量悬崖顶部的高程，然后从顶部放挂有重物的卷尺，通过读取卷册的刻度来测量悬崖的高度，据此间接得到悬崖底部水面高程。

在测量过程中，应该记录除了流速以外的水力特性参数，比如实时记录紊动、上涌等发生的位置以及波动中心点的位置、波动强度等数据，这些数据与生物学家监测的鱼类行为密切相关，是保证鱼道合理选址的关键参数。

通常情况下河流的流量数据是最重要的监测数据，而这些数据通常都由水文站等水资源管理部门长期监测，而且能够通过官方的手段收集到长期的数据，如附录 A 所示。如果一条河流能够收集到长序列的流量资料，同时渔业工作者也监测了当地水力学数据，两方面数据相结合就能够确定这些年阻隔鱼类洄游的流量变化范围。通过收集的河流流量数据，也很方便的绘制全年的流量变化对比图，如图 2.7 所示。

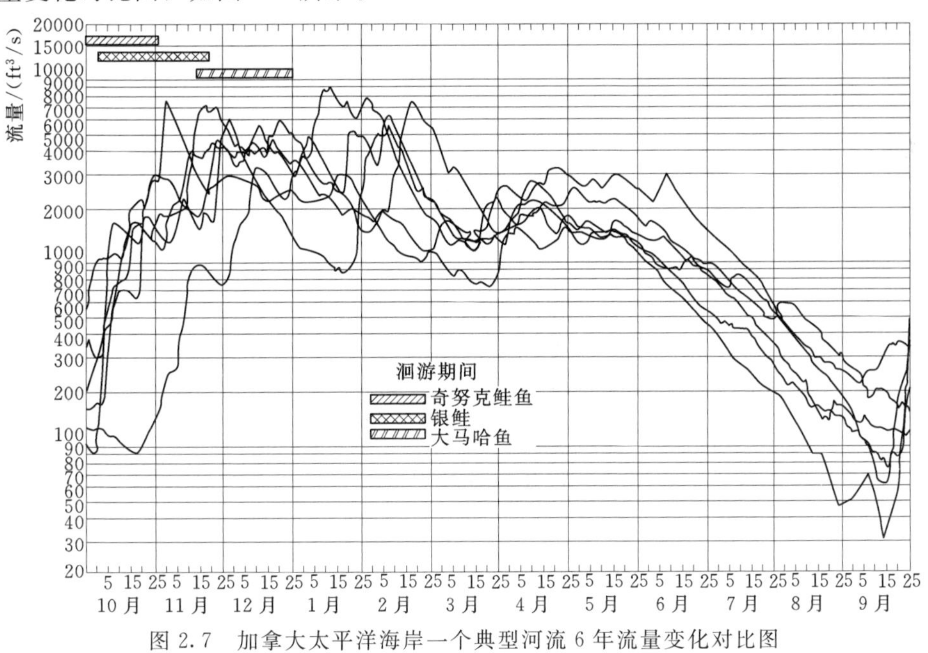

图 2.7 加拿大太平洋海岸一个典型河流 6 年流量变化对比图

在鱼道设计过程中基础的流量数据也不是必需的，当研究河段缺乏实测流量数据时，工程师可以用其他方法来设计。比如可以通过测量鱼类洄游期间河流水位的变化范围来设计，此时在阻隔的上下游安装一个或者多个水位测量表，周期性的读取水位数据，监测至少 5 个洄游期的水位数据。此时如果官方有相关的流量监测数据，可以根据监测的水位数据来制定河段水位～流量关系曲线，这个关系曲线或许不是很准确，但也非常的重要。在一条缺乏流量监测数据的河段，如果有超过一年的水位监测数据，这些数据就能用于确定鱼道运行时的最大和最小水位。

在设计和建造一个水力条件适宜的鱼道时，需要其他行业比如对当地比较了解的工程师或者地质工作者的配合，以便了解区域的一些基础条件。当设计一个小型鱼道时，需要一个有经验的工程师对地形进行测量就够了；当设计大型鱼道时，可能还需要听取有经验的地质学家的建议，在极端情况下或许还需要在地形测量的同时进行地下勘测。

在鱼道设计中需要了解各种基础条件，全方位的考虑，具体的原因如下。

（1）研究区域周边岩石的类型和性质将决定鱼道的建造。比如，研究区域分布的是黄岗岩，那么在布设鱼道时鱼道边壁可能不需要混凝土衬砌；当研究区域为岩层断裂带，可能在鱼道建设过程中需要用钢筋混凝土衬砌，来保护建筑物。以上是两个比较极端的例子，但这充分说明了在鱼道布设过程中要充分考虑地质条件的影响，在水工建筑物设计中考虑这些因素是很正常的，在这里提出是为了强调鱼道设计与大坝等河流中造价较高的建筑物的设计一样，需要尽可能全面的考虑各种因素的影响。

（2）在鱼道设计和建设过程中要充分考虑开挖岩石的类型，然后再确定建设成本、选择开挖设备。岩石开挖过程中使用炸药的数量、钻孔的长度以及开挖的成本都与岩石的性质密切相关，在某些情况下短距离的隧洞可能比长距离的明渠更加经济，如图 2.8 所示。

（3）鱼道开挖产生的固体废弃物的处理成本大小通常取决于开挖岩石的性质。岩石开挖时将固体废弃物碎成体积较小的石块会比较安全，但这样增加了施工的成本，所以要论证固体废弃物处理的安全性和经济性，合理确定开挖岩石的处理方式。

除了上述提及的数据之外，在设计鱼道的过程中工程师还应该注意建筑材料的性质，比如沙和碎石的适用性。同时要访问相关设备和材料的网站，了解它们的类型，以便制定合适的运输方案。另外还要充分考虑施工人员住宿的施工区的位置，尽可能地布设在靠近施工现场的区域。

图 2.8 加拿大西部一个鱼道隧洞的入口（箭头所示）

2.8 自然阻隔下鱼道的初步设计

多数情况下，设计的第一个阶段是制定初步的设计方案和经费预算，这一步是整个项目的关键环节，在没有很大争议的情况下通常都靠经验来制定。对于一个有经验的工程师，会将初步计划和经费预算做得非常灵活，允许在后续工作阶段工程方案能在总成本预算范围内进行适当的调整。在这个初步设计阶段，预算通常都是按经验制定的，在后期将会制定较为详细的成本预算，这个预算会充分的考虑建设用材料数量和其他因素的。

项目的初步估算一般通过经验或者更加周详地考虑来制定，如果项目需要，在这个阶段制定一个项目经济可行性评估也是很有价值的。在初级阶段做项目经济可行性评估时，渔业资源管理的工作人员要权衡鱼道建设之后渔业产量增加所取得的经济效益，据此权衡预算费用的高低。同时，在初级阶段项目的蓝图将会更加清晰，这有利于获取各部门和个人的法律许可。

如果通过以上工作，证明项目经济合理，并获得了相关的法律许可，那么项目将开始准备详细的设计。在详细设计阶段，必须对研究区地形进行测量，绘制相应的地形图，同时监测、分析相关的水力学数据。

由于研究区通常地形陡峭，不利于地形测量，因此需要采取非常规的方式进行地形测量，绘制地形图，通常多采取近景摄影测量来绘制等高线，此方式通过拍摄照片来获取地形。通过不同时期的河流照片不仅可以确定河流纵断面的形态、便于选择鱼道的布置位置，同时对于鱼道入口的位置选取也是很有帮助的。

近年来航空摄影测量技术迅速发展，在渔业管理等各个领域都得到了广泛的应用，比如用于绘制产卵场分布图、定位人烟稀少河段阻隔或急流的位置等，在本阶段地形测量时通常使用相机近景摄影测量，而不是使用航空摄影测量。这主要是由于航空摄影测量获取的水下地形精度较低，在水深较大的区域根本无法获取水下地形；此外，自然阻隔河段地形崎岖，分布较大的岩石阻隔鱼类自然洄游，航空摄影测量很难清晰的拍摄这些微地形，测量的地形精度无法满足鱼道设计的要求。但是在本阶段可以通过航空摄影测量技术获取较大范围小比例尺的地形资料，据此来布设施工道路、生活区、施工区等。

绘制地形图之后，下一步将要绘制与地形图等比例尺的水面坡降、高程图，将这个图与基础地形图叠加，就可以清晰、直观地得到河流关键断面水面线对应的河岸线，并绘制在地图上，如图2.9案例所示。通过此种方式虽然夸大了纵断面间的水面坡度，但对于鱼道设计非常有用。

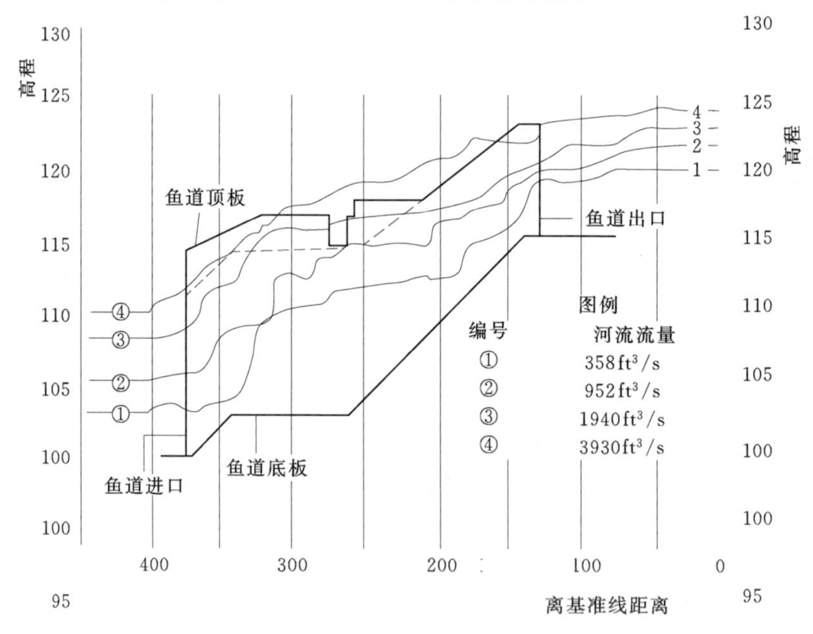

图2.9　布设鱼道河段的河岸水面坡面图

如果布设鱼道的河段在近几年内有流量监测数据，并且绘制了相关的水位-流量关系曲线，那么可以标定出鱼类洄游期间的水位变化，这样就能确定鱼类洄游期间流量的变化范围和水面纵断面特征，这些参数可用于鱼道设计中。如果布设鱼道的河段缺乏流量监测数据，那么洄游期间短期监测数据将替代水位曲线，根据短期监测的河流水位变化范围来设计鱼道水面坡降和高程，此时水面坡降和高程的确定应该考虑留下适度的安全余量。

特别值得注意的是，河流的每一段水面坡度大小差别可能较大，在绘制水面坡度示意图时应该分段绘制，在鱼道设计时也应考虑针对不同的河岸特点设计不同的水面坡降。

初步设计阶段最终确定鱼道的位置是通过检查绘制的地形图和河流水面坡度投影分布图来实现的，根据这两个图件可以确定河流水面坡降最大的位置，并在地形图上标定。结合生物检测数据的分析发现，这个位置流速最大（图2.9），通常由于流速超过洄游鱼类的极限流速而阻碍了鱼类的洄游，该位置通常被定为鱼道的入口。鱼道在设计时应充分考虑向上游延伸一定的安全距离设定合适的出口，以免出口断面流速过大，鱼经过鱼道上溯洄游后又被高速水流冲至河流下游。因此，鱼道必须具有一定的长度，能够跨域自然阻隔形成的流速较大的河段，其出口设置在流速平稳且较缓的区域。

确定了鱼道的进口和出口之后，紧接着是通过开展水力学物理模型试验来验证，确定鱼道布设的最佳路线，鱼道布设的路线应满足阻隔河段特定的物理条件。在室内试验中，通常1∶10的物理模型比1∶25或者1∶50的模型测量验证起来更加容易，比例尺越小，微地形的变化可能会造成较大的水面坡降，地形微小的差异对鱼类洄游非常敏感、对鱼道设计非常重要，因此在试验过程中要求的测量精度较高。自然阻隔的水力模型试验与大坝阻隔的类似，有关水力模型试验的内容将会在大坝阻隔鱼道布设的章节进行详细的介绍，读者可以参考下一章节的内容。

2.9　自然阻隔下鱼道的功能设计

在鱼道初步设计的最后阶段，是确定鱼道的总体规模，这可能是决策者根据初步设计阶段提供的数据，结合充分的背景知识和经验进行相关分析来决策。这个阶段确定的主要内容是通过预估的洄游鱼类所需最大规模，以最小的尺度、最小的造价以及鱼类通过时的时间延迟最短来设计鱼道。鱼类通过鱼道洄游出现时间延迟的现象，主要是由于鱼在寻找鱼道入口和在穿越鱼道过程中会花费较多的时间。为了让鱼在最短的时间找到鱼道的入口，设计时通过水面坡降的方法来确定鱼道进口，这在上一节中已经介绍。鱼道所需最小尺度和最小造价的确定，这主要是依据鱼类洄游高峰期的数量，确定方法在前面章节也有介绍。

对于鱼道设计而言，随后便是确定阻隔河段满足需求的鱼道最小规模或者是鱼道最小水池体积，这主要的难点是确定通过鱼道中每条鱼需要水的体积。在鬼门峡鱼道的设计过程中 Jackson 假定鱼道中通过的每条鲑鱼需要 $2ft^3$ 的空间，但在鱼道中不同种类、不同尺寸的鱼需水体积不同，需要参照其他标准。Bell（1984 年）提出与 Jackson 类似的推荐鱼道中鱼类需水标准为 $0.2ft^3/lb$，也就是说当鱼道中通过 9lb 重的大马哈鱼时需要水的体积是 $1.8ft^3$，Bell 的标准对其他物种也适用，比较具有普适性。应该注意的是，这个鱼类空间需求仅适用于鱼道的设计，而不适用于集渔船的设计，集渔船的相关设计在下面的章节会具体介绍。

上面介绍了确定鱼道最小尺寸的标准，鱼道在鱼类洄游最高峰达到饱和状态，其他时间鱼道体积都是很充足的。在 4 磅或者更大的鲑鱼或鳟鱼洄游期间，考虑河流最低水位时洄游鱼类的要求，确定鱼道水池最小尺寸为 10ft（长）×8ft（宽）×2ft（深）。在一些情况下在鱼道水池的尺寸为 8ft（长）×7ft（宽）×2ft（深）时，河流处于最低水位鱼类也可以正常完成上溯洄游。另外，尺寸较小的鱼道适用于尺寸较小的鳟鱼、或者与鳟鱼生理行为类似的其他鱼类。

丹尼尔可能是第一个认识到鱼道存在最小尺寸的人，1909 年他提出了性能较好的过鱼通道，必须具备局部最小和断面宽度不小于 30cm 的要求，这个要求在后来看来是非常有用的。后期研究人员对太平洋鲑鱼的研究发现，鱼道最小竖缝宽度为 12in，这一研究成果与丹尼尔提出的最小尺寸非常接近。竖缝式鱼道用于消能水池的尺寸由竖缝的宽度决定，竖缝的最小宽度确定之后，鱼道水池的最小尺寸也能随之确定。

正如前面所讲的，鱼道设计时除了考虑鱼对水的体积限制之外，鱼在鱼道中的洄游速度也是设计的重要因素。如果鱼在鱼道中洄游的速度是预期的两倍，那么鱼道的体积将可以缩减至原计划的一半，鱼道的过鱼能力也将增加至预期的两倍。

因此，在鱼道设计时我们需要确定通过不同类型鱼类的鱼道中鱼的洄游速度，然而目前这些数据还比较缺乏，仅仅在哥伦比亚河上开展了一些关于鲑鱼和虹鳟鱼的研究，而且只公布了很少的研究成果，这部分成果在第 3 章中将会详细地介绍。此外，前面介绍的 Jackson 在设计鬼门峡鱼道时，保守估计鱼类以每 5min 通过一个水池的游速上溯洄游。1955 年 9 月太平洋海岸加拿大的渔业养殖者也通过画图说明的方法确定鱼类洄游流速，作者通过监测鱼类上溯洄游时通过鱼道某一段到达某一高程所需的时间来合理化估算鱼的洄游速度。

生物学标记的方法可以用于监测鱼类的洄游速度，通过监测鱼类每天上溯的平均距离，根据这个距离结合该距离河段对应测量的坡度，得到鱼类每天洄游的垂直高程。如果河道水平经过 1mile（1mile≈1609m），海拔升高 3ft，那么当鱼类每天上溯 20mile 时，它们爬升的垂直高程为 60ft；假设鱼每天洄游 20h，那么每小时爬升的垂直高程是 3ft。当设计的鱼道用于克服 9ft 高的阻隔时，鱼类需要 3h 才能通过该鱼道。

上述生物标记法鱼通过每个隔板的时间约为 20min，这个时间比 Jackson 假定的长得多，这个例子只是单纯的假设，通过这个方法得到的鱼类洄游速度比鱼在鱼道的实际洄游速度慢，据此可以看出标记法具有一定的局限性，通过该方法得到的鱼类洄游速度与鱼在鱼道中洄游速度不一致。如果有大量鱼在河流和鱼道中洄游速度的研究数据，以及两者相关关系的研究成果，我们就可以通过鱼在河流中的洄游速度来预估在鱼道中的洄游速度。

当鱼道尺寸大于最小尺寸时，鱼道内水的流速会相应发生变化，鱼上溯洄游的速度也会发生变化，这个洄游速度的变化将会影响鱼道水池的体量，过鱼的数量也会变化。由于鱼道的花费并不会随着过鱼数量的变化而变化，两者之间并没有确定的相关关系，当洄游速度发生细微的变化可能会对鱼道最终成本影响较大。

此外鱼道在单位时间内通过鱼的最大数量是确定鱼道水池尺寸的又一个重要因子，这个因子在一些情况下根据直接记录通过池堰鱼的数量来确定，然而在很多情况下不能直接得到这些数据。在不能直接记录的情况下可以做一个合理的假设，通过抽样统计标记鱼类数量的方法绘制鱼类洄游图，得到每周、每天甚至每小时通过鱼类的最大数量。

水池的尺寸确定是根据每小时、每天还是每周的过鱼峰值来确定。根据每小时过鱼峰值确定的尺寸远远大于根据每天峰值确定的尺寸，也远远大于根据每周峰值确定的尺寸。目前无法给出在不同地方、不同鱼类确定水池尺寸的标准，但是目前有一些案例可供参考。在前面提到的 Jackson 的案例中，采用标记法得到每小时通过的鱼数峰值，据此确定鱼道尺寸，通过该方法鱼类洄游延迟的时间不会超过 1h。监测数据表明弗雷塞河鲑鱼洄游期间短暂的延迟都会产生不利影响，这种情况下根据每小时过鱼峰值确定鱼道尺寸是合适的。在某些情况下，如果没有证据表明洄游延迟一天对鱼类将产生较大的影响，那么将按照每天过鱼峰值来确定鱼道尺寸。如果将每天最大过鱼数量作为鱼道设计的标准之一，那么最大过鱼数量与洄游速度有一定的相关性。根据前面章节提到鱼类上溯的速率为 2～5min/ft，实际监测表明鱼类在洄游过程中每天可能洄游 16h，据此可以对每天洄游数量进行修改。如果没有鱼类洄游过程中每天的洄游时间，那么我们可以假定鱼类仅在白天进行洄游。

如果上述3个变量：每条鱼的需求空间、鱼经过每个隔板上溯洄游的速度以及每分钟过鱼的数量均已知或者被假定，那么将很容易估算出鱼道水池的体积。接下来以案例的形式对此进一步说明。

（1）尽管在洄游过程中鱼类种类较多，但洄游的大部分鱼均为重量在6～7lb，那么可保守估计每条鱼需要的空间为4ft³。

（2）根据已有监测数据的经验确定，水池和水池之间有1ft的高差，鱼通过每个水池的时间大约为3min。

（3）根据标记法的监测和对鱼类产卵场的集中观测，每天16h通过最大鱼类的数量大约为8000条，这与每分钟8条鱼或者每3min 25条鱼经过水池是一致的。

根据以上数据，确定每个水池最小体积是$10 \times 8 \times 2 = 160ft^3$，根据每天最大的洄游峰值得到的体积为$4 \times 25 = 100ft^3$，确定的鱼道尺寸大于每天最大洄游峰值确定的体积，因此这个最小尺寸是比较充足的。当确定的最小尺寸不太充足时，水池应该增加长、宽或高，直到满足洄游峰值确定体积的要求为止。考虑鱼道的结构、尺寸以及其他可能因素，来决定应增加长、宽、高哪部分的尺寸。

对于竖缝式鱼道，竖缝的宽度及其他部位的尺寸都是随着水池的尺寸来确定，因为在大多数情况下当鱼道中标准流速的平均值达到1ft/s，鱼道内几乎不会出现湍流，因此应设计各部位合适的尺寸使得鱼道各断面的平均流速上限为1ft/s。比如对于一个长10ft、宽8ft的水池而言，通过每个隔板的水头损失大约为1ft，那么通过经验推测鱼道竖缝的宽度应大约为1ft。当设计鱼道时存在一些疑问，比如设计的水池形状和之前使用过的都不同，这种情况下需要通过物理模型试验来确定鱼道中可能存在的流场形态。当然我们也不能过分的强调物理模型试验，研究发现竖缝式鱼道和赤炎石鱼道中竖缝尺寸发生微小的变化，可能都会导致鱼道流场发生较大的改变，而不再适宜鱼类洄游。

对于丹尼尔鱼道而言，对鱼道的空间没有要求，因为鱼类进入鱼道后几乎没有停留，直接通过鱼道。Zeimer（1962年）在图2.5（c）所示类型鱼道的研究时发现，其过鱼能力为750条/h，这种类型的鱼道对于前面提到的每天最大需要通过8000条鱼的案例是适用的。Thompson和Gauley（1964年）研究发现在地势较陡的鱼道最大过鱼能力达到2520条/h，也有研究发现最大过鱼能力为1140条/h，这些研究试验是在控制鱼道进口和出口的条件下记录得到的，对于自然阻隔情况下考虑最大过鱼能力时应参考Zeimer的研究。

丹尼尔鱼道很少用于设计直接克服超过12ft水头的情况，对于这种水头高度，一般都会为鱼提供休息池，这个休息池的设计可以参考上述竖缝式鱼道水池的设计标准和程序。

继续介绍竖缝式鱼道的设计，前面提到了水面坡度决定了鱼道水池的尺寸以及鱼道入口位置的选择，除此之外还应该认真核对隔板的数量、确定鱼道中心线的位置。为了确定隔板的数量，可以绘制进水、尾水曲线来研究，这条曲线表示进水口、出水口不同流量条件下的水面高程，可以通过实际监测点绘制平滑曲线的方法来绘制进水曲线、尾水曲线，如图 2.10 所示。通过简单的绘制进水、尾水曲线就能确定两者之间的高差，据此可以得到为了充分克服这个高差需要设置隔板的数量。在部分进水、尾水水面高程缺失的情况下，通过已知的进水曲线、尾水曲线合理外推来得到缺失的数据，这在鱼道设计时可以采用。通常情况下这两条线都不是直线，两者之间不平行，因此在曲线外推时需要精确的判断和大胆的推测，这两条线在设计和运行过程中都是需要的。

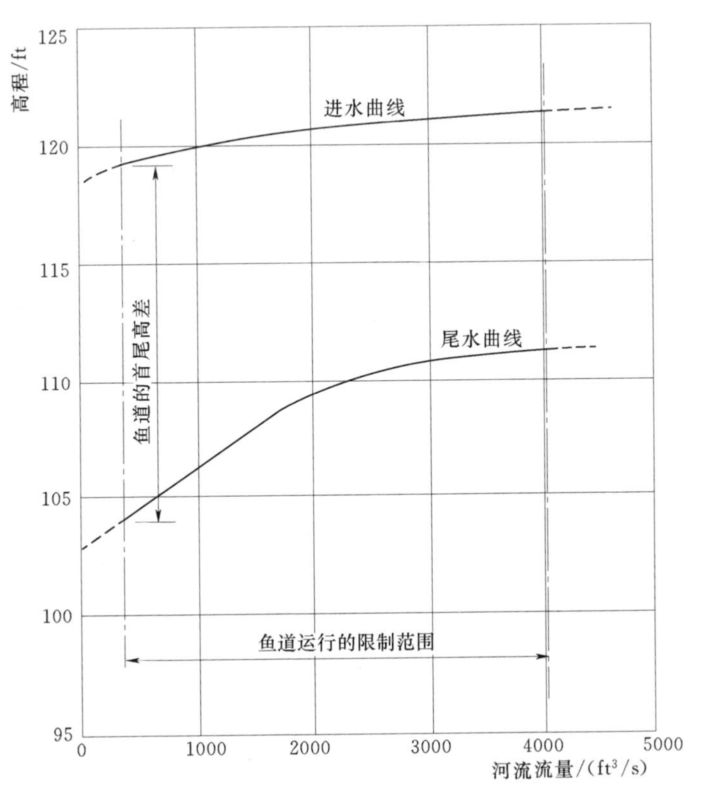

图 2.10　鱼道建设过程中进水曲线和尾水曲线图

在鱼道出口、隔板数量确定的情况下，最后就是确定鱼道中心线的位置，这个通常会考虑确定合适的位置，使得开挖的岩石最少。比如，在充分考虑了区域岩层状况的情况下，可能会考虑移动鱼道中心线或者入口的位置，使得鱼道的墙壁或者入口与岩层裂隙一致，这样降低开挖难度。此时在设计过程中需要求助于地质工作者，根据他们掌握的地下岩层的情况来指导工程师设计。可能在一些情况下鱼道布设时开挖隧洞比开放式渠道更加的经济，如果是这样，地质工作者在评估了隧洞顶部的稳定性后，提出在隧洞爆破时需要考虑的爆破程度。在丹尼尔鱼道中心线的定位过程中也需要类似的考虑。

在鱼道设计时最好先在图纸上设计出满足所有水力学参数且最经济的鱼道，然后在实地标定出鱼道的分布。然后地质工作者在实地检查布局，给出相关的建议，工程师参考地质工作者的建议做相关的调整。

鱼类洄游期间，鱼道中水的深度可以由流量来控制。进水、尾水曲线可以用来选择设计鱼道的水位变动范围，当出口比进口水位变动幅度大时，在设计过程中可以将出口设计得比进口深；当出口比进口变幅小时，即将进口设计得更深。在设计过程中为了满足前面介绍的体积标准，在鱼类洄游期间最小水深应该为 2ft，这个最小水深基本无法满足鱼类游泳深度的要求，因此应增大鱼道设计最小水深。在鱼道运行过程中，最小水深很少发生，在洄游高峰期理想水深为 6ft。

对于丹尼尔鱼道而言，由于它运行的最大深度只有 6ft 左右，水深变化范围为 2～6ft，因此它的设计标准与竖缝式鱼道存着不同。

在一些情况下，鱼道的中心线沿着岩石的裂隙布设，如果岩石的岩性合适，且在爆破的过程中采取适当的措施，使得岩石破裂的合适，那么在鱼道建造过程中可不用混凝土构筑墙壁，直接在岩石壁上建隔板。然而，很多情况下鱼道的某些断面低于河水的水面，河水会透过岩石进入鱼道内，此时需要在这些位置做防水处理。通过将鱼道中心线设计图绘制在等高线底图上，结合河道水面坡度图以及地质考察的细节很容易确定出这些渗水区域。

2.10　自然阻隔下鱼道的结构设计和施工

在确定鱼道的位置、尺寸以及墙壁的高度之后，接下来将开始鱼道的结构设计。建筑材料的选择主要取决于材料的适用性、价格、建筑物的使用寿命以及建筑物的位置、施工方式等其他因素。在一些情况下使用加固混凝土比使用钢制更经济，特别是一些附近没有集中供应源的地方，由于材料的需要长距离运输，使用混凝土材料更具优势。对于丹尼尔鱼道而言，没有具体规定使用的材料，多考虑使用预制混凝土、钢制或者铝制，设计师在设计过程中可根据经验灵活地选择最适宜当地条件的材质。

典型的竖缝式鱼道结构原理如图 2.11 所示，A 为中心柱，B 为壁柱，C 为隔板。在一些设计中 A、B、C 都选择钢制材料，鱼道墙壁和地面由混凝土浇筑；还有一些设计前两部分由加固的混凝土浇筑，隔板选择木质材料，或者所有的部分都是混凝土浇筑；还有的三部分均选择压力处理过的木质材料。

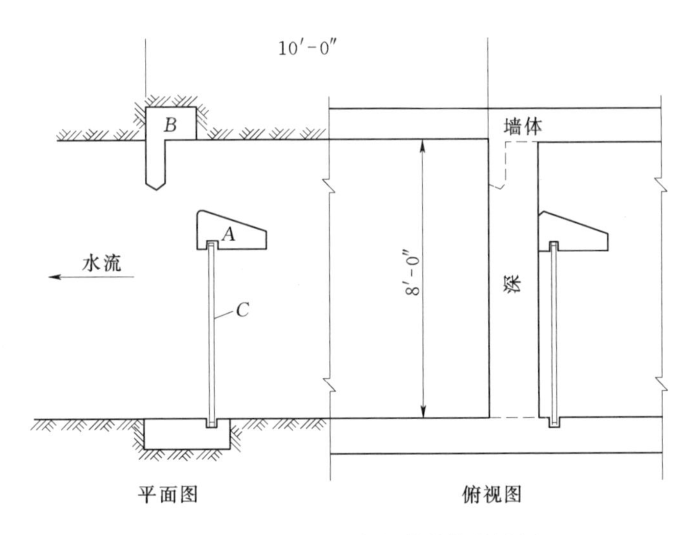

图 2.11 小型竖缝式鱼道结构设计图

任何结构设计都是由荷载开始的，所谓荷载即是建筑物所承受的最大压力，鱼道的荷载即预计最坏的情况是一个隔板完全粉碎，并堵塞鱼道。

这种情况下，由于堵塞隔板的上下游出现水头差，特别是在下游方向。在严格的设计标准下将避免这种情况经常的发生，在很多情况下，特别是对于小型鱼道而言，考虑了最大荷载的设计可能是比较经济的，但除了荷载以外还要考虑其他标准，比如对钢制鱼道需考虑温度的限制。

为了满足荷载需求，梁柱的设计有一套明确的程序，在这方面任何好的结构设计书都会提供一些建议。正如前面介绍的，经常在开挖岩石时，如果开挖的岩石条件合适，可直接将岩体作为鱼道的墙壁来节约成本。但在爆破时即使岩体面保持良好，也必须保证裸露的岩石作为墙面不改变与鱼道结构功能相关的水力学条件。如果岩石容易被侵蚀，那么需要在岩石壁上用混凝土衬砌。如果需要用无衬砌的岩体作为鱼道壁，那么在隧洞式鱼道施工设计时应特别注意钻孔、爆破、挖掘的方式，首先钻孔不宜过长，其次爆破过程中应先对鱼道中间部分进行爆破或者钻探然后再处理边缘部分，同时在鱼道的中间应该设置一块区域来放置墙体爆破产生的粉碎岩体。

如果鱼道的墙体和地面均由混凝土浇筑，那么鱼道中的一系列隔板可以用多种不同的方式设计；如果墙体直接由裸露的岩石构成，那么隔板与岩石的结合部位应重点关注，这个结合部位的连接方式很多，但根据经验最合适的方式是将钢筋混凝土隔板插入底部，并保持顶部与底部的平齐，隔板在岩石墙壁的布置方式也与此类似。如果隔板的梁柱被放置在确定的位置后，可用锚杆与钢销将其固定，如果隔板是钢制的可用锚杆固定，隔板的其他部位如果是混凝土制成的就用锚杆固定，这样通过混凝土灌浆或者钻孔将隔板固定在岩石上。施工过程中不可能预先确定是否采取这些措施，而要根据每个隔板的位置及其周边具体条件来决定，因此在固定每个隔板之前应该做完全地开挖检查，确定每个隔板的固定措施。

另外在隔板布置在容易发生侵蚀的部位，或者在发生洪水时有大量石块等物体汇入的位置，可以考虑在这些部位给鱼道外加混凝土或者钢构的外罩来保护隔板。通常，在鱼道的进口处设置拦污栅，来防止洪水期间鱼道的堵塞，拦污栅的栅栏必须设置足够宽的间距，以便鱼的自由通行。地狱门鱼道进水口设置的钢制拦污栅见图2.12。

图2.12　地狱门鱼道进水口设置的钢制拦污栅

2.11 自然阻隔下鱼道的维护与评估

鱼道维护和评估的目的是不同的，由于它们是鱼道下一步必不可少的重要环节，所以在此处一并介绍。

对于一个运行良好的工程而言，通常都需要进行适当的维护，这也是鱼道成功运行的关键。为了确保鱼道的正常运行，每年至少对鱼道检查一次，并根据需要进行维护。鱼道正常的维护包括拦污栅、挡板、栅栏等钢筋的校直或者更换，修补或重新粉刷被泥沙磨损的混凝土部件，油漆钢结构并去除钢结构上的泥沙和杂物等。比如，在鱼道每年高水位运行时，相应的流量较大，水流携带的大量泥沙会磨蚀钢结构表面的油漆，使钢结构直接裸露出来，因此对钢结构需要定期油漆。由于鱼道往往在极端温度条件下运行，运行过程中河流流量也会剧烈波动，因此鱼道每年的维护费用较高，可能高达建设费用的5％。

鱼道完整的使用评估比大多数结构工程的评估都要困难。对于一个新建桥梁或者载客电梯，通过简单的计量通行数量可以很简单地评估，对于鱼道而言也可以通过计数的方法评估，但由于自然阻隔的鱼道运行时湍流以及水流浑浊的影响增加了计数的难度，使得直接计数较为困难。在许多情况下一部分鱼没有通过鱼道上溯，而是试图直接跨域天然阻隔的障碍物直接上溯洄游，这些鱼有的成功完成上溯洄游，有的由于回落死亡，有的最终从鱼道完成洄游，但是洄游时间延迟，这些都会影响计数。所以通常采用标记试验来对鱼道是否成功运行进行评估，这种方法是在施工前对洄游鱼类进行一次标记试验，然后对比鱼道建设前后完成洄游的鱼类数量变化来对鱼道进行评估。比如，在加拿大太平洋海岸的小型鱼道，通过标记试验研究发现鱼道运行将鱼类洄游平均延迟时间从14.6d减小到1.7d，这个案例充分证明了自然阻隔下鱼道的有效性。

鱼道运行之后，无论使用什么方法都应该开展评估来确定该工程的价值，通常情况下鱼道建设、运行产生的经济效益在很多年都不是很显著，因此这个评估不是经济效益评估，而是对建筑物运行有效性的评估。一些情况下通过一些观测数据已经间接证明了鱼道取得的巨大成功，所以没必要进行进一步测试。比如第一次尝试使用竖缝式鱼道的鬼门峡鱼道，鱼道使用后上游鱼卵量大大增加，这充分说明了鱼道的成功，因此没有必要进行进一步的标记试验。在鱼道建设前鱼洄游数量很少，鱼道建设后有大量鱼类洄游，这样的情况下也就没有标记试验来验证的必要了。

2.12　参考文献

Bell, M. C. , 1984. Fisheries Handbook of Engineering Requirements and Biological Criteria, U. S. Army Corps of Engineers, North Pac. Div. , Portland, OR. 290 pp.

Committee on Fish Passes, 1942. Report of the Committee on Fish Passes, British Institution of Civil Engineers, William Clowes and Sons, London. 59 pp.

Denil, D. , 1909. Les echelles a poissons et leur application aux barrages de Meuse et d'Ourthe, *Annales des Travaux Publics de Belgique*.

Jackson, R. I. , 1950. Variations in flow patterns at Hell's Gate and their relationships to the migration of sockeye salmon, *Int. Pac. Salmon Fish. Comm. Bull.* , 3 (Pt. 2), pp. 81-129.

Katopodis, C. and N. Rajaratnam, 1983. A Review and Lab Study of the Hydraulics of Denil Fishways, Can. Tech. Rep. Fish. Aquatic Sci. No. 1145. 181 pp.

McLeod A. M. and P. Nemenyi, 1939 - 1940. An Investigation of Fishways, Univ. Iowa, Stud. Eng. Bull. No. 24. 63 pp.

Pretious, E. S. and F. J. Andrew, 1948. Summary of Experimental Work on Fishway Models, Int. Pac. Salmon Fish. Comm. , unpublished data. 6 pp.

Thompson, C. S. and J. R. Gauley, 1964. U. S. Fish & Wildlife Serv. Fish Passage Res. Prog. Rep. No. 111. 8 pp.

Zeimer, G. L. , 1962. Steeppass Fishway Development, Alaska Dept. Fish & Game Inf. Leafl. No. 12. 27 pp.

第3章 大坝的鱼道

3.1 大坝对洄游性鱼类的影响

首先，我们必须明确大坝上的鱼道或过鱼设施无法确保洄游性鱼类维持其在工程建设前的资源量水平。在河流中修建大坝可能会对河流的物理性质产生多种多样的影响：坝上和坝下水温可能会改变；季节性河流水文情势可能会改变，包括洪水发生时间推迟或根本不发生洪水；泥沙可能沉积于坝上水库中，天然河流中产卵场可能被淹没；大坝下泄水流溶氧极低。河流物理特性的改变可能会直接地或间接地对溯河或降河洄游的鱼类产生很大影响。直接影响可能包括大坝修建前天然河道水温适宜于鱼类生存，大坝修建后河道水温的改变会导致鱼类致死或伤残。间接影响可能包括食物供给的改变以及生态平衡的破坏。任何一个影响均可能会形成严重的问题，因此，确保鱼类持续存在的解决方案与过鱼设施的建设同样至关重要。

因此，鱼道是解决大坝诸多生态问题的唯一解决方法。然而，在许多情况下，其他问题可能会不严重以至于被忽视。鱼道在低坝且河流中鱼类资源量较少的情况下应用。一般而言，随着洄游性鱼类数量增加，其对物理环境的影响也会增加，并进一步增加大坝造成问题的复杂性。

后续章节中关于鱼道和其他过鱼设施的讨论应基于上述评述。在引述的许多例子中，鱼道是解决所有与大坝有关的渔业问题所采取的唯一措施。尽管鱼道解决了很多问题，但在大多数情况下并无法证明单独使用鱼道措施是否足以解决这些问题。当花费了很多年对鱼类种群变化趋势跟踪分析后，经常会发现当最终显示鱼类资源量下降趋势时，其原因在于受许多因素影响而无法分离其单独影响和评估其结果。

希望相关研究最终能阐明鱼类洄游过坝的路线图，为众多大坝建设提供技术支持以采取更为完整的措施来保护鱼类。同时，必须不断摸索、大力推动研究，通过在不同地点及不同条件下的实践和经验，在这方面获得有价值的成果。

3.2 大坝的类型

为了有把握地研究过鱼设施的设计，有必要了解大坝的类型及其目的。大坝通常按功能可细分为蓄水下泄和仅用于为其他地方调水。有些大坝综合了此两种功能。大坝蓄水又可更进一步细分为在坝下下泄到原河道（如蓄水坝或防洪坝），和以水力发电生产或居民和工业取水为目的的下泄至大坝附近。在第二种情况中水库水面高度很重要，也就是水储存的总量，因为水面高度或称之为水头直接与水的势能和居民和工业供水的有效性成正比。大坝也有许多其他目的，如为航运、娱乐或鱼类养殖提供静流条件，或者为灌溉维持水位。然而，前述列出的用途是最常见的。

大坝也可以按它们的设计来分类，尤其是以用于其建筑的材料来分类。人类修建最早的大坝很可能是用树枝和泥土建造的堰，类似于河狸坝。后来，大坝是用牢牢捆绑在一起的木材或砌石建造的。实际上，在古代砌石坝（没有灰浆）修建用于灌溉和取用水，其在现代筑坝诞生之前运用了几千年。当人类开始用水发电、第一次通过直接驱动水车的石头来磨粒和后来电力的产生，大坝的修筑获才获得了真正的推动力。现代大坝的设计和建造已经跟上了电力使用快速扩张的步伐，即使也有许多大坝是为其他目的而建造。虽然大坝偶尔仍然用牢牢捆绑在一起的木材或砌石来建造，但是如今大多数大坝是用混凝土和土石方来建造的。混凝土坝可设计成比较薄的拱形或者更厚的依靠重力维持稳定性的重力设计。混凝土坝也可能是一种称为“安布森式”的设计，或者支墩坝，它是由一系列的地基之间的混凝土薄板构筑物组成。堆石坝有相对陡峭的边坡。然而，堆土坝必须使用更为平滑的边坡，导致大坝的基础很厚。

任何上述类型的大坝都可用于蓄水或调水工程，或者用于前面所述所有用途，虽然有些坝型比其他坝型更适合于特定的用途。应当好好讨论上述有些坝型的细节，或许可揭示大坝设计怎么影响鱼道设计的规定（图 3.1）。

3.2.1　混凝土拱坝

这种类型的大坝很适合狭窄的岩石峡谷，大坝的轴向拱推力很容易转移到两侧坚固的岩石体上。图 3.1 展示了一个典型的平面图和截面图。需要重视大坝的薄壁部以及陡峭的下游面，并且要意识到在这种大坝中增设鱼道会很困难。如果需为鱼类溯河洄游将鱼道建在峡谷山体中，则通常在这种类型大坝中的鱼道最为经济，往往这种类型的大坝非常高，且位于过鱼量很少的河流中，在这种情况下可能需要放弃鱼道建设，而采用翻坝过鱼或其他类型的升鱼机。以圆形或矩形模式螺旋向上的鱼道已经作为如混凝土拱坝陡峭下游面的一种解决方案，这种样式的鱼道是依照现代汽车坡道停车场样式设计。在实践中，这种想法并不新颖，在许多工程中已经建造了这种类型的鱼道。然而，上升 100m 以上的螺旋鱼道的经济性非常值得怀疑。在某些情况下，混凝土拱坝可能与重力坝相结合，但大多数情况下鱼道设计可以采用与前面

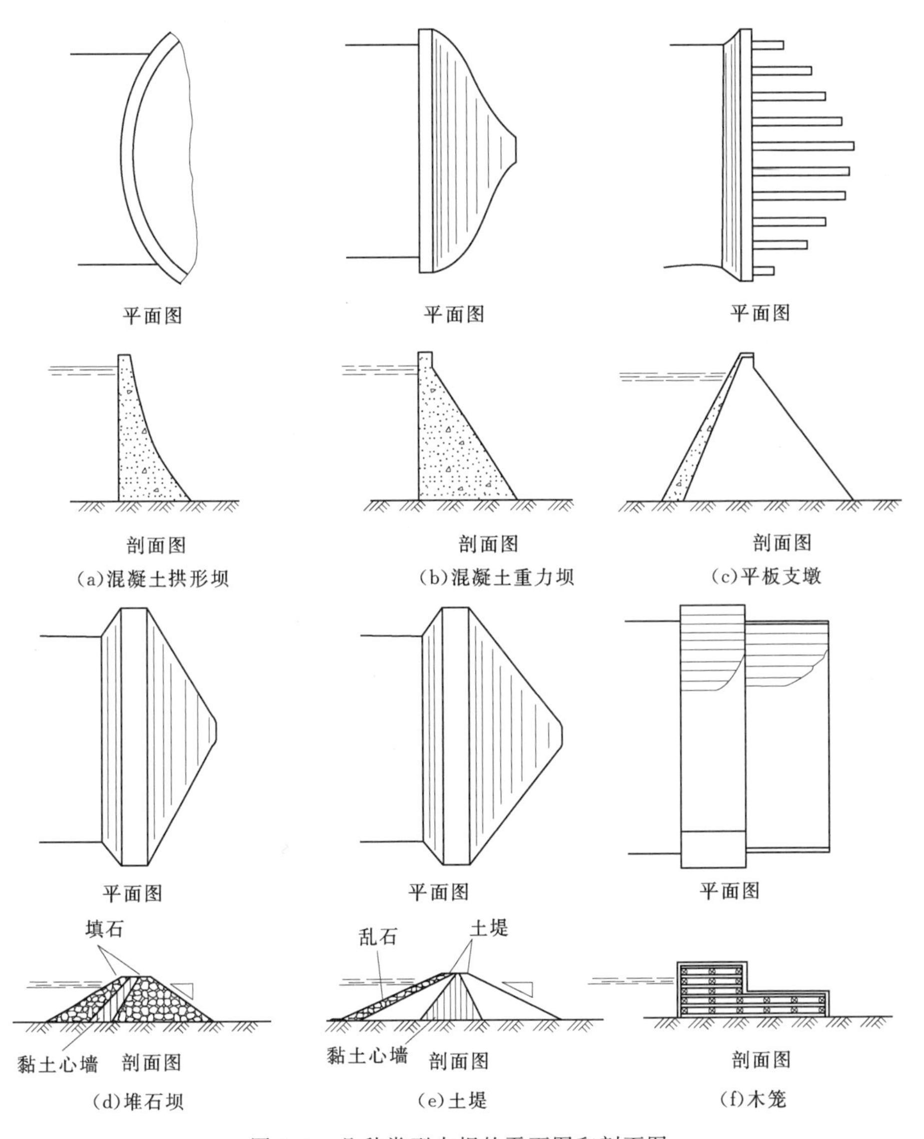

图 3.1 几种类型大坝的平面图和剖面图

相同的观点。

3.2.2 混凝土重力坝

混凝土重力坝是最常见的坝型之一，其广泛应用于较大河流干流的水电工程。哥伦比亚河上的大坝和俄罗斯许多大型河流上的大坝，以及埃及阿斯旺尼罗河和加纳沃尔特河上的大坝都是这种类型。哥伦比亚河上这种类型的大坝中鱼道的设计相当符合标准，大古力坝下游的每个大坝都设置了鱼道。这些大坝的高度为50～100ft，并且鱼道已与坝体构建成了一个整体。

当大坝串联修建时，每个大坝都位于其下游水库的库尾，发电厂房一般位于大坝中并且与之形成一个整体。因为河流大部分水流流经发电厂房，溯河洄游鱼类自然而然地受到电站下泄水流的吸引，因此开发了针对这部分水流的鱼收集系统，即电站厂房收集系统。因为该系统的这个特点和其他优点，它们被应用于珍稀鱼类的溯河洄游。这种类型的大坝和鱼道设施将会在后文中予以更详细地阐述。

3.2.3　安布森式坝或支墩坝

安布森式坝或支墩坝特别适合坐落于存在特殊地质条件的地方，但并非一定要局限于这样的位置。它是一种可以在除岩质地基以外的地基上建造的混凝土坝。由于在条件允许的情况下大坝的设计者更喜欢岩质地基，所以这种类型的大坝并不常见。这种类型大坝的上游面是一个斜板，大坝的稳定性部分取决于上游面水体的重量作用。既然这种大坝也是用混凝土建造的，那么修建类似于重力坝的鱼道是不存在问题的。

3.2.4　土石坝

土石坝是由低级配材料建成的河堤坝。通常会在堤坝中央采用混凝土或不透水黏土，以形成一道严密的不透水层。如图3.1所示，填充材料在中央核心的两侧填充以达到需要的高度。我们将看到在底部有相当厚度的堤状结构。由于平坡采用填土，所以和堆石坝相比，填土坝的基础非常厚。这种类型的大坝的特点是年代越久远越容易沉降，所以在它的顶部修建一个混凝土溢洪道并不可行，而且大坝设计师不愿意在坝体中或坝顶设置任何其他类型的泄水建筑物。因此溢洪道通常设置在毗邻大坝的河岸岩石处，或沿水库滨岸线较远的地方，在这些地方存在岩质地基，而且溢流可回到原来的河流中。

鱼道问题将会出现在溢流道和电厂厂房所在处，而不在坝体上。鱼道不能沿着溢洪道或邻近溢洪道建造并没有明显的原因。如果鱼道与电厂厂房有关系，那么它会离水库有一段距离而且在这种情况下设置鱼道可能会不经济。如果过鱼量不是太大，则可考虑过鱼的其他方式，如用卡车转移。土石坝越来越广泛应用于实践中，而且随时间的推移，其坝高不断增加。在坝址处容易获得建筑原材料使土石坝具有经济方面的优势，而且毫无疑问将来土石坝会越来越多。

3.2.5　木垛坝

木垛坝在木材充足时期的北美洲非常常见。现在即使在木材数量充足的地方，这种大坝也几乎不存在了。然而，有些地方仍然在修建木垛坝，尤其是需要临时使用它们的地方。木垛坝通常用于河流工程中的围堰，因为它们很容易移动到施工地点，然后安置于水中，而且它们在完成任务后很容易拆除。木垛坝主要依靠放在其中的石头重量来维持其稳定性，经常用于宽顶堰。在这样的建筑物中易于设置木制鱼道，而且在木材易得的地方修建这种鱼道非常经济。然而木垛坝通常需要频繁维护，而且维护费较其他类型的大坝可能会更高。

3.3　大坝运行对鱼道设计的影响

在大坝运行中，许多复杂的和意想不到的问题会呈现在鱼道设计者面前。因此，在可以预见的情况下，在设计鱼道时应该考虑这些问题。

对于一个水电站，我们应该知道知道发电厂是在峰值负荷时定期或连续运行以产生恒定功率，还是在任何给定时间根据负荷要求两者结合来运行。发电厂的设计师和操作员可以提供这些信息，但是我们往往可以通过比较发电厂需水量来自行判断，然后简单地确定它是否需要有充足的水量来保证发电厂以接近满负荷和峰值效率持续运行。如果发电厂运行是以峰值发电为目的，因为当机组关闭时从鱼道中流出的小流量会成为尾水区域唯一吸引鱼的水流，从而很有可能会阻滞洄游鱼类的通行。在这种情况下很有必要提供一个通过机组的小流量来协助吸引鱼类或采取其他措施来保证鱼的连续游动。相反，如果发电厂按电厂基本负荷的方式来运行，机组下泄连续性水流和溢洪道大量的季节性水流，则使情况可能正好相反。在这种情况下，当鱼在水量充沛的季节洄游时，发电机组下泄的连续性水流和溢洪道底部宽阔的泄洪区域可以吸引鱼。两种类型结合的运行方式将会在发电机组下泄区和溢洪道之间产生复杂的水流流态，因此应该开展这些问题的研究，以确定鱼道入口的最有利位置。

在苏格兰，水电站通常只在峰值负荷时期运行，发电厂在一天的大部分时间完全关闭的情况非常常见。因此，为向溯河洄游的鲑鱼提供洄游水流并使该河流适合垂钓，要求水电站下泄所谓的“补偿水”，其水量由渔业主管部门和当地河流部门决定。补偿水量一般数量较大，其是运行鱼道设施需要水量的几倍。在许多情况下，持续不断的下泄补偿水是吸引鱼类接近鱼道入口的一种方法。鱼道入口将会在后文进行更详细的讲解，但这是一个常见的复杂设计和操作的实例。

水电站的运行也会影响到鱼道中的水流。如果水库很小，则水位日变幅会相当大。水位变幅大对鱼道中水流的影响应当在设计中加以考虑。为确保每天进入鱼道的水流为均匀流，有必要采用自动调节堰。同样的方法可以适用于鱼道入口和鱼道下端。每日下游水位可能会出现大幅波动，这将影响到鱼道入口及下端，从而入口速度减小和减少对鱼类的吸引力。除了这些水位日波动，设计鱼道时还必须考虑水库水位和下游水位的季节性波动。这些水文变化可能与河流正常的季节性变化有相似之处，但是这些变化也可能会由于电站运行及辅助蓄水工程的工作而发生很大改变。

对于与下游水电开发相结合的蓄水坝，溢流日波动可能满足负荷需求，但是更希望以稳定下泄，因为他们不需要频繁的调节。然而，与正常河流流动相比，这些下泄方式会产生一个非常不同的水文过程。同时，当要求鱼道运行时，任何与蓄水坝相关的鱼道必须能够在库水位和下游水水位组合变动情况下正常运行。

3.4　鱼道入口——概论

入口可能是鱼道最重要的部分，特别是对大坝中的鱼道而言。如果洄游鱼类不易发现鱼道入口，那么它们在洄游时将出现不同时间的延误，在极端情况下，它们可能永远进入不了鱼道并不能洄游至上游。大坝中的鱼道入口比自然障碍物中的鱼道入口更加重要的原因，如第2章简介所述。相比在大坝建成之前鱼类正常洄游通过该处，建造任何形式的大坝均对鱼类溯河洄游强加了一个全新的压力。这个压力不仅限于洄游延迟的影响，而且还包括大坝建成后导致鱼类所处环境中所有其他物理条件（水温、流速、水质等）的改变。这些后者的变化产生的影响会非常重要，但此处我们只关注鱼类克服物理障碍本身所带来的压力。如果这个新的压力仅仅是由于延迟带来的，那么为使鱼道更为有效，需把这些影响减小到最小或消除。即使希望通过的鱼能容忍一些延迟，但从长远来看，鱼越早进入鱼道，鱼道就越有效。

如果有可能人工塑造大坝下游河流的堤岸以便聚集于鱼道入口，那么将鱼引入鱼道将会变得简单。或者，如果鱼道入口在坝下可以扩大到河宽，那么鱼寻找入口时就不会有任何困难，延迟的情况可以减少或避免的。听起来很不实际，但有了某些应用的案例。在欧垦那根河上有一个很特殊的情况（Clay，1960年），13个低坝的整个溢洪道变成了鱼道，所以洄游性鱼类很容易找到洄游至上游的途径（图3.2）。另一种情况可能发生在河流流量能完全受控制的水电工程项目中，所以鱼洄游时没有溢流发生。在这样的工程中，需要在工程中安装高效发电厂房收集系统，由于河流所有

图3.2　大不列颠 Okanagan 河13个低坝之一

水流都来自于这一区域，鱼必然会受鱼道入口区域所吸引。稍后将在本章后文中详细介绍这种收集系统。

大坝的溢洪道、发电厂房、进水口和非溢水部分的布置可以有许多布局方式。现场的地形和地质条件通常决定了最终的布局选择。考虑所有满足条件的可能组合情况是不切实际。因此，我们将首先通过考虑一些简单的布局来展示参与设计鱼道入口的一些原则，然后我们再展现许多实例来说明更多感兴趣的问题。

图 3.3 展示了三种简单大坝的布局图。平面图 A 是一种典型的用于灌溉、发电和航行等的低堰或低坝。在这个示意图中，假定所有的引水渠和管道都在离大坝一段距离的上游处。平面图 B 的布局与图 A 相似，但其在溢流道处设置的是控制栅而不是平面图 A 中的自由堰顶，而且其大坝下游的通道宽度变窄仅

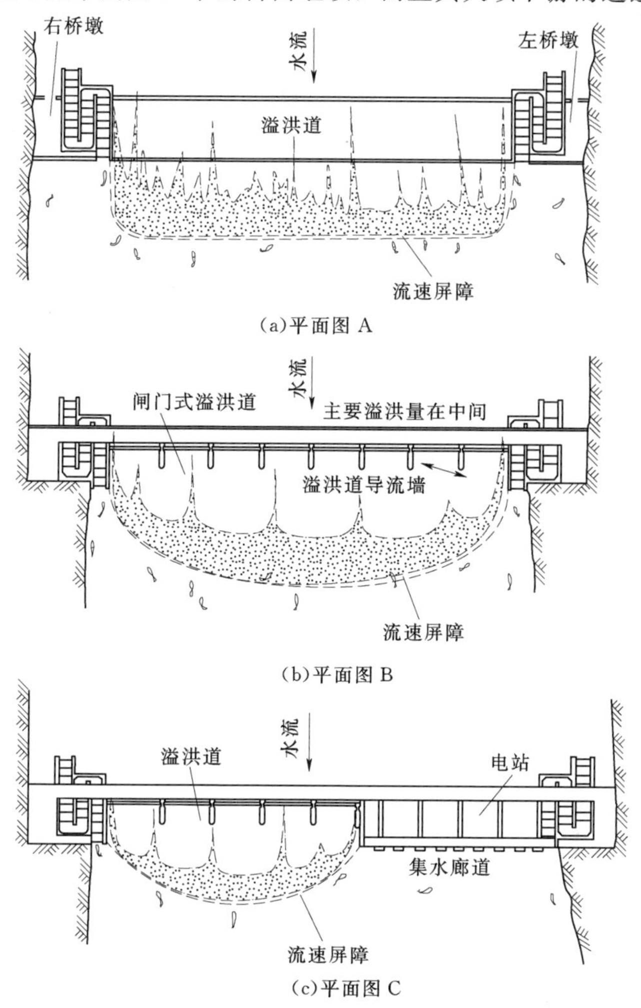

图 3.3 简单大坝和鱼道的三种示意图

宽于溢洪道。平面图 C 和平面图 B 相似，除了其发电厂房被并入人坝左岸。

图 3.4 以示意图的形式展示了在最常见情况下鱼类洄游极限上游位置的一些典型大坝断面图。断面图 A 展示了水流以自由落体的方式通过一个简单低堰的情况。这种情况在图 3.3 中没有阐明，但是它可以通过完全去除断面图 A 中表示上游洄游的极限阴影来直观化，以便使上游极限成为大坝面。这种情况在过低堰堰流不大的情况下非常常见。通常会碰到这种条件，障碍坝情况将在 5.1 节中更详细地描述。图 3.4 的断面图 B 展示了一种典型反弧形溢洪道的尺寸和流量，这种情况中经常发生水跃现象。这种现象的特点是水流突然上升或“跳跃”达到比溢洪道头部更高。此时的水流通过大坝下泄时转化的动能恢复了一些静态能量。这种情况在图 3.3 中阐明了：上游洄游极限的线相应于截面

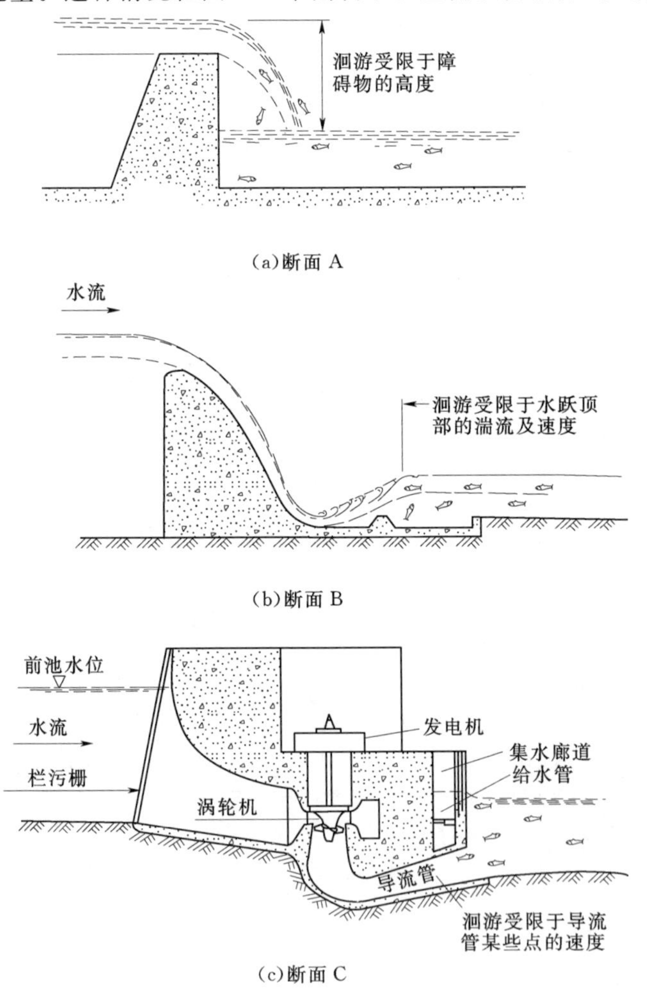

(a)断面 A

(b)断面 B

(c)断面 C

图 3.4　影响溯河洄游的大坝下游典型断面

图中位于或接近水跃顶部的线。断面图C所示为一个典型的安装水头较低的大型桨式水轮机。靠近发电站厂房的鱼仅能短距离穿过导流管，并必须要求特定的水深，但是在即将达到水面时受堵于下游电厂厂房结构，这里是它们最容易被吸引至如图所示的收集长廊中。

从图3.3和图3.4中可以看出，在向上洄游的鱼类可能受阻于溢洪鼻坎、尾水管、大坝下游侧、电站厂房处的高速和湍流形成的屏障。多年以来，经验丰富的过鱼设施设计者通常认为鱼道入口应该尽可能接近鱼类溯河洄游穿越上游障碍物最远的位置或路线。奇怪的是，这仍然是最常被忽略的鱼道设计标准之一。根据指导鲑鱼和其他溯河产卵鱼类洄游至原有河流的生理过程的理论：这是气味响应和逆流而上行为的结合，保证了鱼能回到它们的出生地。除非原本河流的气味消失了，它们就不会洄游到下游。因此，大坝上、下游水具有相同的成分，鱼总会沿着它们的路线继续溯河洄游，所以有充分的理由相信这句箴言——鱼道设计仍然和原来一样正确，并且应该不惜一切代价坚持下去。

然而，仅仅把入口放置在上游最远点处不能完全解决这个问题。从图3.3可以看出平面图B中包含了一个变化，这个变化倾向于在上游设置屏障用于引导，而不是像平面图A一样仅仅使鱼停止前行。平面图B的进一步改变是两岸边界的下游涡流消除了。发生这些改变的原因将会在后文进一步阐述。

3.5 鱼道入口——溢流道

如图3.3平面图A的布局所示，纵然在鱼类溯河洄游时可以到达的最远点处有两个鱼道入口，但其不合理，原因有两个。

如果大坝修建在一条很宽的河流上，而且鱼能从河中任意一点洄游，那么鱼会在河流中部附近溯河梁洄游，而不会想法在岸边寻找可能的洄游路线。任何微小的左右移动都会使鱼群不再溯河洄游，直到鱼群不得不为扩大寻找上游通道的范围，它们才有可能找到并进入鱼道。同理，如果由于如经济性等原因，决定在一条很窄的河流上修建唯一一条鱼道，那么沿着鱼道对面河岸接近大坝的鱼就没有引导物去帮助它们游动到设置了鱼道的对岸。

有些大坝试图通过调节流经溢洪道闸门的流量来克服这些不利条件。但使用这种方法有一些要求：首先，溢洪道上有闸门；其次，有足够数量且可独立操作的闸门来下泄特定的水流模式；最后，鱼类洄游时不需要溢洪道运用全泄洪能力。假设这些要求可以全部满足，通过敞开在河流中央溢洪道闸门，并逐渐减少开口朝岸的连续性闸门就有可能形成如图3.3中平面图B所示的模式。正如我们所看见的，这种模式倾向于引导鱼游向鱼道入口，在此基础上，它们克服水流速度障碍同时继续向上游洄游。同样，对于鱼道只在河岸一边的情况，尽可能控制闸门以便使最大的溢流发生在鱼道的对岸，并使最小的溢流靠近鱼道，其结果是水流速度屏障形成对角线引导鱼穿过水流到达鱼道入口。

虽然这样的布局听起来几乎理想化，但是在实际应用中存在许多困难。有些困难源于这样一个事实，水跃位置随溢洪道排放量的改变而改变。大多数溢洪道的设计是为了在河流发生洪水时下泄多余的洪水，以使大量洪水下泄不能维持很长一段时间。除了连续调整闸门开闭这项巨大的工作任务来确保水流频繁改变条件下所需模式之外，靠近溢洪道堤坝处的鱼道也出现了问题。当水流变小时，鱼跃现象要么发生于溢洪道堤坝的墙之间，要么完全消失，允许鱼进入溢洪道堤坝处足以使鱼被困在该墙之间。在出现了这个问题的哥伦比亚河大坝上，一种叫做拦鱼导栅的设备被尝试用于缓解这个问题。这是一种阻止鱼类洄游更远的间隔紧密的钢制拦污栅。如图 3.5 所示，其设置于邻近鱼道入口的

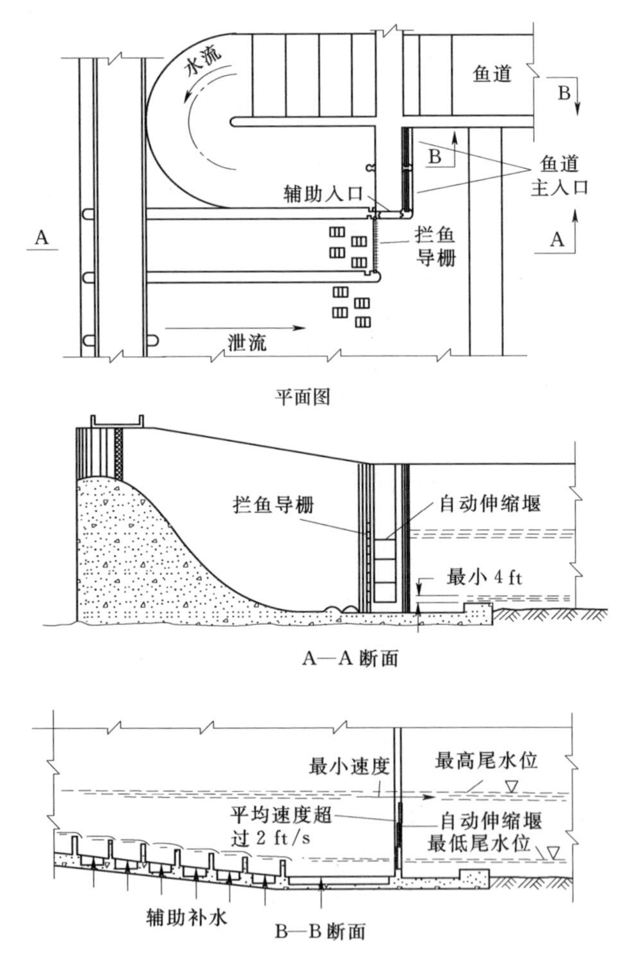

图 3.5　典型溢洪道入口

溢洪道堤坝。这种布局实际上相对于鱼道本身流出的吸引水水流，增加了较为大量的邻近溢洪道堤坝的水流。然而，这种解决方法并不能完全符合要求，因为拦鱼导栅上聚集了过多的废物，这会导致大量的维护问题。在使用拦鱼导栅的地方，综合考虑实用性和效率最佳，可采用 1ft/s 的速度。

其他的困难来源于溢洪能力所限而无法满足所需水流模式。在很多情况下，从河中至两岸的所有连续开闸逐渐减少泄洪水流是不可行的。最好且唯一的妥协方案，是除了邻近鱼道入口的溢洪道闸门外，所有溢洪道闸门用同样的方式操作，这些闸门和一组上述拦鱼导栅联合操作。这不会有形成图 3.3 中平面图 B 所示的理想化水流模式，但是它确实形成了一个比平面图 A 更好的引流模式。

平面图 A 所示布局不好的另一个原因，是在大坝区域下游河流中形成了水流循环。这个问题可以通过去除下游通道的坝肩来消除，如平面图 B 所示，但是从大坝设计者和业主的角度来看这并不总是一种可接受的或可实际操作的解决方案。因此，有必要明白为了尽可能提供最合理的布局为什么这种情况是不可取的，在正常情况下，一些折中是必要的。

图 3.6 是右岸坝肩的放大平面图。图中涡流中环流用小箭头表示。需要指出，沿河岸的水流实际上是在上游方向，所以如果鱼碰巧进入了这片河岸线区域，逆流沿正常方向前进的鱼可能实际上是朝下游移动。他们很可能会进入这片区域，尤其是当河中央过高的流速迫使他们沿边缘向上游时。有争议的是，如果是如图所示的圆形涡，而且鱼逆流前进时，它们最终会靠近鱼道入口然后有机会进入涡流。然而，必须注意的是，当鱼类接近于鱼道入口时，由于涡流很大，鱼道水流会导致诱鱼失败。因此，涡流的大小和体积很重要。如果涡流很小，即在宽度上等于或小于鱼道入口宽度，那么可能不会造成太大的影响。如果涡流相对较大，这会是一个潜在危害，则应该彻底研究以确定是否可以消除或减轻影响。

不可能总是通过观察大坝平面图来预测大坝建成后是否会出现不理想涡流。如果图上呈现出现涡流的可能，就应该通过缩小河道的方式来尽量消除涡流，如图 3.3 中平面图 B 所示。如果这个方法不可行，那么在经济许可的情况下可以构建一个水力模型来测试各种解决方案。这样的模型不需要很大的花费，因为这个模型只能包括部分溢洪道的主要区域就足够了。

这种涡流通常是由靠近岸边的下游正常水位和溢洪道下游水跃尾端的较低水位在静水头方面的差异造成。由于溢洪道底部水位处于最低点，水位差异形成了从岸到溢洪道底部的水流流速。干流的高速下泄水流进一步促进了涡流周围的环流。如图 3.6 所示，在右岸坝肩下的涡流出现了顺时针流，当然如果在左岸，情况就会相反。通常可以通过在鱼道入口和溢流坝闸孔处之间插入一个导流墙来抑制涡流。然而，导流墙的可能长度有限制，因为如果它向下游延伸太远，鱼可能会被困在溢洪道闸孔处。

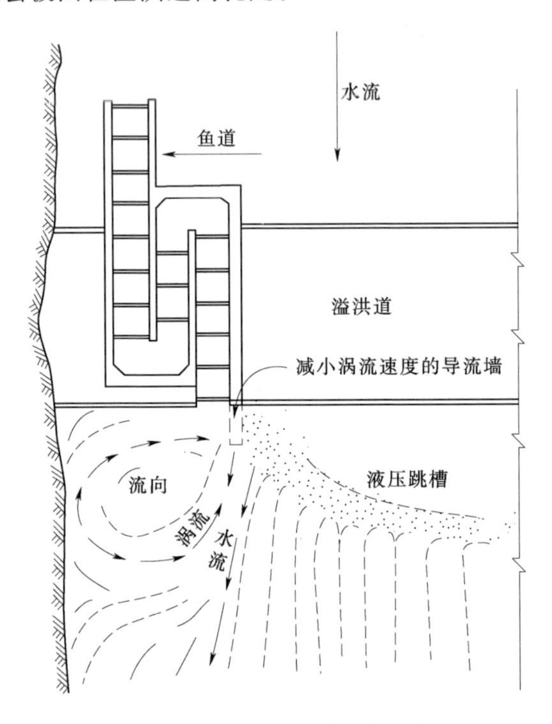

图 3.6　右岸可能流向示意图

相同的涡流通常存在于没有水跃现象的大坝下（图 3.4 断面 A）。在这种情况下，它可能取决于由于射流导致水位下降，造成的相同区域静压水头差异。矮墙可用来抑制这种涡流的循环。然而，在某些情况下，落水和大坝面之间的空间可被当作一个过鱼设施。如果是这样的话，用矮墙来阻止涡流循环是不合适的，它仍然可用于阻止鱼道入口和堤岸之间的大型涡流循环。利用落水和大坝之间的空间建立的鱼道将在第 5 章中阐述。

如果流速不够快以消除或抑制涡流，那么离开鱼道入口的下游水流流速将是吸引鱼类靠近这片水域的主要原因，而且不会延迟鱼进入鱼道。这种情况是图 3.3 中平面图 B 所示的理想化情况。

在这个区域内如果存在小涡流、漩涡和上升流也是不利的，下游鱼道可能需要一定的岩石条件和昂贵的额外挖掘，确保在深度上等于或超过溢洪道鼻坎，以消除这样的情况。在鱼类应该直接进入鱼道入口的特定时间，提供了大量的水以消散湍流的能量，并且改变鱼对方向感到混乱的趋势。然而，设计者发现一般情况下湍流是一个不太严重的危害，尤其当对于游泳能手如鳟鱼和鲑鱼身处其中时，而不能帮助鱼进入鱼道的条件是存在着环流且某一方向速度明显大的涡流。

邻近溢洪道的鱼道入口基本特征之一是吸引水或辅助水的供给，这个问题到目前为止还没有详细讨论（图 3.5 断面 B—B）。它是基于这一概念，鱼向上游洄游是被下游方向的水流流速、且流速大小为其能逆流克服。通过鱼道的正常流满足了这个要求，但是与泄洪道流量总量相比，这个水流流量通常非常小。此外，假设领头鱼已经成功进入鱼道入口下面和邻近溢洪道的区域，这些鱼有必要尽快发现鱼道外水流的实际流量。应使鱼道水流明显区别于其他区域水流，以确保鱼类尽快识别鱼道水流，规避其他妨碍或阻止鱼类洄游的区域，尤其对于游泳能力较弱的鱼类更为重要。鲑鱼游速最低标准是 4ft/s。当然，这个标准发生也可能变化相当大，不会大为影响效率，尤其是在其他条件如湍流可能会减少其有效性的地方。小于此流速的水流通常会降低对鱼的吸引效率，而较大流速的水流虽然可以增加吸引效率，但可导致进入鱼道的鱼类的游动能力不能在流速下完成规定洄游距离。值得怀疑的是，如果即使是能力最强的鱼安全超过 8ft/s 的游速，然而以接近这个速度游动在鱼道入口仅能维持一小段距离。

只要鱼道中有水流，几乎鱼道入口的任何流速都可以通过控制鱼道的入口大小来实现。但是入口不能做的太小否则鱼很难发现，或者在极端情况下，入口太小以至于鱼拒绝进入。即使有高速的水流通过这个很小的入口，鱼也很难发现它，所以高水流速度区范围扩展也很重要。换言之，除流速以外，入口处流量也很重要。因此，入口尺寸选择后，就尽可能根据经济性和可能性，提供满足所需流速的流量。实际上，入口在某种程度上依赖于辅助水水量，在可能情况下，当鱼道下游挡板淹没于高尾水时，上游鱼道入口提供以满足鱼道速度要求的流量。

再次参考图 3.5。断面 B—B 展示了毗邻溢洪道的鱼道主入口处的自动伸缩堰，及展示了鱼道下游挡板在高水位是如何被淹没的。如果明确提出鱼道淹没区的最小流速应该为 2ft/s，那么鱼道水流将需要增加一定的流量来满足高尾水时期的最小流速要求。在很多情况下，这些流量足够维持入口堰处所需的 4ft/s 流速。

如果有可能的话，入口开口宽度应该等于鱼道的宽度，而且甚至可以在拦鱼导栅旁边的鱼道一侧设置一个更广的辅助入口，如图 3.5 中平面图所示。如果没有拦鱼导栅，这个辅助入口会特别有帮助。鱼道入口处可调堰的水深根据吸引水的用量而变化。对于一个不使用辅助水的简单低坝，如果入口和鱼道宽度相同，那么入口堰的深度与堰式鱼道的内部挡板的深度大致相同。这是基于鱼道堰水头约为 12ft 及入口堰 4ft/s 流速的认识。在这种情况下，为了增加入口堰的深度，减少入口宽度会更好。随着辅助水量的增加，入口堰水深也增加。为了在溢洪道下游极端湍流区外安装吸引鱼类的大型设施，如上所述，最小水深为 4ft 和流速大于 4ft/s 是可行。

简要回顾上文，对于太平洋鲑鱼，毗邻溢洪道的鱼道理想流速设定在 4ft/s 和 8ft/s 之间。游行能力较弱的鱼类如大西洋海岸大肚鲱和美洲西鲱需要较低的流速。更合理的入口宽度应设定与鱼道同宽，但是对小型设备降低要求也是允许的。对于竖槽式或孔式鱼道，入口宽度和整个鱼道宽度相等可能不合理，尤其在没有可用的辅助水的条件下。在这种情况下，入口应建成为类似挡板孔口形状，而不是堰。入口处合理深度设定为大于等于 4ft，但是对于低坝上的小型设备或其在他特殊情况下降低一些要求也是很有必要的。关于溢洪道上鱼道入口的设置已开展了相关评论，但是关于入口出流流向的问题尚未开展具体讨论，虽然在实例讨论时，一直认为水流方向通常与溢洪道中流出用来吸引鱼类的水流方向相同。

3.6　鱼道入口——发电厂房（厂房收集系统）

电厂厂房处最简单的鱼道入口是鱼道注入毗邻厂房或下游一定距离处的尾水通道。这种类型的设备相当常见，但是如图 3.4 中断面图 C 所示，我们可以看见它的结构，其入口位置离电厂厂房的下游处越远，鱼就越难找到。当鱼受阻于尾水管的速度障碍后，他们将不得不返回下游寻找鱼道入口。在设计位于巴纳维亚的第一座哥伦比亚河大坝的过鱼设施时，意识到了另一个问题。这座大坝的发电电厂房设计得非常长，其 10 组 50000kW 的发电机组沿河流方向伸长约 800ft。因此，即使鱼道入口紧邻发电厂房，任意一端的发电厂房鱼道入口可能无法有效地吸引鱼类，即使这些鱼靠近发电厂房中心并且停留在尾水管或其附近的水流中。一个与之前在宽溢洪道中描述的类似情况可能会发生，然而，在这种情况下，发电厂厂房建筑物本身为之提供了一个方便的解决方案的基础。离开尾水管后的水流通常比在溢洪道反弧段处流速更小并且湍流也少得多，这使人们有可能设计一个附属于发电厂房下游面的多入口水道，鱼可以从横跨尾水通道管的许多地方进入鱼道。这种为巴纳维亚大坝设计的系统被称为厂房收集系统，而且后来它的改进版本已经被用于所有哥伦比亚河大坝以及许多其他地方的大坝建设中。

介于这两种极端的简单鱼道入口和巴纳维亚式收集系统之间，还设计了许多发电电厂收集系统。他们都有一个相似之处，设计师试图将从电厂出流用作吸引水。苏格兰皮特洛赫里塔姆尔河大坝上的鱼道就是一个例子。那里的鱼道入口以这种方式位于大坝上，以便发电电厂流出的水流有助于将鱼吸引到鱼道入口附近，而不是在溢洪道区域。图 3.7 展示了这种鱼道，它位于毗邻发电电厂右岸但在其下游较短距离处。尾水渠用钢筋间隔足够接近的拦鱼网架隔挡以阻止成年鲑鱼进入。拦鱼网架和尾水渠横向成一定角度以使上游的鱼进入鱼道入口。溢洪道横贯于大坝，从发电厂房延伸到大坝左岸，而不需要由一个单独的鱼道组成。假设河流系统上游有足够的水量可供使用，当鲑鱼洄游时，通常会避免溢洪或在短期内限制溢洪。隔开尾水通道以引导鱼进入鱼道入口的方法已经在欧洲频繁使用，但是在北美洲并不常见。原因可能是与北美洲常见的水流控制相比，它的成功要求更多大量的水流控制，还因为其水中杂物较少。它的一个明显的缺点是拦鱼网架本身造成了湍流的水头损失。

图 3.7 鱼道入口

许多现存的发电厂房鱼道入口或紧邻大坝或位于大坝下游面，并且效果良好。然而，作者认为，至少对大西洋鲑鱼和太平洋鲑鱼而言，有一个入口或入口靠近尾水管的集鱼建筑是吸引和收集鱼的最有效方法。以大西洋鲑鱼为例，直接比较了加拿大托比克河上托比克发电厂的两种类型鱼道入口。那里的集鱼建筑在一个尾水管的中心安装了一个鱼道入口，但另外一个鱼道入口被安装在毗邻发电厂房的岸上，并且在另一个入口的下游一段距离处。所有的这些鱼道入口在大坝启用之后都投入运行，但是却发现几乎所有的鱼使用尾水管处和毗邻于发电厂房的鱼道。因此，后来下游的鱼道入口被抛弃了。

虽然沿发电厂房下游面使用多入口的集鱼建筑更符合要求，但是仍然需要在发电厂房的一端或两端设置一个更大的入口，尤其是对很长的发电厂房而言。这个入口应该和主要鱼道的宽度相同，而且它可以通过所谓的连接池和集鱼建筑相连。图 3.8 展示了一个典型的大型厂房收集系统连接池。辅助水需要满足的标准和毗邻溢洪道的鱼道入口相同。实际上，在许多地方，发电厂房毗邻溢洪道，而且位于这两个建筑物交界处的另一个鱼道入口可以服务于溢洪道的一端以及发电厂房的离岸端。然而，在这种情况下，鱼进入时可能会被引入鱼道集鱼建筑和位于发电厂房另一端的鱼道上方。

也许现阶段更详细的讨论一个完整的厂房收集系统这样的这些大型设备是合适的，然而一些更简单、更经济的设备稍后将后文讨论。

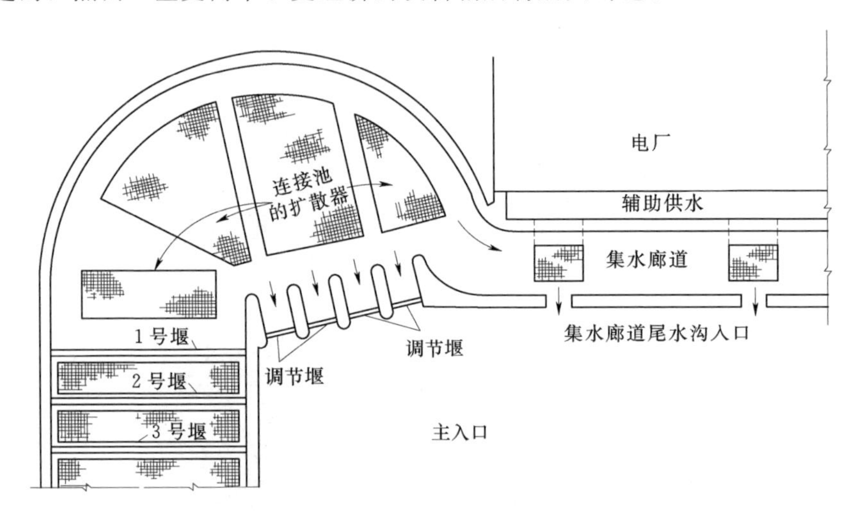

图 3.8　典型鱼道入口示意图

应当指出，电厂厂房岸边主要入口的宽度应该和鱼道本身宽度相同。这一标准演变而来的原因可能是，如果整个发电厂房碰巧在溯河洄游高峰期关闭，那么所有的鱼不得不通过主要入口进入鱼道。因此，为了容纳当前最大数量的鱼，其入口应该和鱼道本身宽度相同。对于需从宽广、流态紊乱的区域中吸引鱼的大型设施，已明确指出其主要入口处水深至少应为 4ft，毗邻溢洪道的入口和之前要求相同。当然，为了保证入口处流速在 4～8ft/s 的范围内，可以通过伸缩堰来控制水深。辅助水的量必须满足这些条件，而且调节堰所需的调节程度很大一部分取决于洄游期间期望的尾水水位波动总值。仔细考虑有关河道水流和发电厂运转的运行时间是必要的，以避免不可预见的不利于过鱼设施运行的水位组合，并避免不必要花费。

例如，尽管在春汛期鱼类洄游早已开始了，汛期高峰可能总是出现在少数提前到达的鱼类准备通过鱼道时。最高水位阶段时为使鱼道入口以最高效率运行设置了标准，在这种情况下，提供所有这些标准产生的额外费用是不值得的。有关洄游时间所需流量的研究可使设计师能够选择一个最高水位，以使所有入口均满足要求的流量和设计标准。这个阶段的水流，辅助水水量将保持稳定，当可调节堰到达它们的运行极限并被进一步淹没时，则指定流速会减小。

洪峰流量可能只发生在相对较短的时间内（也就是说，最多几天，通常只有一天），因此为了照顾这样的瞬间情况而进行完全高效运行是不经济的。同样的解决方案可能也适用于这种情况，也就是说，设定一个均满足入口流量和设计标准的最高河水位，但是在此基础上允许它的运行效率逐渐降低。

上述假设运行初期，虽然洄游鱼类仍然需要洄游，但比正常运行效率稍低是可以接受的。当鱼大量繁殖的情况出现时，如果运行接近峰值，那么这可能是不符合要求的。在罕见的情况下，通过限制过鱼设施运行时间，使其少于正常洄游时间，以使过鱼设施不仅效率低，如果这样经济更好，事实上不可行。如此可能会导致提前到达的鱼类洄游延迟一定时间的限制，必然取决于洄游延迟对的生物评估，而且除非有可靠的生物学家坚定地认为它是安全的，否则它不应该被考虑。

当规定入口设计主要标准时，有时需要附加规定以给鱼以额外保护。例如Von Gunten 等人（1956 年）曾报道，哥伦比亚河上麦克纳瑞大坝鱼道入口堰规定其自动运行而且对尾水水位波动敏感程度可达到 0.1ft。他们还报道说，任何主要入口的最小流量规定为 $1000ft^3/s$。后者绝不是一个规范标准，但是其设置目的是为了满足麦克纳瑞大坝的特殊条件。然而，关于入口堰敏感度的规定可以更广泛应用。在哥伦比亚大坝上，这些规定相当统一，而且被加拿大渔业部门和国际太平洋鲑鱼渔业委员会（1955 年）引用，作为当时可设计的最现代和高效的鱼道的首选标准。

巴纳维亚发电厂收集长廊的多入口在洄游期间通过可调节堰以满足期望尾水水位下特定的流速条件。然而，经验表明，淹没端口可能对将哥伦比亚河奇努克鲑鱼引入收集长廊更有效。因此，几年后建成的麦克瑞纳大坝鱼道入口配备有可操作的闸门，和溢流堰或水下孔相似。麦克瑞纳大坝也具有相当大的灵活性，其发电厂房的 14 组机组每组都至少有 6 个入口，其中一半用闸板封堵，剩下的闸门如上所述。在水流条件改变时最能成功吸引鱼的地方，一半（实际是 44 个）入口像潜孔或堰一样操作。由于发电电厂的长度达到 1403ft，让人担心的是，如果鱼被允许从位于溢洪道和发电厂房交界处的主要鱼道入口进入很长的收集长廊，它们可能会从沿途的许多入口中的一个离开鱼道，因此在第一个长廊旁边设置类第二个长廊。第二个长廊，也称封闭通道，仅与位于溢洪道和发电厂房交界处的主要鱼道和发电厂房对面的连接池相连，因此鱼只能直线通过它然后进入俄勒冈岸边的主要鱼道。

指导设计主要鱼道入口流速的标准同样规定于多入口收集长廊设计中，也就是说，最小流速为 4ft/s，而且最好能把流速控制在 8ft/s。此外，这些入口开口的大小和形状也有相当大的差异。由于大量的入口和满足规定流速所需的大量辅助水，入口保证能使鱼通过的最小尺寸是有必要的。加拿大渔业部门和国际太平洋鲑鱼渔业委员会（1955 年）建议，入口大小范围为 $6 \sim 12\text{ft}^2$。这使得通过入口水流最小流量为 $24\text{ft}^3/\text{s}$，最大流量为 $96\text{ft}^3/\text{s}$。麦克纳瑞大坝的宽度为 10ft，流经端口的水流流量维持在 $60\text{ft}^3/\text{s}$。当入口像堰一样运行时，其水深为 1.6ft，流速略低于 4ft/s。当入口像潜孔一样运行时，开口深度为 1.5ft、宽度仅为 8ft，而且其被淹没至尾水水位下 2ft。这样的水平槽可能在结构上更适于安装在每个入口允许尾水变化的分段闸门中。此外，通常需要对可用于每个入口的水量设置一些任意限制。在水平方向上扩宽开口，而不是采用狭窄竖直槽的形式，减少入口之间的距离并通过使用有限的水量来获得最大效益。据推断，这两个原因是潜孔入口形状采用横向的而不是竖直槽的主要原因。也许在未来，对比试验可供使用后，接近方形或者竖直槽式的形状会被证明是更有效的，但是目前没有足够的经验表明有这种改变的必要性。

当然，在入口水量超过长廊水量的地方，给所有多孔入口的收集长廊增加辅助水是有必要的。如图 3.9 所示，通过使用平行于收集长廊的另一个导水管且，同时分散隔栅沿长廊底按需隔开，以实现上述要求。分散隔栅最普遍的流速标准是以 0.25ft/s 的速度，通过鱼道系统底部来增加分散隔栅中的辅助水。在通过墙增加水的地方，速度增加至 0.5ft/s，但是速度加大一倍的原因并不清楚。

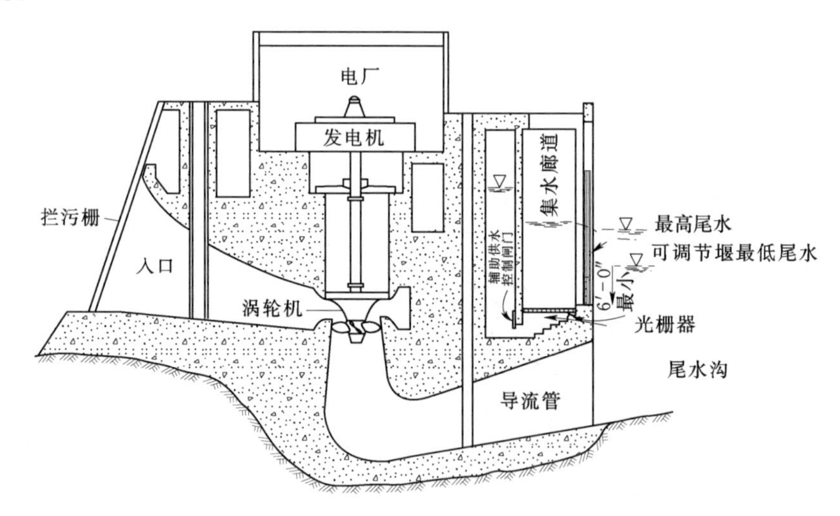

图 3.9　含有收集廊道、供水管道和分散器的电站剖面图

如图 3.9 所示的分散器系统已经被频繁使用，且被认为最经济和最实用的增加辅助水的方法。理想情况下，水流会以等速度通过整个隔栅区域扩散到长廊中。只有通过一个复杂的管道和管口系统才可能实现这种情况，然而，这种系统很昂贵而且很麻烦。因此使用了一种更实用的设置，如阶梯底部所示，通过

保持一个适当低的整体速度标准来补偿任何导致缺乏均匀速度的情况。在收集长廊中，每个涡轮机各个入口闸门都需要一组分散器的情况是有可能的。从各个闸门流出的水不得不替换以使收集长廊的流速保持在 2ft/s 附近，这是保证鱼通过明渠和导流板被高水位尾水淹没的部分鱼道时继续洄游的公认流速标准。

增加辅助水的方法将在下文中更详细地描述。然而，在这适合于讨论另一些意见。沿厂房表面的水位显著下降的情况经常会在很长的发电厂房中出现，尤其是发电厂房与河道水流方向平行时。如果这个斜度大于收集长廊的水面坡度（当流速维持在推荐流速 2ft/s 左右时，即使其值不是很大），那么在入口堰或端口就不可能保持所要求的 1ft 水头，而且厂房表面的闸门开口和入口流速可能不会相同。在这种情况下，通过沿收集长廊墙每个一定距离设置可调挡板的方法以克服这个问题，以有可能在收集长廊中复制发电厂房外所有水位水面坡度。必须注意的是这些挡板不会造成长廊内水面的集中下降，水位集中可能会阻止鱼的上升。如果鱼在某一地方被阻止，它可能从众多入口中的一个离开长廊，水面最多整体下降仅 6in 已经当作一个标准使用。

如图 3.9 中所示，规定最小尾水水位以下 6ft 的水深为鱼道入口处控制栅或堰的运行下限。收集长廊也有相同的最小水深。除了在最小尾水水位时给长廊提供足够的水深之外，这种设置还允许充分降低可调节堰以在最小尾水水位时给堰提供充足的水深。当然 6ft 的最小水深度是理想的，但是在一些情况中如装置很小时，其值是可以降低。

位于厂房岸边的主要鱼道入口已经讨论过了，正如收集长廊和多入口的情况。剩余的主要入口位于这些地方：如果电厂厂房和溢洪道相邻，主要入口在它们的连接处；如果他们不相邻，主要入口在电厂厂房近岸的那一端。

最后的主要入口可能只能吸引很少的鱼，除非有特殊的地形和水流条件。如图 3.10 所示，我们可以看到沿河边缘向上游洄游的鱼群会自然而然地被溢洪道的流速和湍流分成两部分。那些沿右岸的鱼必须都通过图 3.10 主要入口 A 来洄游；因此，该入口宽度必须和之前规定的完整鱼道宽度相同。只有在特定条件下，沿左岸的大部分鱼才会被主要入口 B 吸引。大多数时候这些沿左岸的鱼会被整个尾水流和从溢洪道左岸端流出的较小水流所吸引；因此，需多入口收集长廊并提供了第三主要入口 C。入口 C 的大小由设计师来决定。其大小应该超过收集长廊入口大小，而且宽度应该大致和长廊本身一样，但是没有必要和主鱼道或其他主入口一样宽。当鱼类洄游，且溢洪道持续泄放大量水时，如果有机会电站部分完全关闭，这很可能会导致将入口 C 大小增加至接近其他主要入口的大小。如果没有特别要求，入口 C 的大小应接近上文提及的最小值以符合要求。

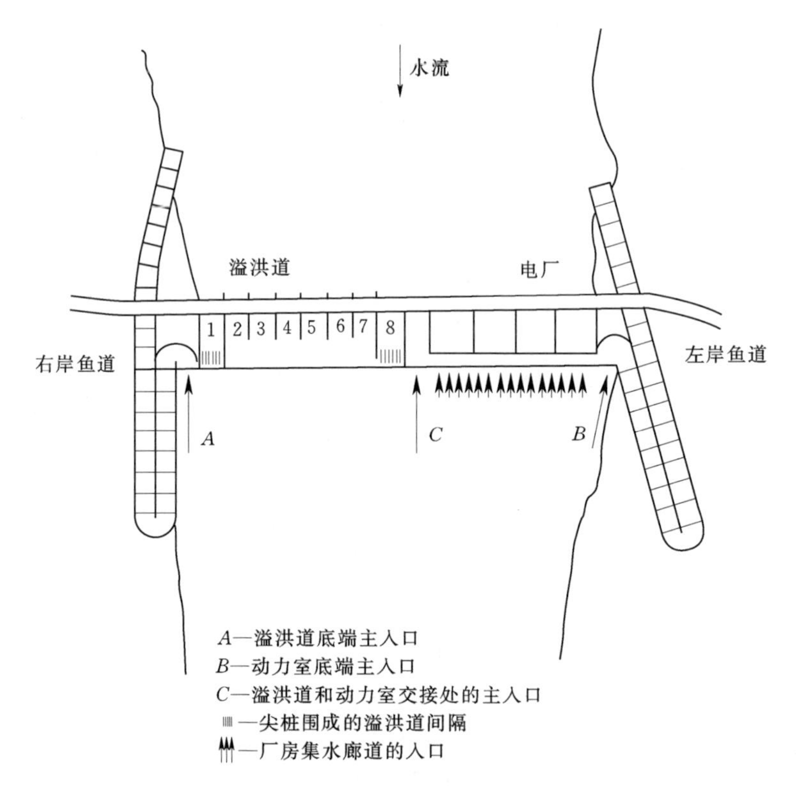

图 3.10　典型电站大坝示意图

设计大坝鱼道入口涉及的一些原则已经在前文以例子的形式进行了阐述。现阶段我们提到的一些实际设施演示了这些原则如何应用，考虑到经济和物理因素，在使用这些原理时要斟酌。当然，这并不意味着在没有严格遵循这些原则的情况下，这些设施会失败。相反，在缺乏证据的情况下，人们认为在现有设施中成鱼洄游成功达到了允许设计的所需程度。换言之，在不能满足最高设计标准的情况下，牺牲一些经营效率是必需的。

图 3.11 展示了哥伦比亚河上现有的两座主流坝，达拉斯大坝和麦克纳瑞大坝的总平面图，还展示了大坝中的鱼道和鱼道入口。这些入口设计遵循了之前阐明的大多数原则，保护鲑鱼洄游的价值充分证明最复杂和高效的设施是合理的。然而，即使是在这种情况下还会出现一些小的异常。一个看似异常但其实不是的例子，是位于麦克纳瑞大坝左岸的发电厂房鱼道主要入口，它的方向实际上是与河流水流方向而不是文中介绍的下游方向成直角。由于尾水通道位于河岸弯道或凹进处，这种设置被采用了，所以尾水渠流出的水流的方向几乎与发电厂房平行。因此，这些原则即使看起来好像没有，而实际采用了。

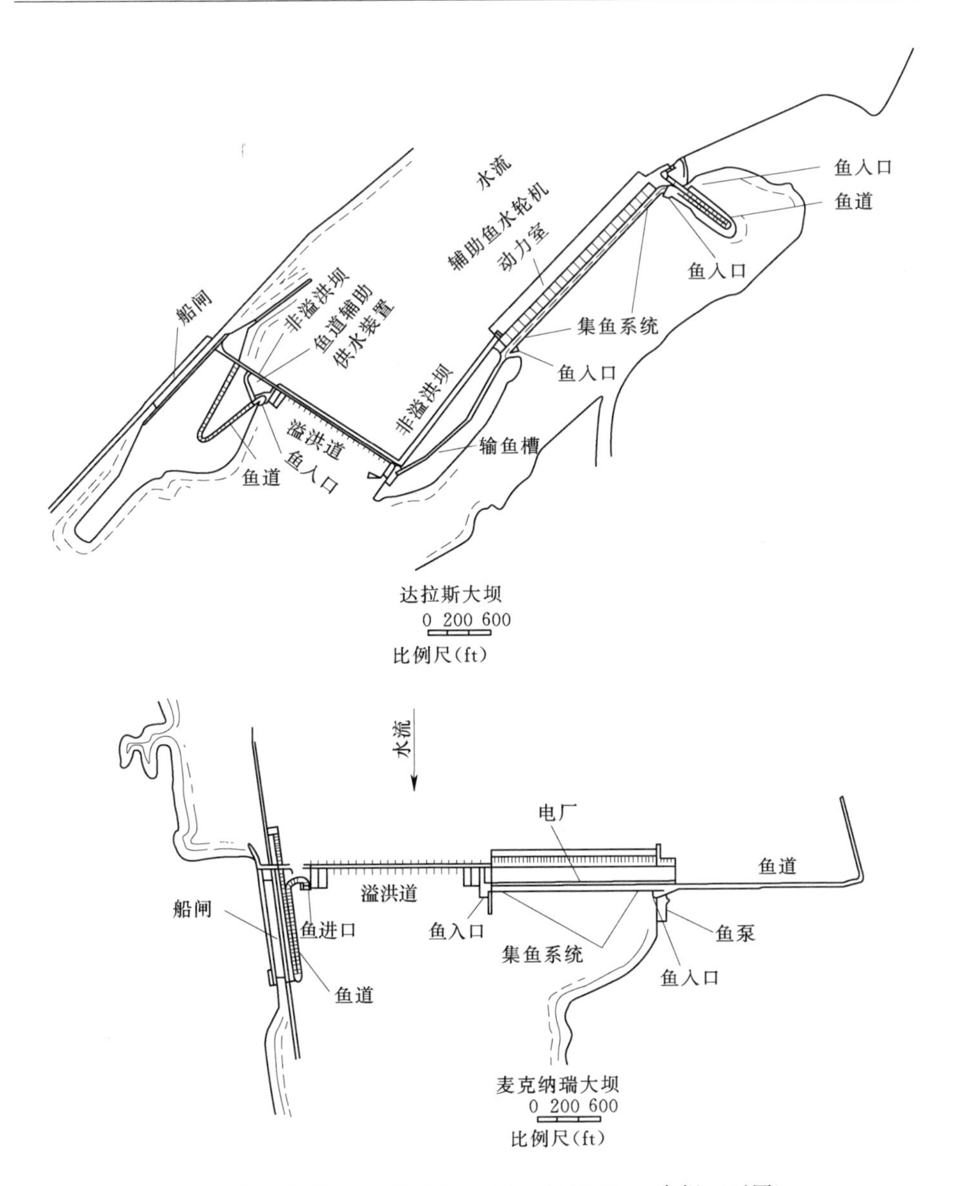

图 3.11 Dalles 大坝平面（上图）和 McNary 大坝（下图）

图 3.12 展示了较小水力发电站的平面图，电站包含了可使大西洋鲑鱼和太平洋鲑鱼洄游通过的设施。由于经济原因，这些设施没有哥伦比亚河大坝上的那些设施复杂，大部分设施每年只能通过几千条向上游洄游的鲑鱼。皮特洛赫里装置阐明了采用毗邻尾水渠的单一鱼道入口的苏格兰式做法。为使成年鲑鱼进入鱼道入口，尾水渠被隔挡，且在成鱼洄游期间溢洪道水流非常少，因此增加一个溢洪道入口没有依据。大西洋鲑鱼利用这种淹没孔鱼道进行洄游，这

种鱼道的池与池之间存在18in的水头差异。

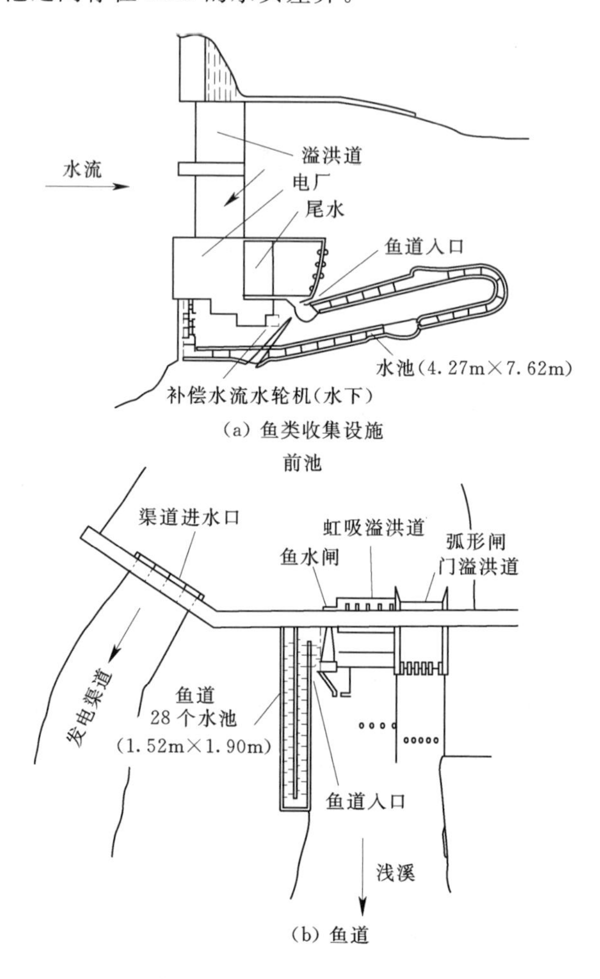

(a) 鱼类收集设施

(b) 鱼道

图3.12　鱼类收集设施和鱼道

稍后将会提到与水力模型使用相关的塞顿溪鱼道。大坝可通过成年太平洋鲑鱼，包括向原地和溯河洄游产卵的太平洋鲑鱼的设施，这些太平洋鲑鱼包括红鲑、粉鲑、奇努克鲑和银鲑等种类。此时就所涉及的水流大小和河流宽度而言一个鱼道被认为是足够的。该鱼道入口位于虹吸溢洪道旁边，溢洪道首先工作是虹吸溢洪道。通过一个小型水闸来提供在鱼道入口旁边的吸引水，这个小型水闸用自身闸门控制。这种设置的成本比一个标准的扩散系统要少，而且根据本文描述的水力模型研究，这种设置具有足够的吸引力。

用于哥伦比亚河的更详细平面图的变更在这些平面图中很明显，它们的出现是为了说明一些在某种情况下可以用典型的简单化更具有优势。它们似乎也强调了任何大坝过鱼设施的设计必须满足可预期的特殊情况，因此任何一般可用于设计的原则或规则通常都必须谨慎使用。

3.7 辅助（或吸引）流

如前文所述，需要超过正常鱼道水流补给的原因有两个：第一，扩展从鱼道入口流出的强流形成的区域以吸引更多的鱼；第二，给鱼类运输通道提供足够大的流速以帮助洄游性鱼类继续向规定的上游方向前进。

已经描述过通过鱼道的底部或墙来引入辅助流的设施，但是还没有阐述其设计方法。这些方法都非常重要，因为高度曝气或紊乱的水不仅不利于鱼道的运行，而且还会阻止鱼进入或通过鱼道，这可能会导致鱼类洄游的延迟或对鱼类造成伤害。

保证供给鱼道辅助流中没有过多的紊流和曝气的最好办法是在设计中作出规定，辅助水应该由低压系统提供而且不允许空气进入这个系统。为满足这些要求，水可以通过几种不同的方法来获得。辅助水可以直接取自前池，然后在排入鱼道之前通过消能装置以使它达到所需的水压。辅助水也可以取自前池，并通过一个比大坝总水压低的水压条件下运行的特殊涡轮机，然后将达到低水压要求的水排入鱼道中。或者，直接用泵抽尾水渠中的水然后通过分散系统以获得达到所需水压的辅助水。

要确定在任何特殊情况下这些方法中的哪一个是最合适的，可能需要一个经济性的对比研究，并假设不考虑这些方法的物理限制。例如，在河流被完全控制的情况下，将取自前池的辅助水通过消能装置可能是不经济的，然而对于在大多数时间具有比机组出流还多水量的河流，这可能是最好的方法。如果这种方法不经济，那么可能会进行一个经济性的对比研究：用泵从尾水渠中抽取吸引水和将通过一个特殊涡轮机取自前池的水。要记住的是，要保证鱼通过出故障的水泵或发电机时的安全，直接取自前池的辅助泵流量或辅助重力供应是必需的。

最符合要求的水头是只需引导所需水流通过扩散室进入鱼道的特殊部分所需的水头。如果水头大于所需的水头，将在鱼道或运输通道中产生太多湍流。为了符合要求，最大水头应约为 6ft。

麦克瑞纳大坝的一部分辅助水是通过一个封闭系统从前池采取，其能量以在鱼道墙上以纵向扩散的形式耗散。供水管中的水平流直接撞击到竖直的钢衬壁上。然后水流向下流动通过一个扩张部分并进入鱼道底部的分散器中。由于系统被关闭，所有的阀门受到水压的影响，水压变化可能几乎达到大坝运行总水头，但是由于它们无法释放，所以符合要求的设计很难实现。由于气穴现象，所以需要大量的维护工作。

当这些问题没有出现在尾水渠低水头泵的供应中时，在尾水波动时保持所有操作标准时会产生许多其他内在水力学问题。然而，这些都是相当简单的水力学问题，则不需在本文阐述。

在辅助水系统中，除了运行辅助水和提供满足它所需要条件的鱼道，还有一个其他主要问题。这个问题就是阻止少量向下游洄游的鱼类进入这个系统。这个问题只对通过辅助给水系统时洄游性鱼类可能会受到伤害而言。再次参考麦克瑞纳大坝，前池高压系统的潜在伤害足以证明通过移动机械栅隔挡辅助水入口显然是明智的决定。这种类型的装置将会在第 6 章鱼栅部分中更详细地描述。另一方面，给某一麦克瑞纳大坝鱼道提供辅助水的低压泵系统显然不是分离开的。因此，建议应该考虑隔开辅助供给，尤其是大坝很高而且供给来自前池的情况。然而，在用泵从尾水渠中抽取的情况下，能量耗散的方法、泵入口的实际位置和泵的类型将与是否使用栅的最终决定有很大关系。

3.8　丹尼尔鱼道在大坝中的使用

在前一节中，读者建议对鱼道的类型进行初步筛选以尽早在设计阶段使用。于是，在详尽研究鱼道入口和辅助供水的各种细节时，假定选择的鱼道类型是池堰鱼道（堰式）、池孔式鱼道或一些主要包含阶梯池的组合式鱼道。然而，这可能会让人误认为这些类型是唯一可供设计师选择的。当然，还有丹尼尔鱼道。如前文所述，它包括更复杂的挡板设计而且可能坡度更陡。丹尼尔鱼道已经广泛应用于北美东海岸地区和西欧各地的大坝。如果满足上游和尾水水位限定波动的标准，它就可以顺利运行。

例如，在瑞典艾尔夫卡勒比市和贝里弗森市，麦格拉思（1955 年）所描述的丹尼尔鱼道被用来引导鱼上升至存水湾和贮存池，由于为保持存水湾和贮存池水位稳定，在这些地方需要保证水流稳定。丹尼尔鱼道在功能上很适合这种类型的使用，不仅因为可以用于完全控制水流，还因为通过利用控制流可以减少鱼道维护。在上游某些地方，水流带来的碎石和漂浮物可以从这种系统中移除，而且这会使丹尼尔鱼道可能遇到的过多维护的主要原因消除。

对于可以使用丹尼尔鱼道的大坝，如前文所述，同样的原则可以用于确定入口的位置。为满足其深度和宽度，丹尼尔类型的鱼道比其他鱼道使用更多的水，而且倘若水取自前池，这个特性在吸引鱼进入入口方面是一个明显的优势。如果考虑到要增加更多吸引水流，这可能使通过使用一个上述的辅助供水型入口池，并让丹尼尔鱼道将水引至上游来实现，尽管据笔者所知这样的设置还没有尝试过。

鱼道委员会为一个 3ft 宽的丹尼尔鱼道推荐的挡板设计，要求挡板放置于

2ft 的中央（通道宽度的 2/3 处），而且隔板朝上游方向倾斜，与通道底成 45°角。通道底坡度规定不能超过 1∶4。鱼道中央的净宽为 1ft9in，运行深度在 2～3ft之间，这与 10～21ft³/s 的水流流量相符合。如前面的麦格拉斯报告所述，福鲁克思对瑞典的这些受损装置的尺寸规格进行了修正，以增加鱼道和水流流量，但是在这样做的同时发现有必要将坡度减少至 1∶6。经美国鱼和野生生物局检测，并根据富尔顿等人（1953 年）报道，德莱顿大坝的丹尼尔鱼道以此为基础增加了规模并减小了坡度。该大坝宽 4ft3in，长大约 30ft。中心处的 10 个与通道底部成 45°角的 U 形木制挡板间隔为 2ft10in。根据报告中简图所示，挡板之间的净宽为 2ft6in。最合适的运行水深规定为 3ft，这与约 30ft³/s 的水流流量相符合。

在评价丹尼尔鱼道时，Katopodis 和 Rajaratnam（1983 年）阐明如下：

自德莱顿大坝测试成功以来，丹尼尔鱼道被广泛应用于太平洋和北美洲大西洋海岸地区。德克尔（1967 年）报道说，在缅因州，长度（包括休息池）长达 227m 的丹尼尔鱼道已经建成，而且提供了 15m 的水头。沟槽宽度从 60～120cm 不等，而且在所有情况下，该设计在几何学上与鱼道委员会（1942 年）推荐的某一鱼道相似。大多数鱼道修建在坡度为 16.67%的斜坡上，然而少数鱼道被设置在坡度为 12.5%的斜坡上。3 个竖直叶片和 2 个水平叶片是倾斜的，这使得他们之间形成角度，此外，16.67%的斜坡和 12.5%的斜坡对应的通道底坡度分别约为 47°和 49°。Winn 和 Richkus（1972 年）通过 Rhode 岛 Annaquatucket 河上的两条丹尼尔鱼道对灰西鲱（状锯腹鲱）通道进行了评估。迪卡洛（1975 年）描述了几个安装在马萨诸塞州的丹尼尔鱼道。

据推测，很多但并不是所有鱼道都修建在大坝上，而且一般来说它们是符合要求的。

Larinier（1983 年）对在法国为鲑鱼和鳟鱼修建的丹尼尔鱼道提出了一些指导方针，这些指导方针是以他和 A. Miralles 所做的广泛的水力模型研究和他有关这种类型的大坝鱼道装置的经验为基础。他建议鲑鱼的鱼道宽度为 0.8～1.0m，鳟鱼的鱼道宽度为 0.6～0.9m。这种类型的鱼道和鱼道委员会推荐的类型相似。理想的坡度应该为 16%～20%。挡板之间净宽应该为总宽度的 0.583 倍。Larinier 还描述了其他两种版本的丹尼尔鱼道，Fatou 鱼道和 Suractifs 鱼道，这两种类型类似于陡峭的通用版本，而且他还提供了有关这两种鱼道的标准。

对于鱼道委员会推荐的类型，他指出最小水深是宽度的 0.5 倍，而且鱼道的总深可以达到宽度的 2.2 倍。这表明上游水的波动范围约为宽度的 1.5 倍或最大为 6ft。

因此，在条件符合要求时，可以看出丹尼尔鱼道广泛用于大坝中。这些条件可以概括成以下两条：①一个有限的上游和尾水波动；②坡度的控制和其他因素，以确保没有超过鱼道中鱼类应该适应的持续游动速度。如果前文描述的入口条件都能满足，我们有理由认为这种类型的鱼道会取得成功。

3.9　大坝中竖槽鱼道的使用

2.2 节中描述的竖槽挡板可以在是适当的情况下应用于大坝的鱼道中。这种挡板尤其适用于上游水和下游水水位变化类似的低坝。由于它们在水流不受控制且变化很大的河流自然障碍物中使用，迄今为止开发的设计都是坚固耐用的。当用于大坝时，它们几乎不要维护。图 3.13 展示了用于加拿大西部的大中央湖蓄水坝和西顿溪分水坝鱼道的挡板平面图。每年有超过 10 万条太平洋鲑鱼流没有明显困难地通过大中央湖蓄水坝鱼道，这些鱼的种类包括红鲑、银鲑和奇鲁克鲑。西顿溪鱼道具有相同的能力。如前文所述，用钢板或木料建造的挡板与用钢筋混凝土挡板有相同或相似的尺寸大小。各种各样的材料用于支撑挡板的通常办法是依靠一条梁通过鱼道的顶部而另一条梁通过鱼道的底部或使用平板时并入底部。靠近鱼道中央的主要挡板柱（实际上是一个竖梁）自上而下贯穿在两条梁，以至于较小的那一条从鱼道墙壁伸出。其余的挡水板墙可

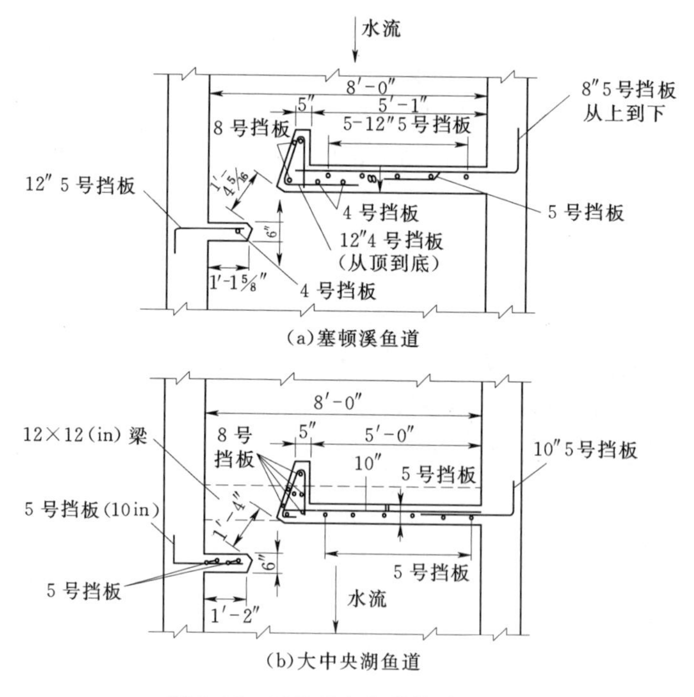

图 3.13　两种垂向鱼道槽平面图

以被设计成与柱杆和鱼道墙两侧相连的双向平板，以及大中央湖蓄水坝鱼道所示的在顶部和底部的顶梁和底梁。

然而，如图 3.13 所示，西顿溪（Seton Creek）分水坝鱼道的设计稍有不同。该鱼道的挡板如悬臂似的向鱼道墙壁两侧外伸出。虽然没有对这两种设计方法做详细的成本比较，但是普遍认为它们的花费几乎相同。对于第一种方法，它在顶部使用井字梁，如果这些被认为是必要的，那么它们对鱼道隔栅的布置有帮助。大坝鱼道的通常布置是在构筑物周围设置防护围栏而且没有隔栅，这不仅减少了成本，而且可以对保护鱼道运行，同时对公众而言，可以很容易看到鱼道运行。

关于控制竖槽鱼道水利运行的槽宽和其他尺寸的要求在此适用，如同前文所述天然障碍中的这种类型鱼道。

竖槽鱼道最近也被成功地应用于加拿大东部地区和法国。如图 3.14 所示，

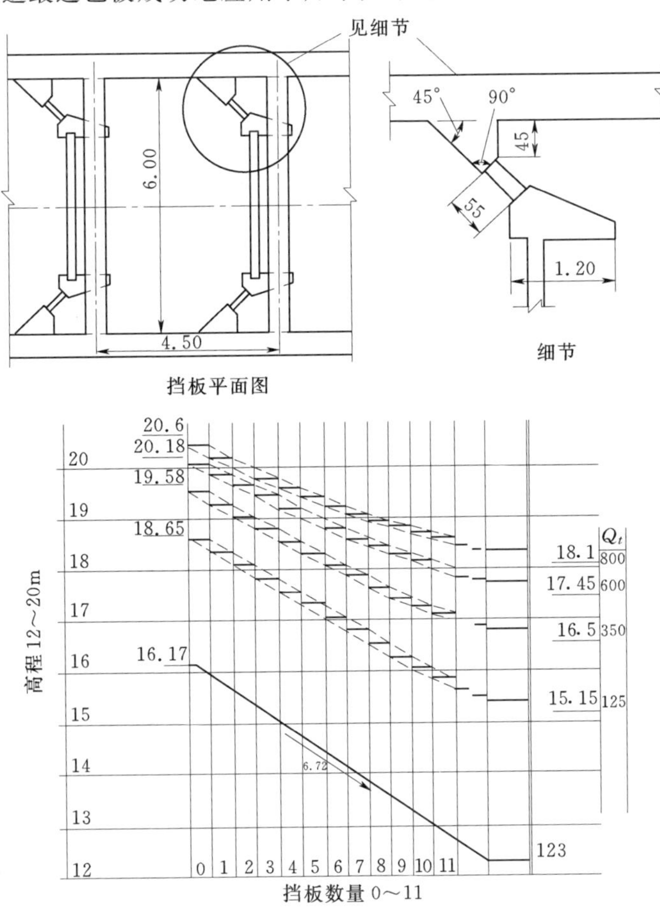

图 3.14 竖槽鱼道

法国多尔多涅河上的贝尔热拉克大坝使用的版本是以图 2.1 所示的闸门为基础设计。通过鱼道需克服的最大水头是 11ft。该鱼道有 11 块挡板，而且入口处有水头损失，这相当于在最极端的低水位阶段时，每块挡板平均下降小于 10ft。在较高水位时，上游水位和下游水位的差异减少到 8ft，如图 3.14 所示。

这种鱼道宽 19.6ft，挡板的中心间距为 14.75ft。槽宽为 21in，其他尺寸大小见图。根据 Larinier（1983 年，1988 年），打算通过鱼道的鲱鱼表现出与美洲鲱鱼相似的特征，因为它们更喜欢靠近水面成群洄游但是会被困在方角中。因此，矮墙后面的空间会被填满而且每块挡板的整体大小会比欧洲的普通

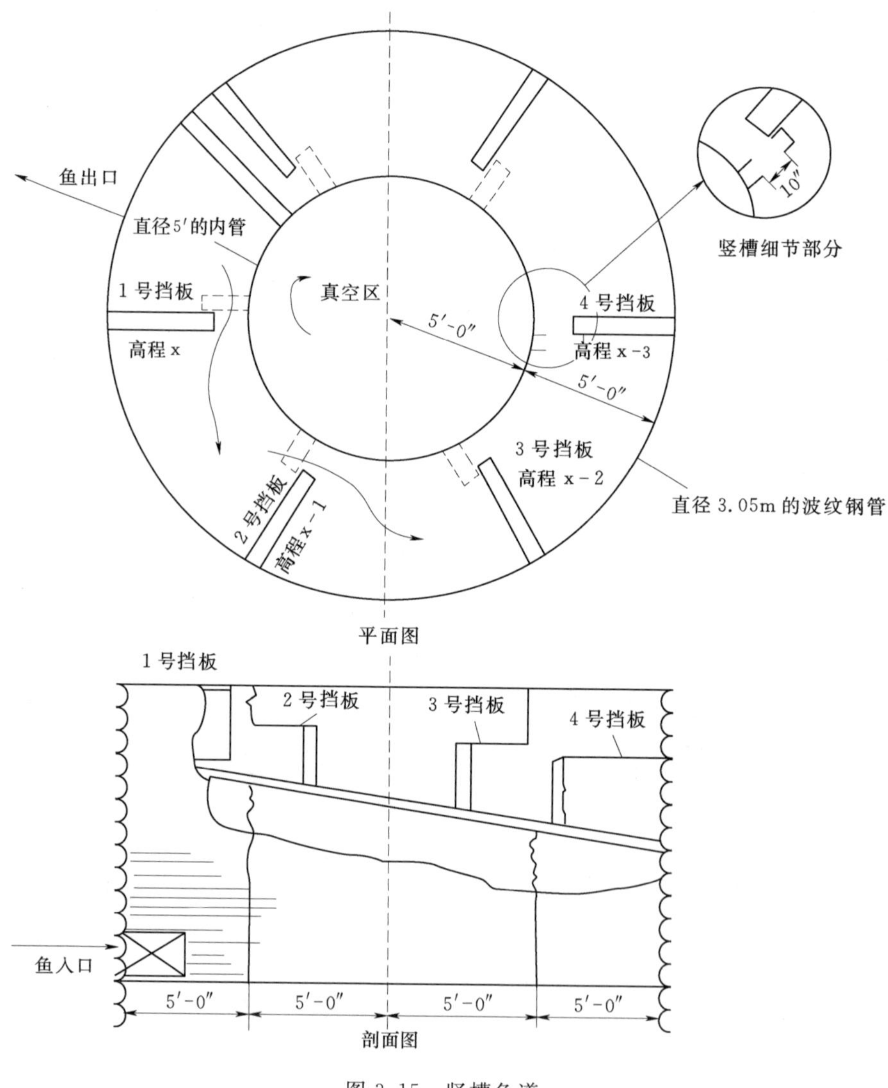

图 3.15　竖槽鱼道

鱼道限制得更多。鱼道模型比例为 1∶22，为了改善入口条件，因此鱼道一侧还包括了一个辅助水管道。

自从该鱼道完工以来，每年有 8000 条鲱鱼通过它。而且，人们希望将来它能容许 2 万条鲱鱼通过。

竖槽鱼道唯一的改变是由美国农业部林务局设计和测试，并应用于阿拉斯加的一个自然障碍物中。然而，这种鱼道以前从未修建过，但是它作为一种应用于大坝中的鱼道应进行描述。这种鱼道设计成一种螺旋形鱼道，其目的是适应直径为 20ft 的圆形管道。如图 3.15 所示，该鱼道本身宽 5ft，槽宽 10in。池面积是每个圆形面积的 1/6（不包含中间 10ft 宽的圆形），而且每块挡板的坡度下降 1ft。为满足特殊的水流条件，他们做出了调整每个竖槽底部高度的规定。由于必须为这个底部高度做一些限额，所以能容许这个详细设计的条件是上游水位的最大变化约为 4.5ft。

在水力学实验室中，设计按 1∶3 比例做成模型，结果证明是符合要求，主要因为每个竖槽射出的水流流向挡板壁和下一个挡板的缓冲区，如图 3.15 所示。对于较大的上游水波动，这种鱼道适用于大直径管道，但是应注意要改变模型，因为池结构可能随管直径的改变而改变。

3.10　大坝中堰式鱼道的使用

对于堰式鱼道，其挡板的结构设计很简单。在许多现有设施中，堰用最普遍的建筑材料建造，而且设计成横跨侧壁或如从底部向外伸出成悬臂式。然而堰顶形状、尺寸、外形及孔口布置都是需要详细考虑的重要特征。

用于各种各样鱼道设施的堰顶不同形状包括圆形、斜面（要么在上游要么在下游角落）和宽平顶形的。后者通常是通过在堰顶叠加平板来实现，所以它伸出上游堰面或下游堰面外。许多文献警示，堰顶应该避免存在明显的锐角，因为鱼可能会因此受到伤害。当然，一个非常尖利的堰顶维护也不可行。不同形状的堰顶会改变池中的水流特征，因此如果一种堰顶形状有利于帮助某一特定的鱼类洄游，则应该继续使用它。

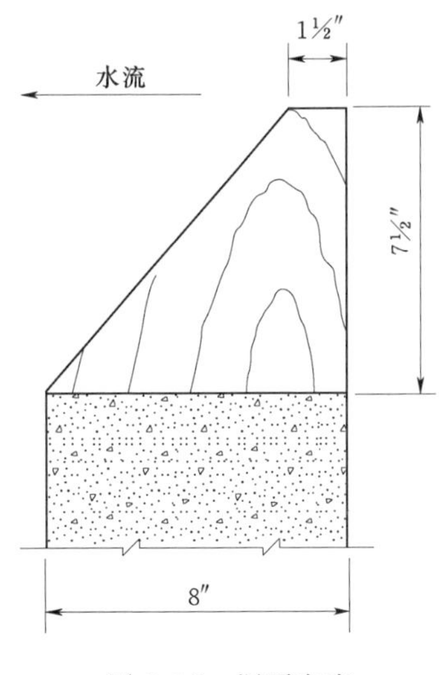

图 3.16　堰顶出流

当哥伦比亚河上的麦克纳瑞大坝投入运行时，人们发现比理想状态更少的水流在这种长鱼道中产生了横波，这种横波的波幅高达8英尺。其结果是形成不稳定的水流阻滞了鱼洄游。经过一系列的测试后，人们发现，使挡板顶倾斜可以弥补这个问题，如图3.16所示。

堰顶缺口通常用于将大多数或全部的水流限制在缺口部分中，从而减少鱼道所需的水并增加池中每单位体积的能量耗散。因此许多类型的堰顶被设计出来，有些缺口在中央位置，有些缺口在堰顶两侧。在后一种情况中，堰顶缺口通常在连续的挡板中左右交错设置，然而并没有广泛推荐错缝缺口设置，因为错缝缺口口给鱼类洄游提供的是曲折的道路。

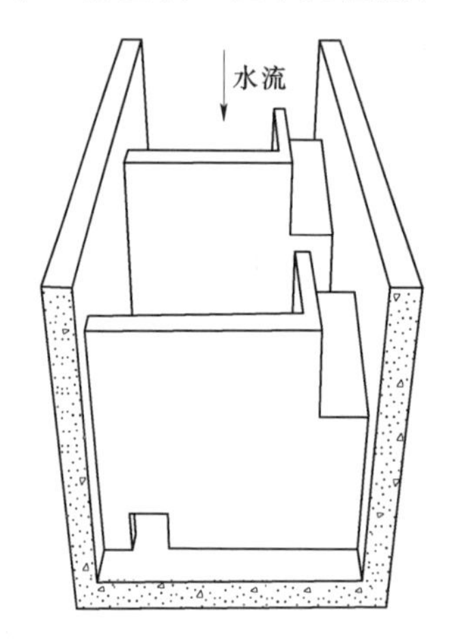

图3.17　用于鱼道的一种堰

为使北美洲大西洋海岸地区的灰西鲱可通过，设计了另一种类型堰顶缺口。康拉德（Conrad）和詹森（Jansen）（1987年）的研究报告如下。

我们发现斜裙堰对这种鱼有效通过是有必要的。这种斜裙堰长度约为2½in，其设置在水平方向和垂直方向的比例为3∶2的斜坡上。刃形流导致暴跌流，然而斜裙堰使水流达到与正常游行时的深度，并使水流的坡度易于通航。灰西鲱是成群洄游的，每次几条鱼并排通过挡板缺口。

这种挡板在图3.17中进行了说明。同样的原则可以适用于其他成群洄游的鱼类。

自从达尔斯大坝修建以来，美国陆军工程兵团的进一步实验研究表明挡板设计更有助于减少水面波动。如图3.18所示，在这个设计中，该堰有很高中心部分及面向上游的短翼或矮墙。高的中心部分占堰中心的1/3，则水流以正常的方式流过每侧外部的另外1/3部分。后来，这种模式应用于冰港大坝和哥伦比亚流域的其他鱼道中。

许多鱼道使用孔口去推动连续池之间的整个水流流动，因为这种方法有许多优于堰式和溢出式的水力优势。然而，鱼的偏好是必须始终牢记的。如果它们不愿意通过孔口洄游，那么应该避免水流从孔口通过。在这种情况下，孔口和堰式结合使用是有效的。哥伦比亚河有许多将孔口和堰式结合的鱼道案例。堰式鱼道中的流动状态对池水位变化非常敏感，所以穿过堰式鱼道淹没孔一定程度上有助于稳定水流。此外，它们为鱼提供了可供选择的洄游通道，要么通过孔口要么通过堰。鱼道要使大量不同种类的鱼通过，这是一个很重要的特征，它们其中的一些鱼可能不能像大多数鲑鱼和鳟鱼一样能很容易通过堰式鱼道。即使鲑鱼，人们有理由怀疑是否淹没孔不像堰那样有效。假定流过堰的水流最接近于鲑鱼和鳟鱼所处自然环境水流，这种堰式鱼道的使用一直被证明是

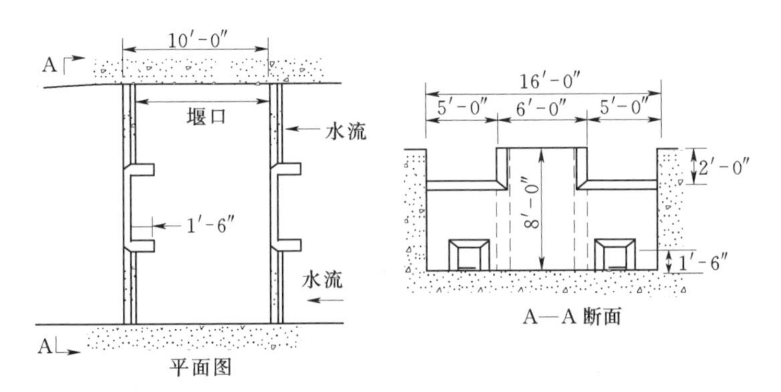

图 3.18　Ice Harbor Baffle 详图

合理的。应该记住的是，堰水深可能远小于鱼游行时的习惯水深，所以使用堰式鱼道可能没声称的优势那么明显。此外，许多有淹没孔但池间没有堰流的鱼道成功地通过了最活跃的鲑鱼。因此，人们认为在未来几年内池和孔口鱼道可能会被频繁使用。

如上所述，当上游水流变化成为问题时，其较堰式或堰孔结合式更加敏感的优点，尤其是当这种变化很迅速时。孔口通过的流量的变化大致与水头的平方根成比例，然而，从堰中流出的水流变化与水头的 3/2 次方成比例。Bonnyman（1958 年）阐述了这种特征怎样才能被鱼道有效利用，因为前池水位变化对鱼道水流的影响非常小。如果遍及鱼道的所有孔口尺寸都相同，那么前池和尾水的总水头差均匀分布于挡板之间。如果上游水下降了大概 2ft，那么在总水头中的下降会分配到所有挡板中，以使每块挡板的水头差异非常小。因此，在前池波动很小时，鱼道中的水流几乎保持恒定。必须注意的是，上游孔口要设置得足够低以保证在前池最低水位时能够引水，然而，由此可断定鱼道较高池必须比孔口更深。对于水面宽下降限制的水库而言，这个问题已经通过设置闸门控制供较高且鱼道连续水池而克服了。通常情况下，当设计和经济条件允许时，使端口和导管通向备用池或者可能仅仅每第三或第四个池就已经足够了。在操作中，这种类型的装置会使满蓄水池的上一级池顶端端口打开。当水位下降到端口不再被淹没时，下一级最低的池会被打开，以连接从鱼道顶起的第三个池或更低的池，这视情况而定。当前池水位下降时，降低的鱼道总水头并分布在少量池中。最重要的设计要素是保证鱼道能在所有的蓄水池水位运行，并且没有不利于过鱼设施的情况存在。后者的预防措施要考虑到可以长期使用，淹没压力水管以在低蓄水池水位时使鱼从鱼道洄游至前池。鱼的运输通道长且不透明的部分如这些压力水管通常在鱼道设计时被避免。然而，Long（1959 年）对邦纳维尔水坝的研究表明这些担心并不是完全合理的。Long 发现实际上测试鱼（主要是虹鳟）在黑暗的鱼道中上升的速度比在光线充足的鱼道中快。然而，他的测试并不广泛，但是并不表明鱼是否会犹豫进入一条黑暗的鱼道还是进入一条光线充足的鱼道。进入的延迟可能和上升缓慢一样重要，是导致总延迟的原因。在鱼类行为被进一步理解之前，使全封闭的鱼道尽可能短且尽可能让更多的光线进入被认为是合理的。在不可避免的完全黑暗的地方可以考虑人工照明。

用压力水管从前池引入入鱼道的控制流可以设计成通过浮标控制器自动控制。这种系统优于倾斜堰系统，如麦克瑞纳大坝中采用该系统，系统管理不需要太敏感。

和堰顶一样，池之间的孔口也已设计成许多不同的形状。矩形孔开口更容易构造且更为常见，特别是在小型鱼道中。博纳维尔大坝和麦克纳瑞大坝中的鱼道孔口为矩形，而冰港大坝的鱼道孔口为方形。这两个大坝和麦克纳瑞大坝中的孔口都与下游面倾斜。

Bonnyman（1958 年）描述了一种在苏格兰采用的斜圆柱形或管式孔口。经过水力实验室的彻底测试，这种孔口包括一个内径为 2ft3in 的短长度圆柱。圆柱的建议长度大概为其直径的 1.5 倍。建议在下游方向，轴成 20°角向下倾斜，这需要在圆柱下游端点处的鱼道底部提供一个容器，如图 3.19 所示。Bonnyman 指出，在水利方面，更长的管道和更陡的倾角更符合要求，但是在使鱼易于接近孔口方面不太符合要求。同样的，圆柱直径主要由使鱼易于通过的要求决定。Bonnyman 指出小于 2ft 的直径可能太狭窄以至于限制鱼的移动，并且较大的开口会在这种规模的鱼道中产生太多的湍流。Bonnyman 指出倾斜圆柱形孔口的上游边界为圆形，因此其流量系数约为 0.9。这导致每块挡板水头为 1.5ft 时水流流量为 $39ft^3/s$。因此管道内的平均流速约为 10ft/s。

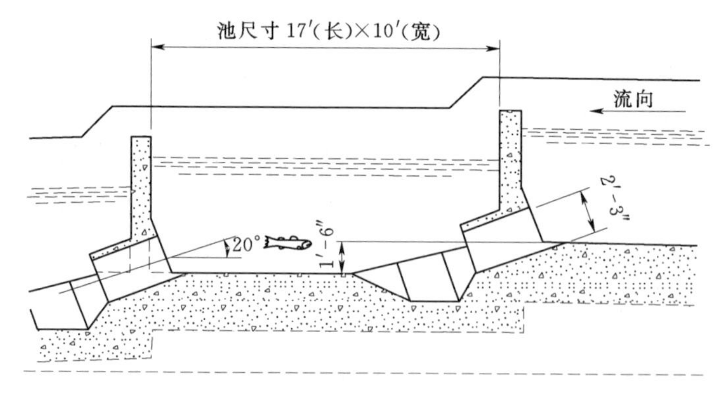

图 3.19　具有圆柱形短孔的淹没孔口式鱼道局部段的立面图
（来自 Bonnyman，G. A.，1958. *Hydro Electric Engineering*，Vol. 1，Blackie and Son，London，pp. 1126－1155.）

每块挡板 1.5ft 的运行水头比用于太平洋鲑鱼的 1.0ft 的标准水头更高，然而在 1.5～2.0ft 范围内的水头通常被用于大西洋鲑鱼。

毫无疑问，除了已被描述的孔口，其他形状和尺寸的孔口可以被使用，且获得不同程度的成功。如果由于增加了水量在池中产生的湍流没有危险，那么增加水面积特别有益。池大小和水量的关系将在下一节鱼道容量中进一步讨论。

3.11 鱼道容量

对大坝的业主来说，设计鱼道时应考虑的一个重要方面是鱼道的容量。鱼道的宽度、深度和长度决定了它的总容积或者说它容纳鱼类的能力，同时也决定了它的造价，因此鱼道容量与造价有关，虽然两者可能不一定是正比关系。

当然，对鱼道来说，会有一个可接受的最小尺寸，该尺寸部分取决于水力要求，部分取决于鱼在有限空间内的行为模式。对鱼道的最小尺寸将在后文中详述。对于具有最小尺寸的鱼道，其总长度仅仅由大坝的水头控制。为便于后续讨论，假定大坝的水头或者坝高不变。

在这里，我们假设需要通过鱼道的成鱼数量非常多，从而需要设计一个尺寸比最小尺寸更大的鱼道。让我们回顾一下已知的计算鱼道容量的方法。

第 2 章描述了杰克逊记录的荷尔斯门式鱼道容量的计算方法。类似地，作者在同一章中也提到了自然阻隔处鱼道容量的计算方法。应该注意的是，这两种方法都已被应用于河流中存在自然阻隔的情形，而且由于第 2 章开头给出的原因，在计算大坝鱼道的容量时，需要采用一种更为保守的方法。大坝是鱼迁徙路径上的一个人工障碍，所以应尽一切努力消除任何与大坝有关的可能造成鱼类迁徙延迟的因素。我们已经描述了一些减少鱼类在鱼道入口处迁徙延迟的具体的预防措施。为避免鱼类在鱼道中过度拥挤而引起迁徙延迟，类似的预防措施也是必要的。

生物学家已普遍承认鱼类在鱼道内过度拥挤而导致迁徙延迟的可能性。加拿大渔业部和国际太平洋鲑鱼渔业委员会（1955 年）表示，由对弗雷泽河（Fraser River）的研究可知，在有限的区域内的拥挤减少了鱼类运动的自由度，使鱼道过鱼变慢。

他们还进一步表示，如果鱼道内鱼的数量超过了鱼道容量，那么鱼道过鱼的数量预计可能会减少而不是增加。兰德尔（1959 年）指出，太小的鱼道可能阻碍溯河产卵鱼类的产卵洄游，减少下一代的存活量。

埃林和雷蒙德（1956 年）报告了他们在博纳维尔工程研究机构（Bonneville Engineering Reserch Facility）开展的研究工作，其中在对实验进行设计以获得有效的实验成果时所遇到的困难是很明显的。在评论这些由埃林和雷蒙德所开展的本领域较早的研究时，兰德尔指出，至少对其中的一个实验，他的结论是：鱼类因拥挤而在所试验鱼道中的移动受到了影响。

如果我们承认会因鱼在鱼道内过于拥挤而影响过鱼，那么下一个符合逻辑的步骤是尝试并精确地定义导致不利拥挤发生的临界点。这将在后文中进行讨论，但是同时我们将研究一些计算大坝上大型鱼道容量的应用实例。

虽然笔者不掌握任何完整的判定博纳维尔坝（Bonneville dam）鱼道容量的文字材料，但是根据与一些相关负责人士的讨论，作者确信该方法大致如下。假设鱼道的最高日通过量为 10 万条，其中的 10%，或者说 1 万条，在出现洄游峰值速率的那一小时内通过鱼道。进一步假设鱼类上行的平均速率为每 5min 通过一个水池（相邻水池间的落差为 1ft）。第三个假设是：为避免因拥挤而产生迁徙延迟，每条鱼所要求的水体空间是 $4ft^3$。基于这些假设，可以计算出当过鱼速率为 1 万条/h、鱼通过每个水池需要 5min，那么每个水池中鱼的平均数量为 $(10000\times5)/60=833$ 条。如果每条鱼需要 $4ft^3$ 的水体空间，那么每个水池的体积就为 $4\times833=3332ft^3$。对位于鱼道下游端、对过鱼起控制性作用的水池，其尺寸为宽 30ft、长 16ft、深 6ft，相应的总体积为 $2880ft^3$，这与鱼类所需要的体积较为接近。所有两条鱼道在上游都有所扩宽，分别扩宽到 38ft 和 42ft，大于对每个池子所需的空间。在博纳维尔水坝积累起来的过鱼速率监测数据表明，对一个较长的鱼道，位置较低的水池较位置较高的水池较早变得拥挤。这在设计博纳维尔大坝时还不为人所知晓，部分由于对这种可能性缺乏预见。

应该牢记的是，上述假设和计算都是在哥伦比亚河下游还没有任何大坝时进行的，而且考虑到缺乏诸如实际过鱼计数结果等数据，外加之前缺乏兴建类似的大型过鱼设施的先例，这些假设和结论看起来似乎已经非常合理了。也许需要在这里指出，博纳维尔水坝建于 20 世纪 30 年代，而且据笔者所知，这是第一次尝试计算鱼道容量。对前文提到的荷尔斯门鱼道，杰克逊已经受益于 10 年前博纳维尔水坝的经验，这些经验虽然没有公开发表，但他还是可以接触到的。

然而，在博纳维尔鱼道进行的过鱼数量统计表明，实际过鱼量未能达到当初设想的总量，因此该鱼道的最大容量从未被达到过，我们缺乏检验鱼道容量是否正确的实践知识和经验。由于缺乏数据，所设想的最高日通过量可能存在相当大程度的误差，这个误差偏于安全，鉴于工程界广泛接受使用安全系数这一做法，这种误差可认为是合理的。

考虑到在哥伦比亚河上后续发生的事件，以及在鱼类的基础生物学方面始终缺乏数据，证明安全系数的合理性并不困难。例如，在1957年，博纳维尔大坝上游48mp处的达尔斯大坝（Dalles Dam）的所有种类鱼的最高日通过量是27683条，比博纳维尔大坝的最大量多近8000条。对于这种差异还没有现成的解释。即使在博纳维尔水坝附近某处的最高日洄游量是已知的，仍然很有必要使用安全系数以考虑影响鱼类洄游速率的众多未知因素，如温度变化、捕捞统计的误差，等等。

最大日通过量或时通过量对某一特定位置而言是一个可使用的标准，该量可通过在该地或附近进行标志放流等现场调查方式决定。然而，每条鱼所需的水体空间标准和鱼类洄游速率标准并不依赖于特定的地点，可以通过调整一些因子如种类、尺寸、成熟度等而被用于许多不同的地点。在后面的实例中，这些标准被稍加修改，以补偿因鱼的种类和位置差异所导致的影响，也因为在其间有更多数据可用。

加拿大渔业部和国际太平洋鲑鱼渔业委员会（1955年）基于如下假设，开展当时拟议的、如今广为人知的弗雷泽河上各大坝的成鱼过鱼设施的设计。首先，规定每条红大马哈鱼需要总计$4ft^3$的水体空间，其依据是$2ft^3$的空间用于休息，另$2ft^3$的空间用于移动。正如已在大西洋沿岸和欧洲所做的，因为并不清楚鱼会在哪里休息，从而在鱼道的每个水池中提供休息空间而不是使用一个大的休息池被认为更加有效。

根据一些对博纳维尔鱼道中红大马哈鱼的实验研究，对鱼类通过鱼道的上行速率进行了校正。这项研究包括对进入鱼道的鱼进行计数，以及对从鱼道进口开始的35个池子分不同的间隔长度进行同步计数。因此，可算出在给定数量鱼池中的鱼占最高日过鱼量的最大百分比如下：在35个池中鱼的最大占比为25.4%，其中前24个池中的最大占比为18.7%，前17个池中鱼的最大占比为15.4%，前13个池中鱼的最大占比为10.7%。

之后被应用于弗雷泽河上拟建大坝（这些大坝的坝高为100ft量级）过鱼设施设计的鱼类所需空间以及鱼类最大上行速率的新标准如下：

- 最高日过鱼量为750000条（红大马哈鱼）。
- 电厂厂房（右岸）鱼道将过90%的鱼，或者说675000条鱼。
- 需要35个水池以容纳25.4%的鱼，或者说171450条鱼。
- 每个水池必须能容纳4900条鱼（平均情况）。
- 所需水池体积为$4\times4900=19600ft^3$。如果将池深任意设为10ft以及将池长设为16ft，那么水池（以及鱼道）宽$=19600/(10\times16)=123ft$。

当然，因为鱼道的水池部分由水力学、经济的以及结构方面的考虑所控制（在不超出限度的情况下）而不是由鱼的需求来决定，毫无疑问也可以选择其他宽度和深度。然而，对水池尺寸的选择仍存在制约因素，如因为堰的长度和孔口数量的限制，水池太狭长时可能会限制鱼的自由移动。此外，除非可以证明鱼类在正常情况下需要更大的深度，大于10ft的深度在大多数情况下是不合理的。除非鱼道非常小，最小池长主要由水力要求控制，这是由于消能的要求，一般不可能将池长减少至10ft以下。对一个如上文所述的对宽度的要求远甚于池长的鱼道，使用16ft作为最小池长较为可取。

关于哥伦比亚河博纳维尔鱼道的实验研究也表明，多达最高日通过量14%的鱼可在1h内进入鱼道。将这个结论应用于上文引用的弗雷泽河的实例中，我们可以得出每小时最大过鱼量为105000条。当每个水池平均有鱼4900条时，鱼的上行速率为105000/(4900×60)=3.57min/池。该上行速率在哥伦比亚河鱼群观察实验所证实的范围之内。

如上文所述，贝尔（1984年）进一步发展了上述标准，考虑鱼的尺寸而给出了对池子水体空间的需求。他采用每磅鱼0.2ft^{3}的水体空间标准。其结果是7lb的红大马哈鱼所需空间的标准为1.4ft^3，20lb的奇努克鲑所需空间的标准为4ft^3。

埃林和雷蒙德（1956年）引述了一个鱼类以3.3min/池的速度上行通过鱼道的例子，该速度是依据一群鱼上行通过一个六池鱼道的中值消逝时间确定的。然而，他们承认，在实践中人们关心的是如何确定所有鱼类通过鱼道的速率，而为了方便，他们所使用的中值仅仅是根据前半群鱼而定的。因为他们的实验仅仅是以鱼群中61%～92%的鱼为基础，所以没有办法将这种中值与真正的中值进行校验。由于一些游动非常缓慢的鱼的影响，这两者看起来可能会有相当大的差异。这可能会让人谨慎考虑他们所有实验中关于鱼类通过速率的结果，这些速率的范围为2～5.8min/池（鱼群在六池鱼道中消逝的中值时间为12～35min）。然而，埃林和雷蒙德并不直接关心鱼类通过速率，而是试图确定鱼道容量，后者既涉及鱼类的空间需求，也涉及通过速率。

如上文所述，兰德尔（1959年）得出结论，由埃林和雷蒙德进行的实验中，有一个实验表明鱼的运动因过鱼拥挤而受到阻碍。这个特殊的实验结果是：在鱼道的前两个水池中，每池内鱼的最大数量为239条。基于所给的水池体积，这相当于每条鱼占用2.5ft^{3}的空间。鱼道中鱼的最大数量为984条，这相当于在全部的6个水池中每条鱼所占的空间平均为4ft^3。

有可能为确定鱼道容量而建立一个非常简单的公式，并通过这种公式来比较本文为池间水头为1ft的池式鱼道所概述的各不不同的标准。建议可采用以下符号表示方式：

C=鱼道容量，使用每小时通过的鱼的数量表示。

V=池体积，用立方英尺表示。

v=每条鱼所需的体积，用立方英尺表示。

r=上行速率，用每分钟通过的水池数量表示。

因此，V/v是一个水池可容纳的鱼的最大数量，$60r$是使用池每小时所表征的鱼类上行速率。两者相乘，我们得出了以下的使用鱼类数量/小时表达的鱼道容量表达式：

$$C=\frac{V}{v}(60r)$$

移项，我们得

$$V=\frac{C(v)}{60(r)}$$

如果知道C的取值以及表达式v/r的取值，我们就可能非常快地求出这个公式中的水池体积，这里C等于预计的最大时通过量，可通过生物方法确定。v/r结合了上文指出的关于每条鱼所占体积和鱼类上行速率的两条标准。对上文提到的实例，下面的表格给出了这个表达式的取值。

	上行速率 $1/r$ /(min/池)	每条鱼所需的体积 v/ft^3	v/r
博纳维尔大坝（1930年）——奇努克鲑	5	4	20
弗雷泽河，加拿大渔业部和IPSFC（1955年）	3.57	4	14.2
哥伦比亚河，埃林和雷蒙德（1956年）	3.3～5.8	2.5～4	14～15
贝尔（1984年）——一般标准	2.5～4	0.2lb	—
红鲑——7lb	2.5～4	1.4	3.5～5.6
奇努克鲑——20lb	2.5～4	4	10～16

必须记住的是，这些取值仅能用于池间水头差为1ft时确定池式鱼道的容量。对于与已研究鱼类的游泳能力不同的较小型鱼类，在通过类似于埃林和雷蒙德的实验确定之前，v/r的取值还只能靠推测。然而要注意的是，小型鱼类在每条鱼可能需要的水体空间更少的同时，在上行通过每个水池时可能需要更多的时间，因此对于其他大小和种类的鱼，v/r的取值可能不会有太大的改变。然而，还是希望通过更多的实验去证明并扩充这里所给出的数据。同时，在这里最好提醒一下，除非条件非常相似，否则不能基于这些结果进行外插以获得相关的数据。

前面已经提到了水池最小尺度的存在性问题，这种最小尺度很可能由两个因素所决定：鱼对墙和隔板造成限制的反应，以及提供符合要求的能量耗散以避免过多湍流的必要性。

对于竖缝式鱼道，3ft宽、4ft长、2ft深的水池尺寸可能是重量为2lb的鱼所能接受的最低尺寸。这种鱼道的竖缝宽为6in而且相邻水池间的水头差小于1ft。若想要池间水头差更小，那么竖缝宽度可以增加，但是必须注意避免产生过多的湍流，在竖缝宽 6in 且水头为 1ft 时可能观察到这种湍流增加的趋势。对于体重超过 2lb 的鱼，其体重接近于最大的鲑鱼，竖缝式鱼道的绝对最小水池尺寸可能为宽 6ft、长 8ft 且深 2ft。竖缝宽不应超过 12in，相邻池间水头差同样为 1ft。在这些尺寸下，所产生的湍流可能过多，这种趋势需引起注意，如果可能的话，比较理想的情况是将池尺寸增加至 8ft 宽、10ft 长。在减小池间水头差的情况下可增加竖缝的宽度。宽 6ft、长 8ft、深 2ft 的水池每小时可容纳 374 条大小和游行能力类似于秋季奇努克鲑的鱼。2ft 的深度应被认为是仅在水力条件不寻常地低时可容许的绝对最小值。当然，水池水深增加至 4ft 会使容量加倍，对更喜欢阴暗环境的鱼，还提供了更多自由，以选择一个合适的游泳深度并待在阴暗处。

对于孔口式鱼道，Bonnyman（1958 年）引用的水力要求是：最小池长应为孔口直径的 6 倍，最小宽度应为该直径的 4 倍。这个要求建立在池间水头差为 1.5ft 的基础上，旨在确保对水流有足够的能量耗散。对直径为 2ft 的孔口，这意味着池宽为 8ft，池长为 12ft。基于从竖缝、堰及孔板所获得的经验来看，一个更小的、直径大概在 18in 的孔口是可以接受的，可以形成一个宽约 6ft、长约 9ft 的最小水池尺寸。那么其深度至少为 4ft，以保证孔口始终处于淹没状态，尽可能防止空气进入。

对于堰式鱼道，博纳维尔实验室使用水池尺寸宽 4ft、长 8ft、深 6ft 的鱼道进行实验，而且很明显这种尺寸没有对鱼类即便是体型最大的鲑鱼的上行速率造成限制。这是在池间水头差为 1ft 的情况下发生的，而且可算出这个水池的容量约为每小时过 800 条鱼。虽然在有些情况下像这样的狭窄鱼道因能节省成本而被认为较为合理，但在很多情况下，如果没有其他原因，为了便于施工而将水池的宽度增加至 6～8ft 很可能也是合算的。如果希望将孔口设在堰体之内，那么在池长 8ft、池深 6ft 时，池的最小宽度至少应被设为 6ft。

对于丹尼尔鱼道，如果想要将鱼道的尺寸调整到洄游鱼类所适应的尺寸，那么可选的尺寸范围十分有限。不同来源的资料表明，丹尼尔鱼道的最大可行尺寸为宽约 1.2m、深 1.75m。若鱼道尺寸需超过这些尺寸，人们普遍认为提高鱼道过鱼能力的唯一办法是在原来的鱼道旁新增另一个丹尼尔鱼道。

为了对丹尼尔鱼道的容量有所认识，调查一些为数不多的已做过的实验可能是明智的。Zeimer（1962 年）报告说他们已成功地安装了一种陡峭的鱼道，鱼道的长度达 27.4m，坡度可在 25%以内变动。在自然阻隔处鱼道情形下，这对应的鱼道高度高达 6.7m。他估计鱼道对太平洋鲑鱼的容量为 750 条/h。汤普森和高雷（1964 年）描述了在哥伦比亚河 John Day 大坝进行的实验，该大坝也有一条长 6.1m 的陡峭的丹尼尔鱼道，其每小时过鱼多达 2520 条。该鱼道坡度约为 20%，因此鱼需要克服的水头仅仅为 1.2m。

如前文所述，贝尔推荐使用15s作为鲑鱼通过一个丹尼尔“截面”的通过时间，并规定鱼在两截面间水池的休息时间是相同的。这相当于在一个尾-鼻构型内长7m的区段中，每15s通过14条平均长度为50cm的鱼。这也相当于每小时通过336条鱼。如果鱼类以两条鱼并排的形式上行，那么这意味着每小时通过672条鱼。因此，就鱼道的最大容量来说，每小时通过750条鱼这一数字看起来也不能说不合理。

除非使用一系列使用休息池连接起来的区段，上述数据可能只能用于高度约为2m的水坝。休息池的体积应遵循0.2ft^3/lb鱼的标准，以容纳至少28条具有指定尺寸的鱼。假设一条50cm长的鱼的平均重量为7lb，那么休息池体积至少为40ft^3。

目前还没有做过关于鱼在连接池中休息所需时长的实验，但是当鱼道的总长和区段数量增加时，假设所需休息时间都为15s是不明智的。对于小规模的鱼类产卵洄游而言，利用由任意规模的休息池连接起来的多个7m长的丹尼尔鱼道来克服高坝的水头差可能是可行的，但是总的来说，现有的将丹尼尔鱼道应用于库水位及尾水水位变幅都很有限的低水头大坝的做法是最安全的。

这里应该注意的是，McLeod和Nemenyi所做的丹尼尔鱼道模型试验没有任何底部导叶。其优点是可以增加上游水位和尾水位的变化范围，在这种情况下，鱼道仅增加其水深就可运行。已经对两种形式的具有良好能量耗散功能的能量耗散器进行了研究，但是无论是在实验室还是在天然情况下，对此都没有后续研究。对于有兴趣者而言，这似乎是一个值得开展研究和实验的领域。

3.12 鱼道出口

由于确定鱼道入口位置是鱼道设计中最重要的阶段，所以鱼道进口位置总是首先被确定。从这一点来看，鱼道位置的确定主要是经济方面的考虑，而且通常在很大程度上由大坝设计者自行决定。有时这样确定的出口位置是合适的，但是并非总是如此。在确定一个鱼道的出口位置是否合适时，有几点要求必须牢记。

首先，若鱼离开鱼道后处于以下区域，如它们处于可能被水流带入溢洪道、水轮机或用于其他目的的取水口的区域，是很危险的，应努力避免这种情况的发生。因此，鱼道入口应该远离溢洪道，尤其因为溢洪道上游临近区域的流速通常很高。水轮机或其他取水口入口附近的流速通常较低，通过被拦污栅或粗格栅保护的水轮机进水口的流速正常情况下为4ft/s。因此，鱼道出口与水轮机等的进水口之间的距离没必要和水轮机与溢洪道之间的距离一样远。然而，还是希望鱼道的入口尽可能地远离所有进水口以及具有尽可能低的流速。上文展示的现有大坝布局平面图将阐明这一原则是如何应用的。

当鱼道被用作幼鱼（或成鱼）向下游洄游的通道时，这一原则有一个例外。在一些地区，如苏格兰就是一个著名的例子，鱼类洄游时段内大坝可能没有溢流。此外，也有可能为防止小鱼进入，使用隔挡将水轮机进水口或用于其他目的的进水口挡住。这些情况下鱼类过坝的唯一方法是沿鱼道下行，那么鱼道对上行鱼类的出口此时变成了鱼类向下迁徙的入口。因此，必须尝试将鱼道上游出口设置在向下洄游的鱼可能聚集的地方，或至少很靠近它们可能通过之处。如果有其他吸引洄游性鱼类的吸引源，如有隔栅的水轮机进水口，优良的隔挡措施可以使用隔栅附近的旁路将鱼带走。该旁路可以通向鱼道或直接通向尾水。对旁道将会在第6章第6.6节进行更详细的描述。

前文已经提到一些关于鱼道水流控制的内容，这些措施通常用于鱼道出口段。本文已经描述了通过闸门端口来控制孔口式鱼道中水流条件的方法。也有可能不需使用闸门而仅通过调节这些端口来控制鱼道内的水流条件，这样，当前池水位降低时，鱼类可使用这些不同的端口。当前池中水流波动变强时，这种做法将会变得更为困难。

对于常规的堰式鱼道，其上游端建有一个水平底板，而且位于本段的堰是可调节的，这样可以控制进入鱼道的水流，使最上端水池的水位变化与前池水位变化同步。控制是通过本段堰上的叠梁，或一种更复杂的闸门系统或斜堰来实现的。如果前池的波动很平缓，一个月或一个季度仅仅变化几英尺，可能手动调节叠梁就够了，这肯定是最经济的控制方式。然而，如果池水位的变化是每天至少 1/4ft (0.076m)，那么可能更希望安装某种形式的自动控制装置。安装在麦克纳瑞大坝中的倾斜堰和伸缩式控制闸门就是一个很好的例子，这种类型控制系统的设计更复杂，如图 3.20 和图 3.21 所示。在出口处的伸缩式堰(344 号) 事实上控制了通向鱼道的水流。它是由浮标控制器自动控制的，当前池水位变化范围在 7ft 以内时可提供所需的流量。在它的下游是 7 个斜堰，这些堰也被设为自动调节，以适应上游水位的变化。如图所示，这些堰朝铰链的方向倾斜。它们由支杆所操纵，这些支杆延伸至齿轮和马达所在的顶板。由于鱼道中流量的突然变化会造成上行洄游的中断，自动控制装置必须对库水位的变化相当敏感。对 0.1ft 水头变化具有敏感性被普遍认为是这类装置敏感性的最佳标准。

图 3.20　McNary 坝 Oregon Shore 鱼道上游端的斜堰
（观察方向为从上游往前池）

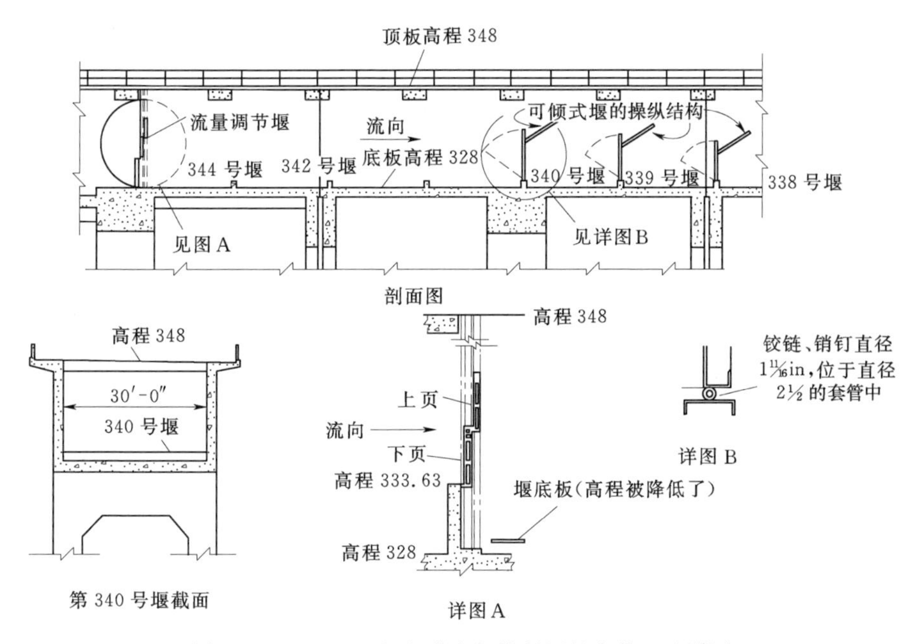

图 3.21　McNary 坝鱼道头部控制堰的中截面及详图

3.13　水工模型

由于鱼道的水池以及其他部分，如进口、反弯段等的几何尺度相对较小，它们几乎是用天然尺度的水力学模型进行研究的理想对象。在有些实验装置中，甚至可能以很大的比尺研究工程的很大一部分，比如鱼道的进口、溢洪道的毗连段，乃至整个大坝和鱼道而无需采用具有几何变态的模型比尺。这使修建尽可能满足弗汝德数相似的水工模型成为可能，该相似率意味着在鱼道各部位重力是影响流动的首要物理驱动力。然而，如果模型使用了部分天然河床，则对这部分河床的糙率需进行调整，以满足动力相似条件。按比例建造模型并在需要的地方加糙，使模型的水面线与天然的水面线一致，就可以达到动力相似的效果。

专事水力学研究的水力学委员会在 1942 年给出了水道水工模型（该模型与鱼道模型有些相似）典型的比尺范围，认为比尺应在 1∶15～1∶50 之间。对于河流水工模型，美国土木工程师学会建议其水平比尺介于 1∶100～1∶2000 之间，垂直比尺介于 1∶50～1∶150 之间。

通常这些比尺可能更适用于手册中列举的模型类型而非鱼道，后者的比尺在很多情况下超出了上述范围。这是可以理解的，因为比例的选择在很大程度上取决于设施、时间和可用资金。在这些范围内，尽可能选择大的比尺。长度较短的池式鱼道模型的比尺最大可达 1∶6，且在笔者熟悉的模型中，只有少数模型的比尺小于 1∶10。对于丹尼尔鱼道，由于其原型的尺寸就较小，通常可使用全尺寸的水工模型。

模型研究使得通过设置不同的流量以及隔板形式，开展实验迅速复演鱼道水池中水流条件成为可能。根据普雷舍斯等人（1957 年）的结果，图 3.22 简要地展示了堰式鱼道中这种被称为潜入流和射流的现象。美国陆军工程兵团在博纳维尔水力学研究室以及为国际太平洋鲑鱼渔业委员会工作的普雷舍斯和安德鲁在不列颠哥伦比亚大学的水力学研究室中都研究过这些现象。他们的研究

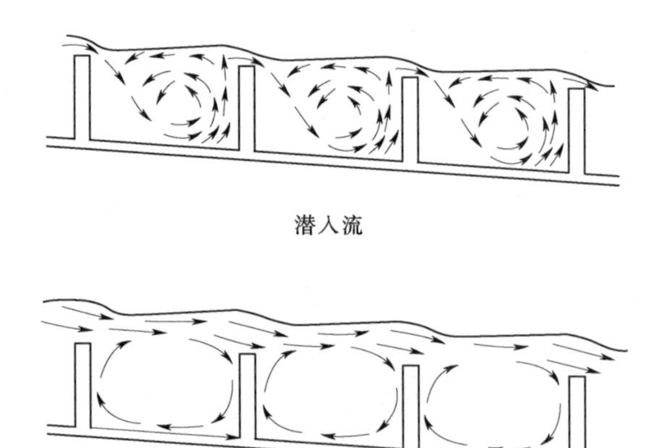

图 3.22　堰式鱼道中剖面

[图中显示了两种流态：潜入流、绕流/射流（依据 Pretious, E. S. , L. R. Kersey & G. P. Contractor, 1957 绘制）]

成果都没有发表，但其实验数据可以索取到。研究发现，一般来说，堰上水头小于 1in 时流态为稳定的潜入流，堰上水头不小于 14in 时流态为稳定的射流。当堰顶形状、堰中孔口大小及位置改变时，上述范围也会发生变化。从图中可以看出，当流态为潜入流时，每个水池中水流混合很彻底，并且在整个水池中能量耗散更均匀。在射流流态情形下，流动的主体部分在池表层，在池的下层中水体较少受混合、湍流和曝气的影响。虽然大多数大马哈鱼能在有稳定射流的鱼道中上行（这种射流由高达 14in 的堰上水头的作用所形成），但人们认为应将每个堰上的水头限制在小于 12in，或者限制在接近产生稳定潜流的上限水头。当水头更高时，模型中的水流通常不稳定地，间歇性地由潜流变成射流，这种情况已被埃林和雷德蒙（1956 年）所报告，认为会严重地阻碍鱼类在鱼道中的洄游。另一方面，在又长又宽的鱼道中，堰上水头为 8in 时，鱼道中会产生本章前文所提到的涌浪，这种情况也不希望发生。图 3.23 展示了在模型鱼道水池中上行鱼类可能遇到的水流条件的流场测量结果。对速度的测量可通过毕托管或小型流速仪实现。其测量结果并非精确，但可以给出水池中速度场的良好图景。对这些流场的研究将会揭示任何使鱼类运动困难的过大的流速，还可以估计水池中可利用休息区的尺度。

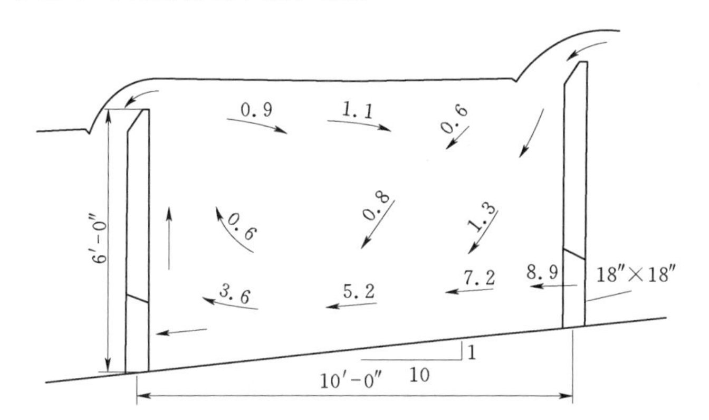

图 3.23　鱼道水池中上行鱼类可能遇到的水流条件

许多研究机构对竖缝式鱼道水池进行了广泛地研究。由于为适应一系列不同的地点，水池中隔板的结构设计有不少变化，从而这种研究是很有必要的。例如，在考虑最适合加拿大西部摩利斯镇大瀑布所在位置的鱼道的建造类型时，研究表明钢结构的隔板更为可取。之所以这样选择是因为计划施工期间可能遇到严寒，导致混凝土浇筑困难。在这种情况下，通过模型研究来判断法尔韦峡谷处鱼道中在每块隔板所在之处一块钢板是否能安全地替代从边墙突出的 6in 厚的混凝土壁柱（壁柱 B，图 2.11），是比较明智的。有人利用摩利斯镇水池的比尺模型进行了大约 31 次实验，这些实验的结果如图 2.2 中的平面图所示。总结这些实验后可知，如果在竖缝底部的底板上添加一个 6～12in 高的底坎，这个平面布置方式可以提供令人满意的能量耗散和过鱼条件。部分试验过的变量包括底坎高度、隔板中心立柱凸出部分的长度和竖缝宽度。需要注意的是，竖缝底部底坎易使射流的主干部分从竖缝跌入缓冲池，在缓冲池中进行更好地混合以及更充分的能量耗散。这样就避免了射流直接顶冲下游的下一个中心立柱，或直接进入下一个竖缝这样的水力条件，这种水力条件可能导致水流因从某一池进入另一池时加速，直到流速变得很高以至于组织鱼类通过下游的竖缝。另一种被模型研究排除而不希望发生的条件是水池中水面的不稳定或涌浪、大型上升流、极端湍流和掺气等。

由于在北美很少有对淹没孔口式鱼道的模型研究结果，该类遇到在北美地区还没有被广泛应用。然而，一个例外是由美国陆军工程兵团在博纳维尔研究室中进行的关于冰港大坝鱼道调节池隔板的少量研究。如前文所述，Bonnyman 提及在英格兰所做的实验研究对于确定孔口形状、尺寸和孔口倾角，以及最适于太平洋鲑鱼通过的水池的尺寸是非常有价值的。毫无疑问，在这个实例中使用水工模型进行研究是值得的。

自 1908 年丹尼尔从事的实验开始，丹尼尔鱼道在水力实验室中得到了广泛的研究。紧随其后，McLeod 和 Nemenyi 在 1940 年、鱼道委员会在 1942 年开展了研究。更近的是丹麦的 Lonnebjerg 于 1980 年、法国的 Larinier 于 1983 年以及加拿大的 Katopodis 和 Rajaratnam 在 1983 年所做的研究。这些研究积累了大量的数据，基于这些数据为特定的环境挑选一个丹尼尔鱼道应该是可行的。如前文所述，Larinier 以他所做的研究为基础给鲑鱼和鳟鱼制定了标准。其他物种的标准应该根据它们的游行能力和偏好来确定，因为这种标准与流速、梯度等的实验数据有关。

除了对隔板和水池的研究，水工模型还被用于研究鱼道中特定位置的水力学条件。例如，已使用鱼道相应部位的大比尺分段模型研究了直角弯道或反弯处的水动力条件。通过这些研究消除或减少了可能发生在转角处的不利的上升流。构建了辅助补水系统的局部模型，以确定消灭掺气和空化现象的最好办法。事实上，若鱼道系统的任何部分若存在潜在的水力学问题且该问题不易通过理论分析解决，这些问题都可用水工模型进行研究。

使用水工模型来帮助设计大坝的溢洪道已被广泛认可。当鱼道入口与溢洪道毗邻时，可对它们同时开展实验。然而，经常发生的情况是，仅对溢洪道总长度的一部分使用玻璃水槽开展研究，在这种情况下，对鱼道入口必须单独进行研究。正如 Cooper 和 Boresky（1953 年）对西顿溪大坝所做的，可通过包含鱼道入口和一小段溢洪道的水工模型来研究鱼道入口的水力学条件。依据该模型的结果对大坝设计进行了修改，包括对消力池增加了至少 5ft 的深度以及添加了导流板。这被认为是对大坝和鱼道的关键部分使用小而经济的水工模型改善了鱼道水力学条件，并减少了运行和维护问题的一个很好的例子。西顿溪大坝及其鱼道至今已运行了很多年，运行结果令人满意（安德鲁和吉恩，1958年）。

除了关于鱼道水池及其他部分，以及大坝的不同部分如鱼道入口区域等的模型研究，对那些关注鱼类保护的人士而言，对整个大坝开展模型研究可能更有用，在计划施工期跨越一个或多个鱼类洄游期时尤其如此。在下一节中将会简要地讨论施工问题，但是在这里要指出的是，对关于整个大坝的模型进行改造以了解在不同施工阶段中河流的状态是很容易。通常需要修建围堰，于是围堰附近河流的流速会增加到鱼的游行能力所不能克服的程度。这些情况在施工期的鱼类洄游时段会出现对，因此可以使用大坝的水工模型进行预测。类似的关于整个大坝的水工模型要远大于前面所讨论的那些模型。当然，它们的实际规模取决于河流的大小、制作模型时可利用的空间和供水能力以及所选择的模型比尺。对于大型河流如哥伦比亚河，为了保证模型有足够大的规模以保证实验测量精度，模型本身就占了相当大的面积，且需建造具有相当可观的供水能力的大型建筑来放置它。制作和使用这类模型需要本领域内水利工程师的协助。除了前面提到的美国土木工程师协会手册，关于水工模型的更多信息还可从许多现有文献中获得。

包括完整大坝和部分河段的模型需要相当高的设施费用和人工费，而如图3.24所示且在前文中提到的较小的模型相对来说不那么贵。例如，一系列典型的鱼道水池实验所花的时间可能会超过一个月。这些实验也许可以仅仅由一名工程师来单独完成，但是至多仅需要一名工程师和一名技术员工作一个月

图3.24　水力学实验室内一个小而经济的大坝及鱼道模型

（视需要而定）。工程师大概需要两周的准备时间来设计模型并调整和验证它。模型本身可能由一个技术员在两周内建成，或在大型的木工车间内花费相同的费用完成。

如果模型包括一部分由混凝土制作的河岸或河床，那么材料费和人工费都会增加。还需要工程师额外工作两周来分析数据和编写实验报告。在不同的实验室，使用场所和设备的成本也不同。使用在公立或半公立机构如大学水力学实验室场地的费用可能较低。在模型研究中，大型水泵的运行费用也将计入总成本。

因此，一个典型的小型模型实验的成本如下（使用 1986 年的美元价格表示）。

工程师工作时间：2 人/月，每人每月 ＄3300	＄6600
技术员工作时间：1.5 人每月，每人每月 ＄2500	3700
材料（夹板、涂料、五金等）	1200
实验室场所和设备：1 个月	2800
总计	＄14300

上述总费用不包括管理成本如监督和咨询建议的费用。对于一个更简单的水工模型或短系列实验，总费用会更低；而对于一个包含部分河床的更复杂的模型，总费用会相当高。

在做这个估算时，假设安排自己的职工制作模型并进行实验，因此他们的时间是按成本计算的。如果有必要将模型研究承包给商业公司，那么总费用会高得多。下表是这种情况下制作的一个模型的造价。该模型为一个长 700ft、宽 300ft 河段上的一个高 10ft 的低坝的模型，河流流量最大为 20000ft^3/s。建议的模型比尺为 1∶36。

制模和设备运行费：	＄33000
实验和研究项目费用：2 个月，单价＄18000	＄36000
总计	＄69000

虽然这个模型比所引用的第一个例子更复杂从而没有严格的可比性，但是我们可以看出商业模型的直接费用远高于其他模型。

3.14　施工中的鱼道

通常在设计大坝时，需要仔细考虑不同施工阶段的时间和次序，因为其和河流水流的季节性变化有关。大坝通常分几部分修建，如每次修建 1/3 或 1/2，每部分相应地被我们称之为围堰的临时屏障包围，以防止进水。这通常需要花费可观的费用将施工区的水抽出，以便施工能在干燥的环境中进行并保证结构的稳固性。如果工期超过一年，那么能在季节性洪水期使用的围堰要么建得很高且足够坚固以阻挡洪水并保证在任何洪水条件下均可继续施工，要么建得可在洪水期过水，在过水期暂停施工，直至洪水退去且该区域排水完成后才恢复施工。在确定围堰位置、围堰高度和施工材料时，需考虑经济性、材料的可得性以及一系列工程方面的因素。

另一个重要的考虑是保证施工期过鱼的必要性。施工的一般顺序是将第一个围堰设置为包括大坝溢洪道的全部或者相当大的部分。当这个区域的施工完成后，围堰就会被拆除，并在大坝需修建的剩余部分周围设置一个新围堰，这个剩余部分可能包括发电坝段的电站厂房。最后一步是使河流改道通过已建成的溢洪道，这通常在河流处于枯水期时完成。

如果一期围堰已建成且鱼类正好在向上游洄游，那么必须仔细研究被围堰缩窄后河流的流速，以确定鱼类是否还能继续完成上行洄游。如果条件允许，这可使用水工模型进行检验。如果河流流速尤其是沿岸流速非常高（即在一些点位的流速超过 15ft/s 或在一段相当可观的距离内流速达到 12ft/s），那么可能很有必要沿围堰外缘或在河流对岸设置一个临时鱼道。除了可以使用不那么耐用的材料来修建外，该鱼道应该满足和永久鱼道同样的标准。

在某些情况下，在围堰对面的河岸使用从河岸延伸至河流中的岩石丁坝来营造具有较低流速的河流边缘路径对鱼类上行洄游来说可能就足够了。在斯内克河上的冰港大坝使用了这种方法，如图 3.25 所示。在其他情况下，河道可能够宽，以至修围堰对流速影响不大，而且不需要额外措施来保证本阶段内河道过鱼。

图 3.25 工程建造（在斯内克河的冰港坝建设过程中一系列石质丁坝被布设在河流右岸，以帮助鲑鱼通过由一期围堰形成的狭窄而高流速的河道上溯。图中显示了其中一个丁坝。）

在这个阶段中如果有可能将水库和前池水位提高至其永久水位，那么由于永久溢洪道和鱼道可能已开始运行，这将不成问题。然而，因为往往需要使二期围堰的水头尽可能低以减少工程建设的费用，这几乎是不可能的。可接受的折中方案是建设一种在前池水位极低时也可用的溢洪道式鱼道。这可能增加不少额外投资，所以在实践中采取了许多权宜之计，例如将鱼捕获后用卡车运输过坝、用桶来提升鱼以使其越过溢洪道，或者使用船闸过鱼。虽然这些方法只是临时的，在大多数情况下仅在每个新建大坝处影响鱼类一年的洄游，但已被证明对太平洋鲑鱼过鱼的效果大都不令人满意，也不推荐使用。尽管临时鱼道已被证明很花钱，但是人们推荐只要有问题就应尽可能使用临时鱼道。

3.15　鱼道造价

鱼道造价的估算过程和任何其他工程结构造价的估算过程相同。以类似建筑物的经验为基础进行的初步估算，其准确性完全取决于估算者经验及判断的可靠性。随着工程项目由初始阶段推进到设计阶段，估算的准确性更多地取决于细致的对工程各组成部分工程量估计而非判断，因为工程的各组成部分越来越具体化，逐步具有明确的尺寸和构成。这里并非提议继续进行初始阶段的下一步工作，因为本文的目的不是解决诸如工程量估计和工程造价的详细估算等问题，而这些内容在其他教科书中已讲得很清楚。在下文中所提出的单价和比例是作为初步估计造价的指南，该单价和比例来源于对工程进行定量测量后所算出的真实造价。

有几个指数可用于确定过鱼设施的初步造价，所有这些都以美国和加拿大的经验为基础，且其单位都已被转换为美元。应用前期已建鱼道造价相关结果最安全的方法是使用单位体积的造价。以此为基础，人们发现对于单独的鱼道而言，根据 1987 年的价格，大型鱼道如哥伦比亚河大坝中鱼道的平均造价约为 $ 37/ft^3。该单位造价可被认为是重载结构鱼道的最高单位造价，此时，由于没有合适的自然地貌可资利用，必需使用钢筋混凝土支柱或排架来支撑鱼道结构以达到所需的高度。此外，在可以利用自然地貌的地方，如可将结构直接置于基岩上、可将基岩直接用作鱼道底板或者边墙的地方，鱼道单位造价可能会低一些。

然而，对大坝鱼道而言，鱼道建筑物本身的造价仅可被认为是一种基准造价。前面章节所述的鱼道的各种附属设施，如控制堰、辅助供水系统、电站厂房集鱼系统、额外的鱼道进口等所产生的费用也应被计入。这些费用取决于所需的自动化程度、被认为有必要吸引的水量、以及鱼道进口和长廊的尺寸等。

我们对单位造价相关结果进行了总结，以服务于过鱼设施造价的初步估算。所引用的关于造价的结果都是基于 1987 年美元价格。

鱼道造价标准总结	
1	自然阻隔处的鱼道：基于许多平均宽约 8ft、深约 10ft（约 3.05m，从底板到边墙顶部）、隔板间距 10ft、要克服的障碍物不高于 35ft；建筑物所包围体积的每立方英尺造价，为＄20～＄40
2	大型河流大坝上的基本鱼道结构：基于许多结构平均宽约 30ft、深约 10ft（从底板到边墙顶部）、隔板间距 16ft、要克服的障碍物不高于 100ft；建筑物所包围体积的每立方英尺造价，为＄37
3	鱼道的各式附属物，包括上游端和鱼道进口处的控制堰：根据本文描述的全自动运行标准，为第 2 项的 29％
4	毗邻溢洪道的鱼道辅助供水系统：根据本文所描述的流速标准；因为它取决于计算出的辅助供水需水量，其标准可能在第 2 项的 30％～75％之间浮动，为第 2 项的 50％
5	位于电站处的鱼道辅助供水系统，该鱼道具有离岸且毗邻溢洪道的进口：根据本文所描述的流速标准。它也取决于所需的辅助供水量，由于集鱼廊道有多个入口，其大于溢洪道式鱼道所需的水量。其标准在第 2 项的 50％～130％之间浮动，而且在初步估算时推荐使用平均值 80％，为第 2 项的 80％
6	电站厂房集鱼系统：其几乎直接随电站厂房长度而变；对于有大量鱼类洄游的大型河流上的大坝，每英尺电站厂房长度，为＄12628
7	通往电站鱼道的离岸入口：其数额在第 2 项的 6％～10％之间，初步估算时推荐使用平均值 8％，为第 2 项的 8％

除了初始造价，过鱼设施的造价还包括与之相关的运行和维护费用。这不仅包含基建投资的利息，还包含任何与折旧和更新相关的准备金，对鱼道的附属设施而言，两者的计算标准与大坝相同。

根据数量很少的可用记录，大型鱼道装置的总运行和维护费用据估计平均为建设费用的 1％～2％。其中略少于一半的费用用于运行，而剩余的费用用于维护。可能有必要对给鱼道供水以及在溢洪道不需要溢流时的补充泄水所造成的发电损失提供补贴。这些费用直接取决于水头和发电成本，但是平均每年很可能不超过建设费用的 1％。

3.16 世界上对溯河产卵鱼类的设计依据

在本书中，对流速、水深和流量已给出了各种标准。给出这些标准时，使用的是适用于所描述特定情况的单位，如对哥伦比亚河上鱼道入口的流速标准以 ft/s 的单位给出。下表对太平洋鲑鱼以米制单位形式给出这些标准的等价形式。

标　　准	英　　式	米　　制
良好的入口流速	4ft/s	1.2m/s
可接受的入口流速	4～8ft/s	1.2～2.4m/s
良好的入口水深	4ft	1.2m
可接受的入口水深	1.6～4ft	0.5～1.2m
辅助供水时通过隔栅的流速	0.25～0.5ft/s	7.5～15cm/s
池间水头差	1ft	30.5cm
鱼所需水体空间	$0.2ft^3/lb$	$0.00125m^3/lb$
过狭缝或堰的最大流速	8ft/s	2.4m/s

现在我们必须尽可能对这些标准进行拓展，以使其适用于其他溯河产卵鱼类。

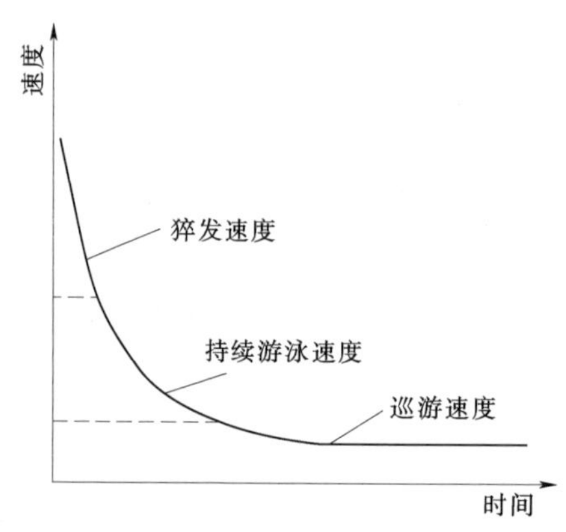

图 3.26　游泳速度示意（在特定水温下具有特定尺寸的某类鱼类）

标准池式鱼道设计的关键是经过每个水池的落差或水头差。是什么决定了某一特定物种可上溯的水头呢？我们知道它与正在讨论的鱼的游泳能力有关，但是在鱼道中特定物种的游泳速度和它能轻松地克服的水头之间的关系是怎样的呢？

图 3.26 是关于鱼类游泳能力的具有一般意义的概念图，预期经大量研究后可确定图上的值。正如在前面章节中由贝尔（1984 年）所定义的，可辨认出三个速度。然而，它们的定义有些牵强，因此与每个定义相关的确切流速以及它们的界限都很不清晰，即便对我们已经有大量数据的物种也是如此。

图 3.27 是一个使这些速度对特定物种更为明确的尝试。图中依据之前定义并见于图 3.26 的三种速度，给出了从大量的资料来源中获得的鱼类游泳速度，其中主要来源是贝尔（1984 年）的论文。由于这些定义不严密，所以不得不作一些假设。最大冲刺速度（或者说猝发速度）的内涵是清晰的，在图中表现为可维持 1s 的速度。从冲刺速度向持续游泳速度的过渡并不明显；为了我们的目的，假设后者为鱼可以持续游动 15min 的速度。

可用于鱼道设计的池间水头差可从图 3.28 中获得，该图将流速和水头联系起来。如果我们认为已经在太平洋鲑鱼鱼道中使用了 50 多年的 1ft 为池间

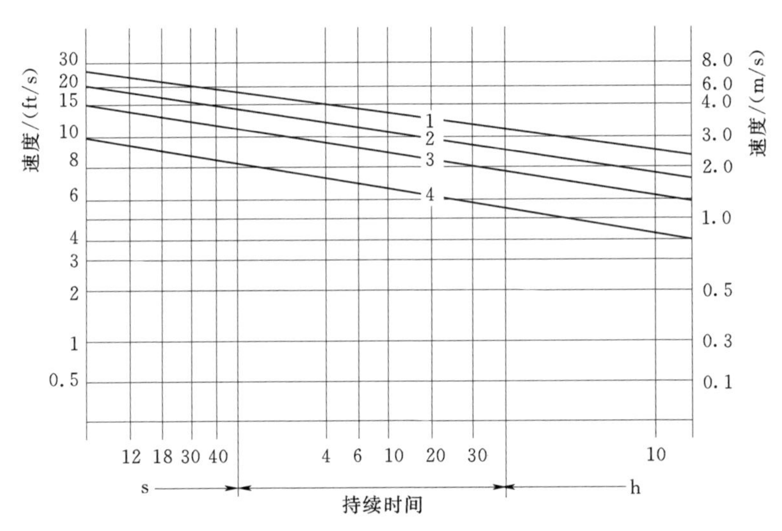

1—硬头鳟(24~31in)(大西洋鲑和大湖区鳟鱼被认为游泳能力与其相似); 2—太平洋鲑(18~25in); 3—西鲑(美洲和欧洲,15in); 4—白鲑(2~12in);

图 3.27 游泳持续时间（一个例外是大鳞大马哈鱼，其体长可达 36in，游泳能力介于硬头鳟和太平洋鲑之间）

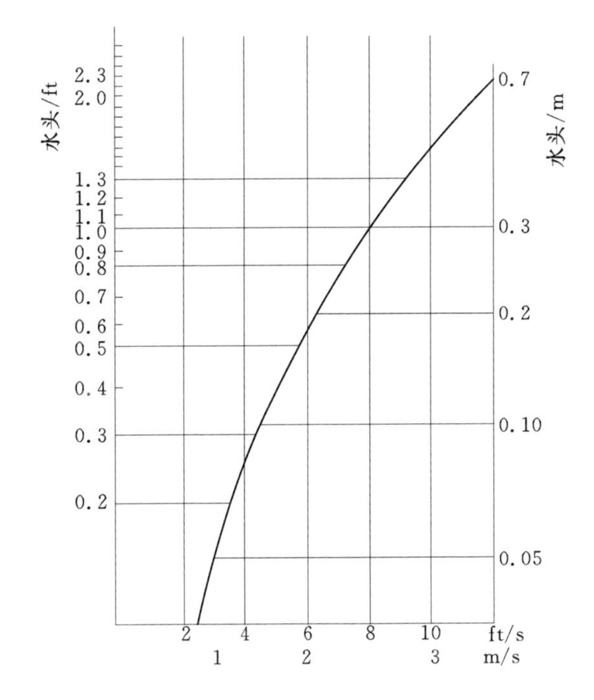

图 3.28 水头损失（鱼道水池间的水头损失以及对应的过堰或过孔口流速）

水头差标准，那么从图3.28我们可以确定它所对应的堰上、孔口或竖缝内流速为8ft/s。由图3.27，我们发现这与鲑鱼能持续游泳50min的流速相当。

若对表中所示的其他物种也使用这种持续时间，我们可以预期鱼道应该有以下的水流流速和池间水头以获得和那些太平洋鲑鱼鱼道同样的成功。

	流速		水头	
	ft/s	m/s	ft	cm
大西洋鲑、海鳟、湖红点鲑	12.0	3.4	2.3	70
太平洋鲑	8.0	2.6	1.0	30
美洲西鲱	5.8	1.9	0.5	15
白鲑	4.0	1.3	0.25	8

应注意白鲑不是溯河产卵鱼类，而是洄游于海水和淡水之间的鱼类。列出白鲑的原因是其作为成鱼向上游洄游时所遇到的问题和溯河产卵鱼类相同。

将这些值与由Conrad和Jansen（1983年）以及Larinier（1983年）根据经验列出的数值进行比较令人很感兴趣，见下表。

物种	设定的平均体长/cm	每池水头损失/cm		
		理论值（Bell，1984年）	Conrad 和 Jansen（1983年）	Larinier（1983年）
大西洋鲑	60～77	70	61	30～60
太平洋鲑	60	30	—	—
美洲红点鲑	30	—	30	30～45
灰西鲱	15	—	30	—
西鲱	38	15	23	20～30
胡瓜鱼	20	—	15	—
白斑狗鱼	27	—	—	15～30
白鲑	20～30	8	—	—

虽然有些差异，但鱼的体长和容许的每池水头损失之间的一般关系在上表中表现得很明显。比较明智的做法是使用上表中最保守的值，并基于对特定区域特定物种的经验对其进行修正。灰西鲱就是这种根据经验进行修正的例子。尽管灰西鲱体积很小，但它们很活跃，而且常常成群洄游，如前文所述。

对于未提及的物种，要么关于其游泳速度的测量结果不足乃至完全缺乏，要么没有已记录下来的经验。在进行鱼道设计时，可参考上表所示的鱼的平均体长，猜测它们的游泳能力是否和那些列出来的不同。

对于丹尼尔鱼道，我们不能制定相似的通用规则。如前文所述，北美和欧洲地区使用的丹尼尔鱼道有数以百计的隔板类型、底坡、深度、宽度和长度的组合形式。我们很难说明这些不同的组合形式哪些更合理，所以在这里仅提供了一个常规的指导。这是由 Larinier（1983 年）提出的，如图 3.29 所示。

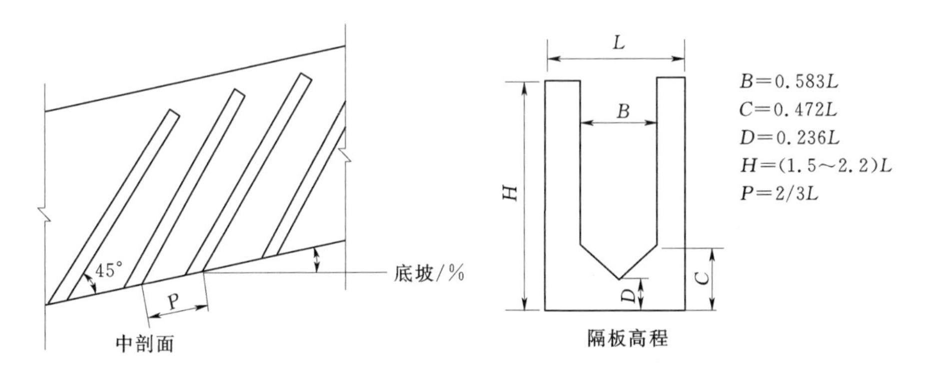

图 3.29　Larinier's 标准

虽然对下面提及的物种可以放心地使用这些规范，但是若有必要开展额外研究，还是强烈建议读者咨询本书提到的其他来源。

大西洋鲑[a]	
宽度 L/m	坡度 L/m
0.8	20
0.9	17.5
1.0	16
1.2	13
海鳟[b]	
0.6	20
0.7	17
0.8	15
0.9	13

注　鱼道最小水深为 0.4L。

a　鱼道的最优总宽度（L）为 0.8～1.0m。

b　最优宽度（L）为 0.6～0.9m。

图 3.29 表明，隔板和鱼道底板的夹角为 45°，而且推荐的鱼道最大水深为（1.5～2.2）L，其中 L 为沿单个隔板的坡度方向测得的水深。容易看出，随着鱼道宽度的增加，鱼道的坡度必须减小，当鱼道最大宽度为 1.2m 时其坡度为 13%，这非常接近前文提到的竖缝式鱼道的坡度。因此，这似乎是丹尼尔鱼道坡度的上限。

那么现在怎样使这些数据适用于鲑鱼和鳟鱼之外的其他物种呢？对于游泳能力较弱的鱼而言，人们可能认为应该使用适中宽度且坡度较小的鱼道。此外，希望最好仅在鱼道行程最小的低坝使用这种类型的丹尼尔鱼道。

3.17　鳗鲡梯

鳗鲡是一种降海洄游鱼类，在海洋中繁殖然后洄游到淡水中生长直至成年。幸运的是，它们具有不同于大多数降海洄游鱼类的特征，也因此更容易提供一种使其上行跨越河流中障碍的方法。

鳗鲡生活在世界上许多的溪流和河流中。成年鳗鲡至少在三个已知区域产卵：大西洋马尾藻海、印度洋马达加斯加岛东部海域和南太平洋斐济群岛西部海域。洋流将鳗鲡幼鱼携带至河流和溪流入口，在这些地方它们积极向内陆洄游至可进入的湖泊和河流，并在其中摄食和生长。它们从幼鱼到成熟的整个过程可能需要 20 余年。一些出生在马尾藻海海域的鳗鲡被墨西哥湾流携带至北美洲海岸，而其他的鳗鲡被洋流携带，以至能跨越大西洋进入爱尔兰、英格兰以及大多数有海岸的欧洲国家。一些鳗鲡甚至进入地中海并在意大利、希腊和北非国家生长至成熟。

出生在印度洋的鳗鲡被洋流携带至非洲东海岸，并进入当地的溪流中。也有鳗鲡生活在印度的河流中。那些出生在南太平洋的鳗鲡被洋流携带至新西兰和澳大利亚，而且据说有些鳗鲡生活在东南亚的湄公河中。鳗鲡也生活在中国和日本的河流中，但是尚不清楚其起源地。

当鳗鲡到达河口时，它们可能才一岁，且因为它们身体是透明的，从而也被称为玻璃鳗。当它们适应淡水后，会变得有颜色并被称为幼鳗。正是在其长度从 5cm 变为 15cm 的幼鳗阶段，它们在洄游过程中第一次碰到大坝或其他障碍物。当鳗鲡继续沿河流缓慢上行时，它们长得越来越大，在 10 岁时体长可达 1m，正如它们到达加拿大圣劳伦斯河的 R. H. 桑德斯大坝并通过鱼道时的情形。

幸运的是，在幼鳗的最早阶段，鳗鲡是优秀的游泳者。特希（1977 年）报告说，长 7～10cm 的鳗鲡可以以 0.6～0.9m/s 的速度游动，而长 10～15cm 的鳗鲡可以以 1.5m/s 的速度游动。鳗鲡可以在超过 120cm 的距离内保持这个速度，这个速度在它们的冲刺或猝发速度的范围内。这是设计幼鳗鱼道时可用的标准之一。

大多数鳗鲡渔业的早期开发是在欧洲，在那里鳗鲡被视为一种美味。欧洲也是最早通过修建大坝和堰来开发水资源的地区之一，因此，欧洲自然是最先意识到鳗鲡的可通过性问题并最早研究如何解决这个问题的措施的地区。这些措施构成了我们了解大坝鳗鲡梯的基础。所有其他的鳗鲡物种包括美洲鳗、澳大利亚尖吻鳗以及日本鳗都有着相似的行为模式和能力，所以从欧洲获得的知识可以安全的应用于其他国家和其他种类的鳗。

除了游泳速度，只要保证完全湿透，幼鳗有能力攀爬通过灌木丛和草坡。鳗鲡曾凭借因加糙而流速减小的水槽，以及充满了潮湿的稻草和木屑的管道通往上游。对水槽有许多加糙的方法，例如使用高度较低的隔板或楔子、在底部布置草绳或综合使用树枝、木屑，在有些情况下还可使用较粗的砾石。在某一案例中，粗麻布被垂直地悬挂在低坝的坝面上，只要它保持足够湿润，幼鳗有可能沿它上行。

所有的现代鳗鲡梯都是利用鳗鲡的攀爬能力，当鳗鲡梯流速与对鳗鲡游泳能力相吻合时鱼道会非常成功。通常会使用一个水槽，槽中含有间或与木屑混合的小树枝，槽的底坡通常为 12°，尽管有些已被使用的坡度与此不同。释放适当的流量，以彻底地湿润树枝和刨花，但并不完全淹没它们。该水深足以让幼鳗在边角和反弯处附近游动。

近年来，通过在水槽中使用尼龙毛、毛刷以及合成的人造树枝代替以前使用的自然树枝和绳索，现代鳗鲡梯得到了进一步的完善。其原因是合成材料比自然树枝耐用得多，自然树枝会在几周或几个月内分解而不得不不断地更换。

如图 3.30 所示，赞斯等人（1981 年）展示了德国 Staustufe Zeltingen/Mosel 河中的现代鳗鱼梯的截面图。水槽内部尺寸是：深约为 10cm、宽度约为 23cm。尼龙毛垂直地安装在底部，尼龙束与束的间距为 1.5cm。尼龙束长约 9cm 且水深维持在大约 5cm。图中还展示了幼鳗如何通过尼龙毛往上爬。水槽上有一盖板，不仅用来保护鳗鲡使其免于被捕食，也因为鳗鲡更喜欢

鳗鲡通过尼龙毛上行

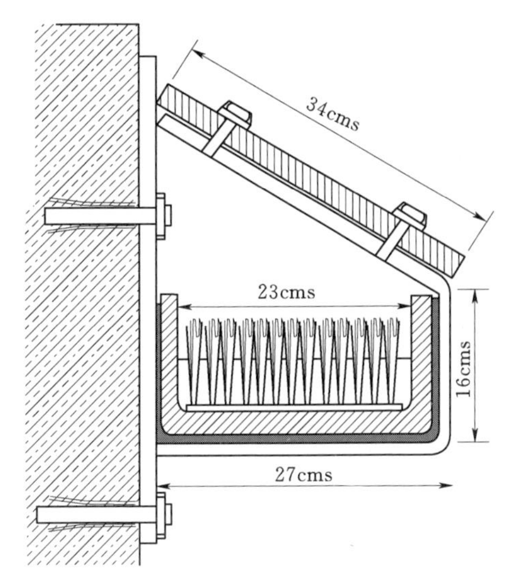

鱼道X向断面

图 3.30 位于德国 Staustufe Zeltingen/Mosel 的鳗鲡梯

在黑暗的环境中洄游。

图 3.31 给出了加拿大圣劳伦斯河 R. H. 桑德斯大坝中的现代鳗鲡梯的详图。该鳗鲡梯最初是在 1974 年用木材修建的，克服了大坝 28m 的高差。水槽中使用自然枝丫以帮助鳗鲡往上爬。在后来，由于上文提及的原因，自然枝丫被如图中所示的合成树枝取代，在 1981 年该水槽被更耐久的双铝槽所取代。这两个水槽的尺寸均为宽 30cm、深 25cm。合成树枝被置于水槽中，每隔一段距离就使用水槽两侧的链条以及焊接在水槽底部的栅条或楔子来固定树枝。楔子也有助于减小水流的流速。水深仍维持在 5cm 左右，足以使树枝始终处于湿润状态。将水槽放置在从未使用过的冰道中以使鳗鲡被自然荫蔽，并沿冰道

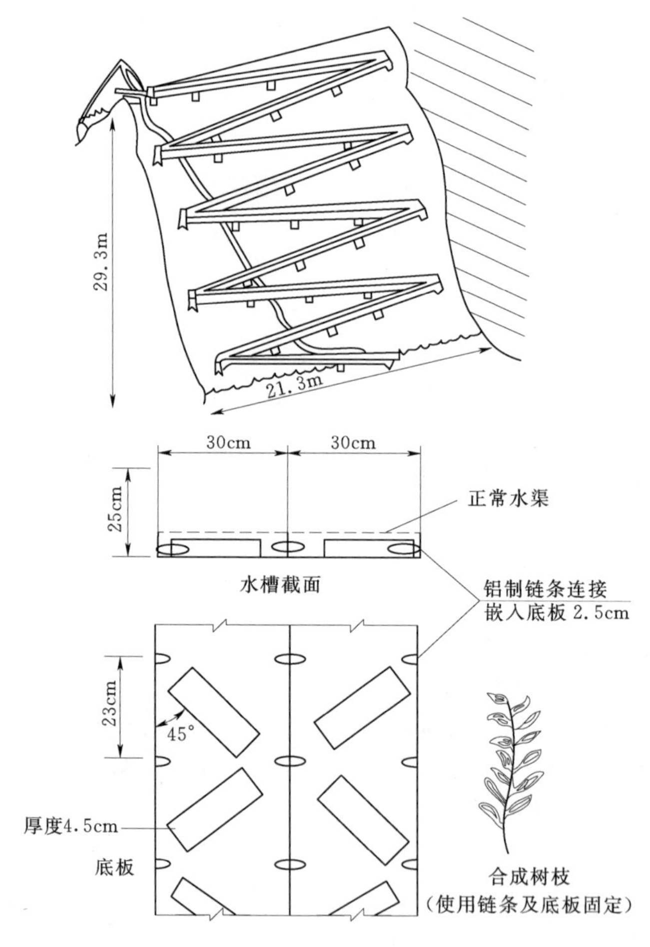

图 3.31　加拿大圣劳伦斯河上的安大略 R. H. 桑德斯大坝鳗鲡梯

[顶部的透视图给出鱼梯是如何布置在未被使用的冰闸上（由 M. C. Belzile 绘制）。底部的图为双铝制水槽的详图，一起给出的还有位于鳗鲡通道水槽底部的合成树枝。鱼道由安大略水电公司和安大略自然资源部共同拥有。]

表面以之字形上行。冰道的支柱以12°的坡度升高，而且每边末端的反弯处都有一个水平段。使用水泵从顶部给水槽供水，水泵也通过管道在鱼道的入口营造对鱼类的吸引水流。

虽然宽度和深度各不相同的水槽已经被使用了很多年，但通常认为单个宽30cm、深25cm的水槽每年能通过500000条幼鳗，而一个双水槽，如用于R.H.桑德斯大坝的水槽每年可过超过100万条幼鳗且不会过度拥挤。R.H.桑德斯大坝的鱼道在其建成后的几年内实际上已过了超过100万条鳗鲡。

管道也被用来过鳗鲡，且由于现在有塑料管和合成毛可用，管道已被证明是让鳗鲡过低坝的一种成功方法。De Groot和van Haasteren（1977年）就荷兰马斯河上这种类型的装置作过报告。该管道直径为25cm，高5m，竖直放置，使用相同直径的合成毛（像洗瓶刷）填充。每分钟有15～30L水流过管道，该装置在1976年过了总质量为1220kg的幼鳗。若采用700条质量为1kg的幼鳗估计，上述数字大约相当于85万条幼鳗。

这种方法后来被新西兰的一个高坝采用，但是发现了意料之外的问题。新西兰的鳗鲡有两种不同的品种，但是它们的习性与欧洲的鳗鲡相似，所以使用荷兰开发的方法看起来似乎没有风险。米歇尔（1984年）描述了在帕蒂亚大坝上的过鳗鲡装置，该装置克服了68m的高度，如图3.32所示。在考虑了多种可选方案和相应的成本后对管道进行了选择，所选择的管道被认为是最经济的。在实验室里对不同类型的管道进行了测试，包括波纹钢、波纹PVC和光滑PVC管道。根据在室内实验中幼鳗表现出的偏好，选择了直径为20cm的光滑PVC管。

大坝过鳗鲡装置的管道被三个1m长的类似于用于清洗瓶子的毛刷的刷子所充满，且其接头处于交错状态。一根小口径的聚乙烯管被用来把各段刷子连接起来。鳗鲡梯总长度为250m，一段紧邻压力水管，一段位于大坝的坝面上。鳗鲡梯的入口位于“补偿”水流出口附近，当晚上没有来自水轮机的水流时，会释放经过该出口的补偿水流。因为鳗鲡在晚上进行洄游，所以对鳗鱼梯入口而言，这是一个理想的组合。为便于打开管道进行检查，采取了一些预备措施，另外从前池流入管道的水流是可以调节的，以期获得最好的效果。

虽然鳗鲡梯在早些时候运行正常，且鳗鲡以150条/h的速率通过鳗鲡梯，可米歇尔（1985年）在当年鳗鲡洄游快结束时对鳗鲡梯进行的检查表明管道里有一些死亡了的鳗鲡。从彻底的检查中人们发现许多鳗鲡是在管道中上行时死亡的。据推测，鳗鲡死亡是由于高温（约30℃）和水中缺氧的共同作用。缺氧是由鳗鲡代谢速率的增加所引起的，而代谢速率增加是因为高温导致鳗鲡对代谢有更高要求。幼鳗主要在晚上洄游，人们认为幼鳗上行通过这种高坝要花两个夜晚和一个白天。建议的补救措施是尽可能多地遮住管道，给管道增加

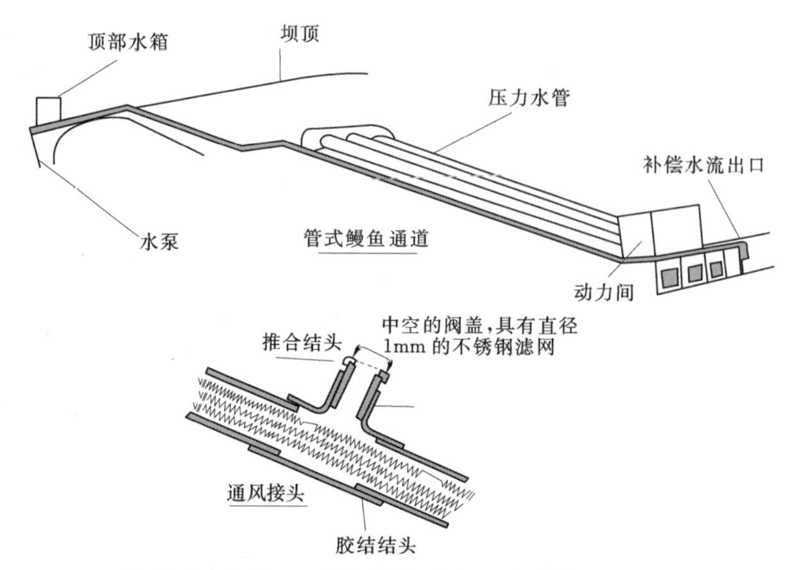

(a) 位于新西兰 Patea 坝的鳗鲡梯(坝高68m 鳗鲡管长250m)

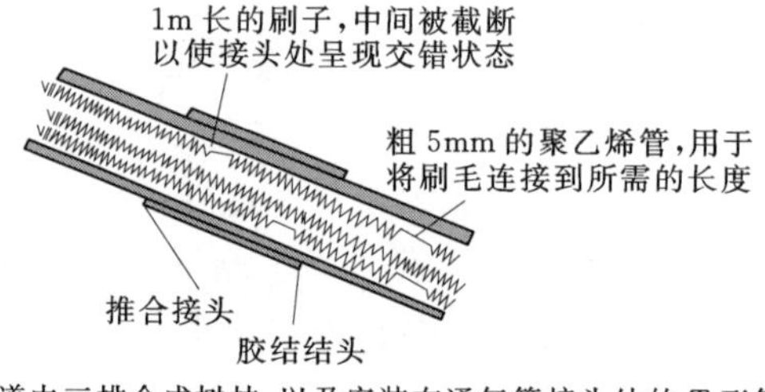

(b) 管式鳗鲡通道内三排合成树枝，以及安装在通气管接头处的T形管示意图

图 3.32 Patea 坝鱼道

供水量，以及尽可能根据其总长在管道内每隔一段距离就引入新鲜水。

使用管道的原因是其最经济，但是和使用铝制水槽相比，节约的成本很少，而且使用水槽会减少许多问题，或使问题更容易被纠正。因为修建帕蒂亚大坝过鱼装置的全部费用尚未公布，直接进行成本比较会比较困难。然而，加拿大的桑德斯大坝鱼道的全部费用约为256000美元，而且铝槽的费用估计为58000美元，超过总费用的1/5。虽然帕蒂亚大坝PVC管的成本可能少于铝槽，但是其他成本，包括水泵、集水箱和入口设施的费用可能与之大体相当。同时，应该注意的是，桑德斯大坝的水槽仅长140m，而帕蒂亚大坝的管道长240m，超过了大坝高度的两倍。

鳗鲡梯的入口条件与鲑鳟鱼道的入口条件相似，但没有后者的条件苛刻。对于鲑鱼和鳟鱼鱼道，其入口必须设置得尽可能接近洄游路线的最上端。对于鳗鲡梯，应该在入口附近营造一些湍流流态来吸引鳗鲡。这可能包括将一股单独的吸引水流注入鳗鲡梯入口处及其附近的水域，或在入口上方喷射水流，或将两者结合。

对鳗鲡梯在大坝上游的出口位置必须仔细规划，布置在上游尽可能远的地方，以防止幼鳗被水流冲下大坝或通过水轮机过坝。

3.18 其他降海洄游性鱼的鱼道

如前文所述，尽管巴甫洛夫（1989 年）研究过一些幼年时在里海的支流中向上游洄游的物种的过坝问题，但这些物种主要在南半球才成为问题。

在南半球，南非和澳大利亚很关注这个问题。在南非，这种类型的物种是淡水鲻鱼；在澳大利亚，这种类型的物种有许多，包括黄金鲈、澳大利亚鲈和尖吻鲈。所有这些物种在幼苗时期进入淡水河并向上游洄游，有些物种的长度小到只有 2.5cm。

博克（1988 年）描述了一种新方案，旨在为南非淡水鲻鱼找到一种合适的鱼道。他表明在实验室中已经试验出一种有前景的堰式鱼道。他进一步表明："池与池之间的堰的坡度约为 40°。此外，堰被设为与侧墙形成一个夹角，使得堰上水深在 1～15cm 的范围内变化。淡水鲻鱼总是选择在流速较低的浅水区域过堰。预计不同大小的鱼在过堰时会选择它们理想的水深/流速组合。"

他补充道，其他降海洄游性生物如幼鳗和淡水虾类可能会利用水深很小的堰进行洄游。迄今为止，在这一领域还没有开展过鱼道实验，未见更详细的描述这种鱼道的成果。

澳大利亚新南威尔士州渔业部门也计划着手研究过鱼设施。马朗-库珀（1988 年）报告说，他们正在对各种竖缝式隔板开展试验研究，试图找到适合目标鱼类的水头，试验水头从单个隔板 10cm 的低水头开始逐步增加。找到这种水头的关键是了解这种鱼的游泳能力，并且希望这方面的研究与对不同类型的隔板和鱼道的研究同步取得进展。很明显，看起来并不会出现奇迹般的解决方案。到底应选择哪种鱼道最终取决于它们与鱼类需求匹配的程度。这意味着应采用更小的鱼道梯度，从而应采用更长的鱼道长度。有可能将鱼道设计得更窄（如前文描述的幼鳗槽），从而降低结构成本和鱼道的需水量。

3.19 参考文献

Andrew, F. J. and G. H. Geen, 1958. Sockeye and Pink Salmon Investigations at the Seton Creek Hydroelectric Installation, Int. Pac. Salmon Fish. Comm. Prog. Rep. 73 pp.

Bell, M. C., 1984. Fisheries Handbook of Engineering Requirements and Biological Criteria,

U. S. Army Corps of Engineers, North Pac. Div. , Portland, OR. 290 pp.

Bok, A. H. , 1988. Personal communication.

Bonnyman, G. A. , 1958. Fishery requirements. In *Hydro Electric Engineering*, Vol. 1, Blackie and Son, London, pp. 1126 - 1155.

Clay, C. H. , 1960. The Okanagan River flood control project, 7th Tech. Mtg. , Athens, Int. Un. Conserv. Nature, Brussels, Vol. IV, pp. 346 - 351.

Committee on Fish Passes, 1942. Report of the Committee on Fish Passes, British Institution of Civil Engineers, William Clowes and Sons, London. 59 pp.

Committee of the Hydraulics Division on Hydraulic Research, 1942. Hydraulic Models, Am. Soc. Civ. Eng. , New York, 110 pp.

Conrad, V. and H. Jansen, 1983. Refinements in Design of Fishways for Small Watershed, Fish. Oceans, Canada, Scotia Region, 26 pp.

Conrad, V. and H. Jansen, 1987. Personal communication.

Cooper, A. C. and W. E. Boresky, 1953. Report on Model Studies of Proposed Fish Protective Facilities for Seton Creek Dam, Int. Pac. Salmon Fish. Comm. Manu. Rep. 77 pp.

De Groot, A. T. and L. M. van Haasteren, 1977. The migration of young eels through the so - called eelpipe, *Visserij*, *Voorlichtingsblad voor de Nedrlandse Visserij*, 30 (7) .

Dept. of Fisheries, Canada, and Int. Pac. Salmon Fisheries Comm. , 1955. A Report on the Fish Facilities and Fisheries Problems Related to the Fraser and Thompson River Dam Site Investigations, Dept. Fish. , Vancouver, B. C. 102 pp.

Elling, C. H. and H. L. Raymond, 1956. Fishway Capacity Experiment, 1956, U. S. Fish & Wildlife Serv. Spec. Sci. Rep. No. 299. 26 pp.

Fulton, L. A. , H. A. Gangmark, and S. H. Bair, 1953. Trial of a Denil - Type Fish Ladder on Pacific Salmon. U. S. Fish & Wildlife Serv. Spec. Sci. Rep. Fish No. 99. 16 pp.

Jens, G. et al. , 1981. Function, construction and management of fishpasses, *Arb. Dtsch. Fisch. Verbandes*, Heft 32.

Katopodis, C. and N. C. Rajaratnam, 1983. A Review and Laboratory Study of the Hydraulics of Denil Fishways, Can. Tech. Rep. Fish. Aquatic Sci. No. 1145. 181 pp.

Lander, R. H. , 1959. The Problem of Fishway Capacity, U. S. Fish & Wildlife Serv. , Spec. Sci. Rep. No. 301. 5 pp.

Larinier, M. , 1983. Guide pour la conception des dispositifs de franchissement des barrages pourles poissons migrateur, *Bull Fr. Piscic.* , July.

Larinier, M. and D. Trivellato, 1987. Hydraulic Model Studies for Bergerac Dam Fishway on the Dordogne River, La Houille Blanch No. 1/2.

Long, C. W. , 1959. Passage of Salmonoids through a Darkened Fishway, U. S. Fish & Wildlife Serv. Spec. Sci. Rep. No. 300. 9 pp.

Mallen - Cooper, M. , 1988. Personal communication.

McGrath, C. J. , 1955. A Report on a Study Tour of Fishery Developments in Sweden. Fish. Br. , Dept. Lands, Dublin. 27 pp.

McLeod, A. M. and P. Nemenyi, 1939 - 1940. An Investigation of Fishways, Univ. Iowa, Stu. Eng. Bull. No. 24. 66 pp.

Mitchell, C., 1984. Patea Dam Elver Bypass, Recommendations to the Consulting Engineers, Fish. Res. Div., Min. Agric. Fish., Rotorua, N. Z.; 1985. Report on the Elver Pass at Patea Dam, Informal Report, Min. Agric. Fish, Rotorua, N. Z.

Pavlov, D. S., 1989. Structures Assisting the Migrations of Non - Salmonid Fish: U. S. S. R., FAO Fisheries Tech. Pap. No. 308, Food and Agriculture Organization of the United Nations, Rome. 97 pp.

Pretious, E. S., L. R. Kersey, and G. P. Contractor, 1957. Fish Protection and Power Development on the Fraser River, Univ. B. C., Vancouver. 65 pp.

Tesch, F. W., 1977. *The Eel*, Chapman & Hall, London. 423 pp.

Thompson, C. S. and J. R. Gauley, 1964. U. S. Fish & Wildlife Serv. Fish Pass. Res. Prog., Prog. Rep. No. 111. 8 p.

Von Gunten, G. J., H. A. Smith, and B. M. MacLean, 1956. Fish passage facilities at McNary Dam. Proc. Pap. No. 895, *J. Power Div. A. S. C. E.*, 82, 27 pp.

Zeimer, G. L., 1962. Steeppass Fishway Development, Alaska Dept. Fish Game Inf. Leafl. No. 12. 27 pp.; March 1965 Add. 5 pp.

第4章 鱼闸和升鱼机

4.1 定义和历史

将鱼闸和升鱼机合并论述，并不是因为它们相似的运行方式，而是因为它们都是传统鱼道的替代方式。鱼闸作为一种让鱼通过大坝的装置，是当鱼从尾水位或者一条短的鱼道进入闸室后，向闸室中充水来抬升鱼，直到闸室中的水位到达或者明显接近前池的水位来使鱼游向前池或者大坝上的水库。它和船闸相似，而且实际上，在许多情况下鱼也会通过船闸上溯。升鱼机可以是任何运输鱼逆流通过大坝的机械，比如轨道上的水箱、水箱卡车、缆绳上的斗槽等。本章内容也包括各种集鱼和诱鱼系统。

鱼闸和升鱼机相对于鱼道来说历史都要短。1900 年左右，苏格兰佩斯的 Mr. Malloch 就提出了一个与现代鱼闸相似的设计，但是没有立即付诸实践，当时的背景下接受这个想法显然太早。20 世纪 20 年代，鱼闸和升鱼机开始大规模应用，因为这个时期设计的大坝比之前都要高。如果大坝的高度低于 15m，就认为传统的鱼道不是太昂贵。但是由于大坝普遍比这个高度高，而且在有鲑鱼的河流上大坝设计的高度是 100m，这就需要寻找替代方法为亲鱼提供通道。除经济外的另外一个因素也推进了这些装置的发展。这个因素就是鱼的身体可能不适应高坝上向上的鱼道。这个观念直到现在也一直被认可，而且由于对鱼的体能的认识很少，这个观点可能是正确的。当然，随着研究与认识的深入，在逐渐增加高度的大坝上建设鱼道的顾虑已经在一定程度上减轻了很多。

缺乏鱼类在鱼道的上溯过程中所受压力数据，明显促进了鱼闸和升鱼机的发展，因为使用这两种装置时对鱼的相关数据资料的需求要比传统鱼道少。然而，并不是意味着推荐使用鱼闸和升鱼机。因为同样也缺少鱼类在通过鱼闸和升鱼时所受压力的数据，与实际工作相比，看起来具有工作难度较小的优越性。

Nemenyi 的文献（1941 年）里提到的一篇文章描述了 1924 年在华盛顿白鲑河上一个试验性的升鱼机，以及对 1926 年在俄勒冈州的 Umpgua River 上一个获得专利的升鱼机（或过鱼设施）的测试。欧洲最早相似的装置是在芬兰 Aborrfors 的升鱼机，第一次记录是在 1933 年。在接下来的一些年间，在 Finland 出现了一些其他的装置，在 Kembs 的莱茵河出现了一些升鱼机。

大约这个时候，北美兴趣转向于华盛顿州的贝克大坝，这个大坝使用了一个缆绳和斗罐组成的系统让鱼通过 300ft 高的大坝。这个发明在这段时期作为让鱼通过高坝问题的解决方法得到称赞，但是有趣的是这个系统最近被一种新的诱捕和转运措施所代替。在这 30 年间游向贝克河的鲑鱼的减少并不能完全归咎于这种原始升鱼机的影响，而是由于大坝下游洄游幼鱼的高死亡率，这个死亡率是 1954 年由 Hamilton 和 Andrew 测试并记录的。然而，替换亲鱼通道的高成本被认定为对原始方法不满的证据。邦纳维尔大坝也是修建于 19 世纪 30 年代，除了配置复杂的传统鱼道外，还配置有大型鱼闸。这些鱼闸主要是实验性质的，但是这些鱼闸也有其他用途，这些用途将在稍后描述。

直到 15～20 年后第二次世界大战结束，也没有出版物进一步证明鱼闸和升鱼机大规模的使用。但是这并不意味着在这期间人们对这些装置的兴趣的完全停止了。1939—1943 年间，在华盛顿州大古力大坝建成之后，在哥伦比亚河下游一段距离的岩岛大坝上临时的集鱼和转运措施，成功运输几千成年鲑鱼从后者大坝到新的产卵场。Fish 和 Hanavan（1948 年）报告了这个措施的细节，这个措施是失去大古力大坝上的产卵场后所必需的。

在同一时期，升鱼机在美国和加拿大作为一种使鱼通过高坝的实用工具得到开发。在华盛顿州白河的转运措施作为鱼越过 Mud Mountain 大坝的通道是这其中的第一个。在 1943 年之后集鱼和转运措施运用在加利福尼亚的萨克拉门托河上。莫菲特（1949 年）描述了这些在 Mud Mountain 大坝下游凯西克和巴尔渡口的措施的效果。

1967 年捕鱼设施和运输设施装配于加拿大东海岸科克大坝，1981 年应用于美国东海岸的埃塞克斯大坝和梅里马克河。后者主要为鲱鱼和大肚鲱提供通道，而且是基于早期在马萨诸塞州的霍利约克河上鱼闸的成功经验。

第二次世界大战之后，鱼闸作为实用过鱼设施在欧洲得到加速发展。1949—1950 年间，发展开始于爱尔兰都柏林附近利菲河的莱克斯利普大坝，并在苏格兰、爱尔兰和俄罗斯持续发展直到如今。在苏格兰和爱尔兰，发展集中在波兰特鱼闸，这个鱼闸将在稍后描述。在东欧，俄罗斯一直是开发鱼闸和升鱼主要国家。简单引用由 Klykov（1958 年）和 Kipper（1959 年）的早期成果。在俄罗斯紧随其后出现了许多出版物。巴甫洛夫（1989 年）总结了这些，他详细描述了在里海盆地、亚速海和和黑海的河流上的设施，这些河流包括顿河、顿河和库班河，自第二次世界大战已经建设了大量的水电和其他用水项目。

在下面几节中，我们详细讨论其中的一些设施。

4.2　鱼闸

第一个现代化的鱼闸 1949 年建设于爱尔兰都柏林附近利菲河的莱克斯利普大坝。它基于 J. H. T 波兰特的设计，Glenfield 和 Kennedy 公司所有，随后的鱼闸被称为波兰特鱼闸或过鱼设施。从那时起，在苏格兰和爱尔兰建了十多个鱼闸，克服高达 200ft 的大坝。每年超过 8000 条的鲑鱼通过这些鱼闸，被认为是保障鲑鱼和鳟鱼流动的有效措施。

在北美洲，在索伯里省的海恩斯河安大略修建了一座波兰特鱼闸。使同等规模的大西洋大鳞大马哈鱼和虹鳟鱼成功地通过 7.3m 的高度。

根据 Quiros（1988 年）记录，在南美洲乌拉圭河萨尔托格兰德大坝安装了一个波兰特鱼闸。它是世界上最高的鱼闸，高度在 30m。然而，它不能很好地让不同种类和数量的鱼通过，下面也会描述。

当过鱼水头较大时通常会选用波兰特鱼闸，它一般用在超过 10m 高的大坝上。当大坝低于这个高度时，常规设计的过鱼设施更为有效和经济。

大多数的波兰特鱼闸和图 4.1 所示的设计相似，它的运行方式在 British Engineering（Anonymous，1950 年）中有简单的介绍，Glenfield 和 Kennedy 公司，将概括地说明它们中大多数的运行方式。以 1h 为周期鱼闸调控操作为

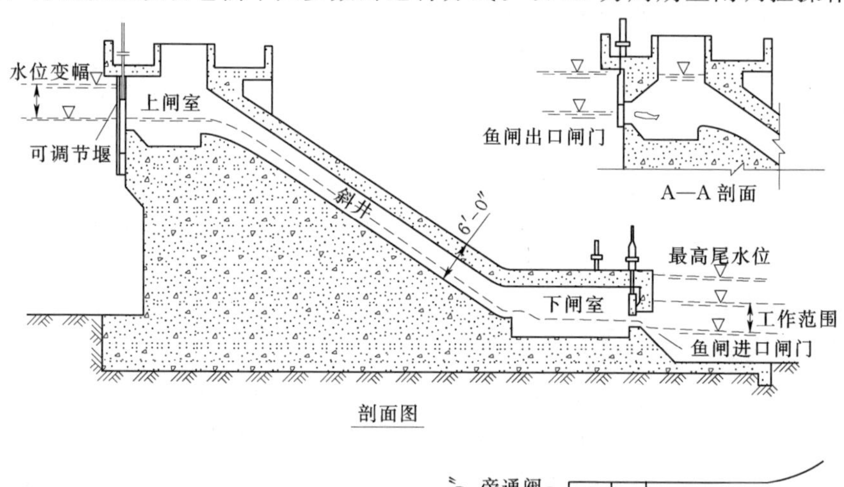

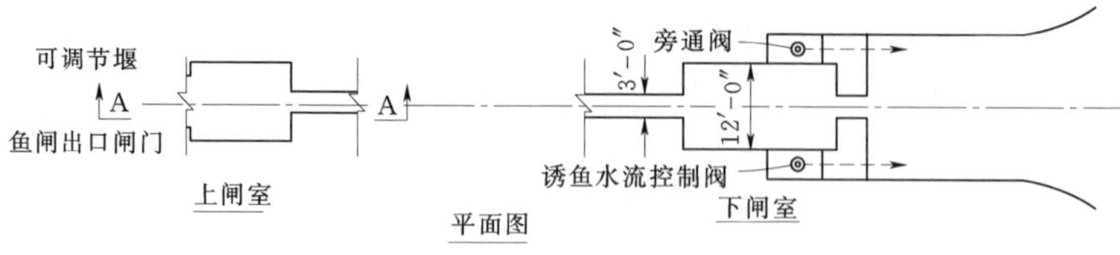

图 4.1　典型鱼闸示意图

例，从鱼入口水闸打开开始，闸室顶部的可调节堰设置为允许大约 $10ft^3/s$ 水流进入斜井。水流从鱼入口水闸流出，吸引鱼进入下闸室。25min 后，鱼入口水闸关闭，此时 $10ft^3/s$ 的流量在 5min 内充满闸底部。这时，鱼出口水闸打开，增加流量，在约 5min 内让下闸室、斜井、上闸室都充满水。随着水位上升，鱼上升到上闸室，并在上闸室充满后的 25min 内自由进入水库。打开下闸室旁的旁通阀，让水流下，诱使鱼离开。25min 后，关闭鱼的出口闸门，再过 5min，重新打开下游室鱼的入口闸门，并周期性地重复。在打开入口闸门前的最后 5min 时间内，经过旁通阀，泄去大部分斜井中的水，因此当进口闸门打开时，水位已相当低，因而在泄空下闸室时，不致产生过度的紊动。吸引水阀用于增加尾水渠附近的水流以诱鱼进闸。这股水流直接从前池获得，在尾水条件需要时，在鱼的入口用以增加对鱼的吸引。

波兰特鱼闸通常按照 1h、3h 等各种周期设置自动运输装置。但是，在苏格兰进行的若干调查中，作者发现，特别是在鱼类上溯未达高峰的时期仍采用人工操作。

在很多情况下，波兰特鱼闸也用于通过鲑鱼、幼鲑和产过卵的鲑鱼（性成熟的雌鱼）到下游去。当水轮机进口被拦住和不发生溢流的一些情况下，它们提供了从水库出去的唯一方法。苏格兰内政部的鲑鱼研究委员会和苏格兰北方水力会议 1957 年（未公开出版的）报告指出，有 458 尾产过卵的鱼通过托尔阿奇尔蒂鱼闸，并且在一个季度中有 13943 尾幼鲑通过麦格鱼闸。

除了波兰特鱼闸外，欧洲已经安装了一些其他类型的鱼闸。其中之一已经安装在爱尔兰香农河的阿德纳克拉沙大坝上。

阿德纳克拉沙大坝鱼闸和典型的波兰特鱼闸的差别主要在于用一个垂直竖井代替了斜井，如图 4.2 所示。当鱼进入这个直径 15ft 的圆筒或竖井，下游闸门关闭，鱼随着竖井的充水而上升至前池水位。之后，通过连接竖井顶部到坝顶的水平明渠而进入首部渠道。坝基附近的诱鱼入鱼闸进口的水流，从竖井顶附近的水平明渠引出，并通过直径为 27in 的管道供给。这一管道支线示于图 4.2，一个支管分散供水给竖井的底部，另一个通过管嘴泄流至进口闸门的外边以诱鱼。这里没有类似于前述典型的波兰特鱼闸的旁通阀，但是假定，当鱼上升到主要竖井的水面时，它们受到水平渠道中直径为 27in 的管道泄流的引诱而进入首部渠道。

阿德纳克拉沙大坝鱼闸的运转周期规定为 4h，其中 2h 集鱼至水平室内，而大约 70min 为鱼经过鱼闸进入首部渠道的全部时间。当大量鳗鲡洄游的高潮时，这个周期缩短为 2h。

在苏格兰奥令大坝上的鱼闸也是独特的，它由一组 4 座波兰特鱼闸组成，而不是单独的一座。奥令大坝高接近 200ft，形成一个运行时液面变化达 70ft

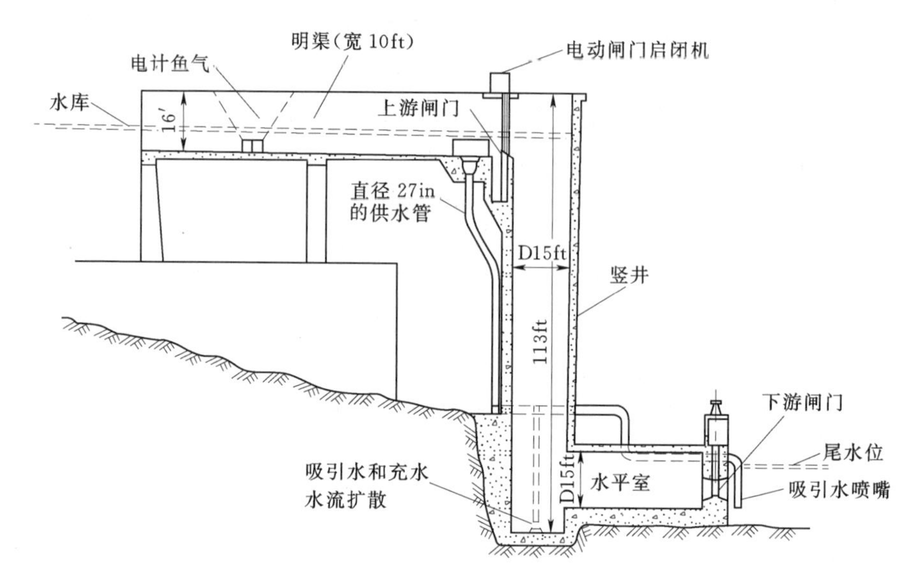

图 4.2　爱尔兰香农河上阿德纳克拉沙大坝鱼闸剖视图（平均工作水头接近 94ft）

的水库。4 座鱼闸的上闸室修建在这个范围内的不同海拔处。因此，鱼闸经常在运行中，不管水库的液面如何，鱼都能上溯通过。毫无疑问，这明显增加了运输鱼通过大坝所需的费用，因此明显减少了这种过鱼方式可能有的经济优势。奥令鱼闸的斜井也是独特的，斜井延伸到下闸室形成一个缓冲池，在这个缓冲池中，由于水流从斜井中流下是所产生的能量能够在紊动时消散。

在欧洲有一个建在荷兰 Meuse 河上的小鱼闸，是由 Deelder（1958 年）报道的。它克服一个约 4m 高的堰，如图 4.3 所示。除了下游室和斜井的顶部是敞开的以外，它与波兰特鱼闸的原理是相似的。在鱼的进口闸门关闭后，水位上升充满堰以上的高度至水库水位。显然，这仅适用于低水头的装置。对于较高水头，由于结构和经济上的原因，封闭下游室可能是必要的。对于这种鱼闸未见到关于尺寸、水流和运转周期的资料，但是据通过布置在结构中专门的窗口观测，包括最小的棘鱼在的内所有鱼都很容易上溯。

在俄罗斯，过鱼设施似乎是慢慢发展为鱼闸，在 20 世纪 50 年代和 60 年代早期，逐渐发生改变，从最初大坝上的升鱼机到位于大坝下游的诱鱼、船运和转运措施。鱼闸位于顿河上的 Tzimlyanskij 工程（修建于 1955 年）、伏尔加河上的 Volzhskaky 发电厂（1961 年）以及伏尔加河上的 Volkhovskij 工程。

Tzimlyanskij 鱼闸如图 4.4 所示。因为它为了通过不同于鲑鱼的鱼类，它具有波兰特鱼闸所没有的几个特点：辅助诱鱼系统、诱使鱼进入闸室的水渠、保证鱼不用上溯闸室的运输篮。这个鱼闸的运行周期是 2.5～3h。鱼闸的尺寸有所不同，但总的来说它宽约 5～6m，鱼进口通道最小水深 6.5m，进入水库

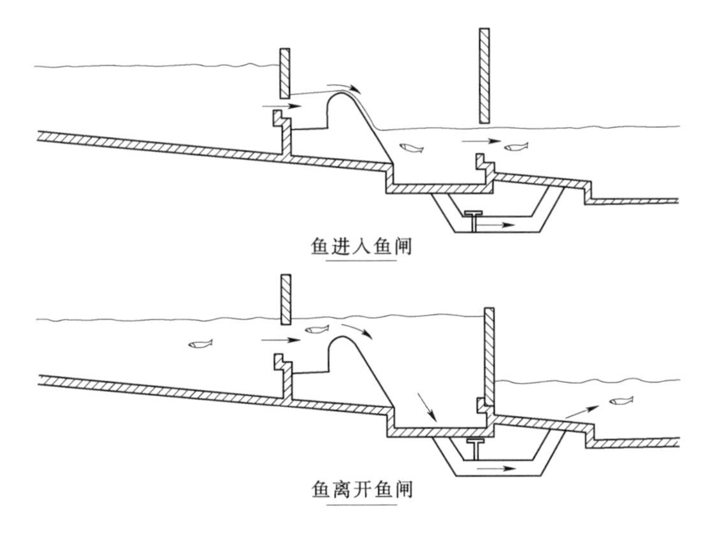

图 4.3 荷兰鱼闸运行方式示意图（据 Deelder，1958 年）

的出口通道最小水深为 2m。这套系统在 1972 年得到修缮，现在这个鱼闸能通过鲟、鳊鱼、鲤鱼、鲇鱼、鲶鱼和其他种类的鱼。

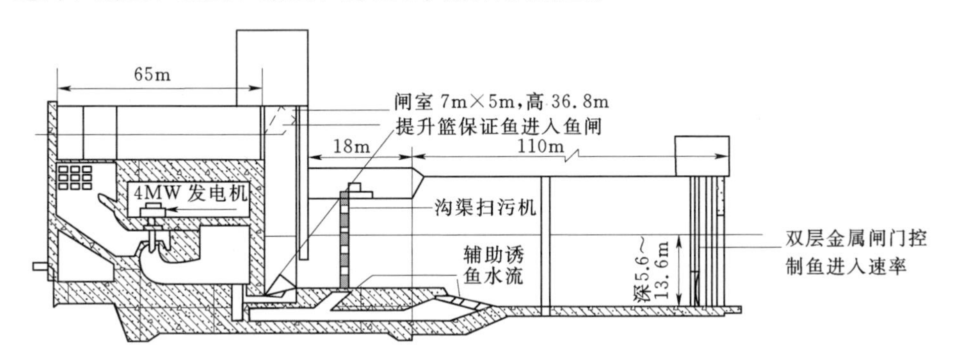

图 4.4 顿河上的 Tzimlyanskij 鱼闸（来自 U. S. S. R，初建于 1955 年，1972 年重建；据 Pavlov，D. S，1989 年）

伏尔加河上的 Volzhskaky 鱼闸虽然小，但经过改良后，它最多让 60000 尾鲟鱼（1967 年）以及大量包括里海白北鲑和鲱鱼在内的其他鱼类通过。它有两个鱼闸并排布置，当一个鱼闸集鱼时另一个过鱼，鱼闸的运行周期设定为 1.5～2.0h。

前文提到，在南美乌拉圭河萨尔托格兰德大坝安装了一个波兰特鱼闸。这个大坝高约 30m，横跨阿根廷和乌拉圭间的河流。1982 年建成，到目前为止，这个大坝运行时所遇到的问题只有部分得到解决。这个大坝包括两座鱼闸，都在泄洪道的末端，如图 4.5 所示。这条河的年平均流量为 4500m^3/s，流入鱼闸的流量只有 0.5～1.0m^3/s。鱼闸唯一的入口在泄洪道的旁边，鱼很难找到这个入口。

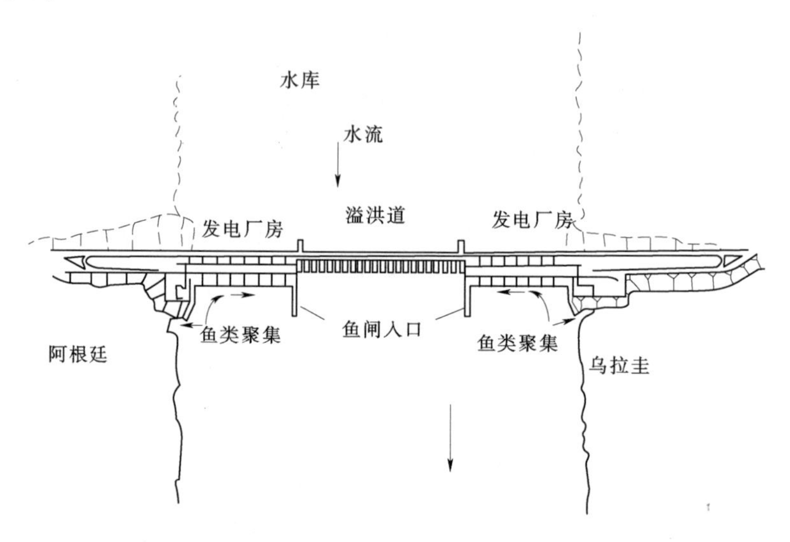

图 4.5　乌拉圭河上萨尔托格兰德大坝的波兰特鱼闸，鱼闸位于泄洪道出口（如图所示，鱼闸的入口在溢洪道的旁边。水库上鱼闸的出口靠近泄溢道口和水轮机进水口）

利用这个设施的主要是脂鲤科，大颚小脂鲤（剑鱼），鲮脂鲤（小口脂鲤）和钝齿兔脂鲤（兔鲑鲤）。人们对这些鱼上溯洄游的方式不是很清楚，这个大坝没有修建足够的设施来收集和运输它们。根据 Quiro 的描述，它们似乎能够聚集在河两边水电站厂房下以及泄洪道口。水电站厂房之前的集鱼廊道为在河两岸的标准池和堰鱼道解决了部分问题。泄洪道的运行方式也有助于鱼的洄游。由于这个地区许多河流即将修建的其他波兰特鱼闸和大坝，在萨尔托格兰德面临的问题值得仔细研究。

支持鱼闸最大的争论是经济，不仅是初期投资，还有运行费用。在这里没有直接的费用比较，但是由于同样的过鱼能力下，鱼闸相对于传统鱼道小，似乎鱼闸的初期投资就应该少，特别是相对更高的大坝来说。

鱼闸经常被提及的另一个优点是用水的经济性。然而，典型波兰特鱼闸大概平均流量为 25ft^3/s；这足够运行宽 6～8ft 的传统鱼道，并且这个鱼道的过鱼能力比鱼闸强。从逻辑上来说，从鱼闸入口出去的吸引水流必须和从传统鱼道入口出去的吸引水流产生同样的诱鱼效果，因此当鱼进入鱼道时，似乎没有什么用水的经济性。当鱼离开鱼闸时，也是如此。进入上闸室的流量越大，诱鱼的效果越好（有限制），所以可能需要同最小传统鱼道相等的流量。这两个部分占据了整个周期很大的比例，所以整个周期对用水的经济型的影响，一点也不明显。

因此，应该警惕鱼闸经常被提及的全部优点，特别是当鱼闸的效率没有充分评估时。在欧洲似乎没有任何尝试通过判定亲鱼是否延搁和损失来评估鱼闸的效率。有报道表明，在苏格兰好像可以用直接观察的方式来确定波兰特鱼闸中由于受伤而损失的鱼。然而，南美的过鱼设施，当鱼闸用于其他种类的鱼和有大量鱼的大河时，这种鱼闸的限制性得到充分证明。

在哥伦比亚河上试验的鱼闸最明显的缺点是不能在已经设定好的周期内用有限的时间清除闸室顶部的鱼。在苏格兰的某些鱼闸，产生了同样的问题，当鱼闸出口的闸门关闭后，鱼还停留在鱼闸中，有时会被冲下斜井，在闸室中擦伤或者在闸壁和闸门上撞伤。这就需要在奥令大坝部分斜井延伸在下闸室下方的基础上修建缓冲池。对鱼产生直接伤害的可能性是个很严肃的问题，而且当鱼在上溯之前多次重复通过鱼闸也同样严重。鱼闸的过鱼能力受制于下闸室或集鱼池的体积以及鱼闸运行周期的长短，甚至可能因为重复通过的鱼而受到限制。

人们相信，鱼不想离开上闸室趋势的原因与传统鱼道相同，当水流条件突然改变时，传统鱼道中鱼类洄游速度会降低。例如，当堰式鱼道中的流量明显增加时，将堰上的水流从跃进变为平稳流动，观察到上溯的鱼会明显减少或者停止很短的一段时间。在鱼闸运行时，由于闸门的关闭，水流条件完全改变。当鱼闸放空时同样如此。当水流条件随鱼闸运行周期更为相关时，这些变化很可能多次阻碍鱼向前进方向的游动，

鱼闸有限的过鱼能力成为它们在北美太平洋海岸使用的确切障碍。例如，一座典型的波兰特鱼闸，在最高尾水位时，下闸室的预计体积是 2400ft^3。每条鱼 4ft^3，能容纳 600 条鱼。鱼闸周期为 3h，由于下闸室有限的过鱼能力，每小时最多让 200 条鱼通过，明显低于宽 6ft，长 8ft，深 6ft 的传统鱼道的过鱼能力。鱼闸适用于当通过的鱼很小甚至用不到最小规模的传统鱼道时。充分利用鱼闸的优点节省下来的费用超过传统鱼道。

当考虑鱼闸的用途时，用简单的文字不能完整地描述它在鱼闸的位置。图 4.6 显示了下河上水电大坝上典型波兰特鱼闸的平面布置图，这个鱼闸用来通过鲑鱼。鱼闸入口的布置原则同样适用于传统鱼道入口的布置。但是苏格兰鱼闸和爱尔兰鱼闸的设计者并没有在鱼闸的入口修建复杂的辅助诱鱼系统和集鱼廊道。它们利用穿过尾水的支架或一定角度的栅网让鱼进入鱼闸入口。在前文描述通过在入口处增加一个很小的水流来诱鱼的那部分内容中，也提到过这个简单的辅助诱鱼系统。鱼闸和传统鱼道的经济性比较将在下文中给出。为了合理地吸引下溯的鱼类，确定上闸室的闸门的位置相对容易。

但是，波兰特鱼闸成功应用于有小股鲑鱼逆流而上的小河流上。在没有详细考虑诱鱼、进口、过鱼能力这些在前面的章节所列出的问题时，不能将鱼闸

简单类推到有大股洄游鱼类的大型河流上。

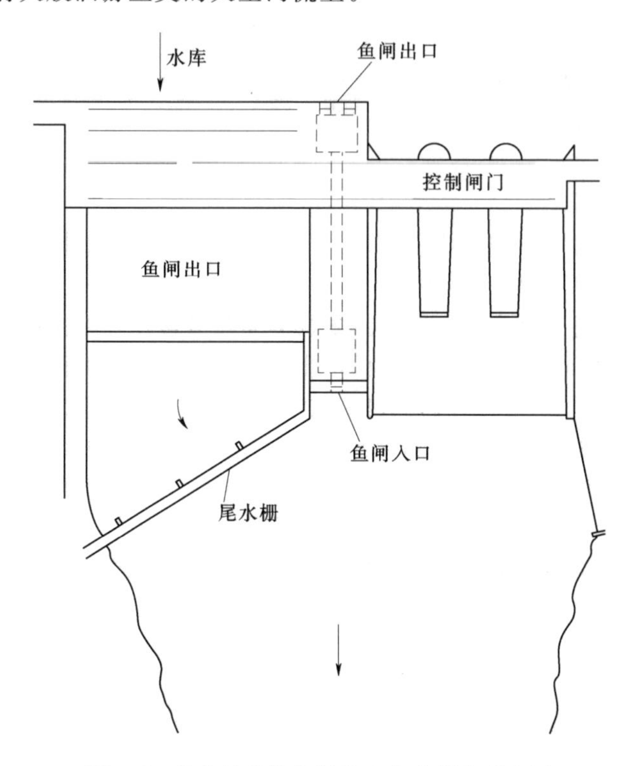

图 4.6　带有波兰特鱼闸的水电大坝典型布置

4.3　升鱼机

在北美，升鱼机的使用早于鱼闸，以解决少量鲑鱼和大量美洲西鲱通过高坝的问题。这些升鱼机近年来主要采用集鱼和卡车装置的形式。在欧洲自 20 世纪 60 年代以来升鱼机的使用就取代了鱼闸，以保护包括伏尔加河、顿河和库班河的鲟鱼在内的其他物种的多样性。这些设备包括用卡车、船，运输鱼后将其倾倒到坝的上游。

北美更新的装置应用在加拿大东海岸圣约翰河的科克以及美国东海岸梅里马克河的埃塞克斯大坝。这些装置里有大量的美洲西鲱和少量的大西洋鲑鱼通过。北美一个典型的装置如图 4.7 所示。在通过鱼道之后，鱼进入贮鱼池。在贮鱼池的入口的最后一块堰板上装有指栅（图 4.8），防止鱼重新游回下游。贮鱼池通过底部的扩散格栅供水。将格栅和扩散室设计在贮鱼池底部和前文所描述的大坝上鱼道的设计原则一样。这股水流和捕鱼池来的水流加起来恰好供鱼道运转之用。

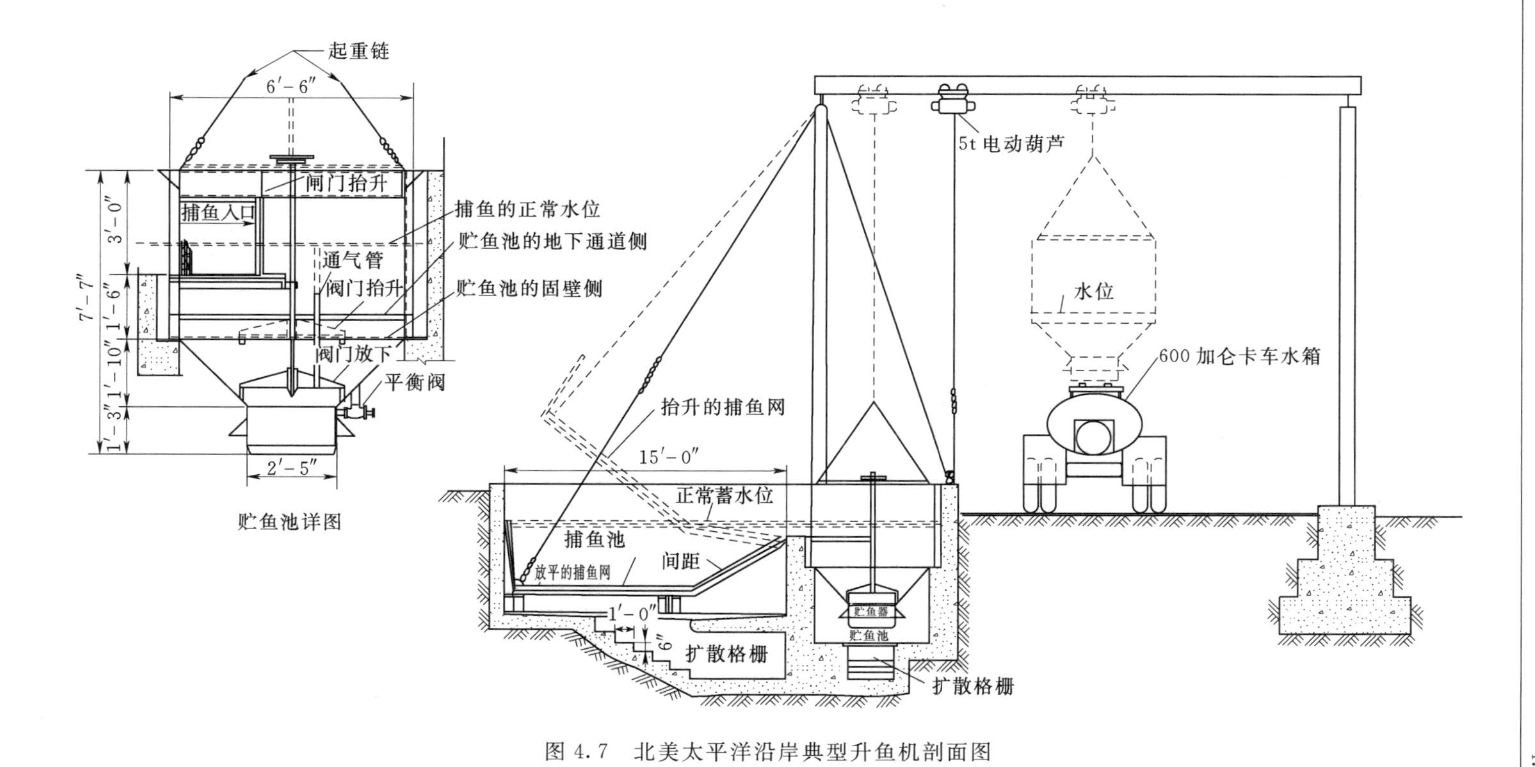

图4.7 北美太平洋沿岸典型升鱼机剖面图

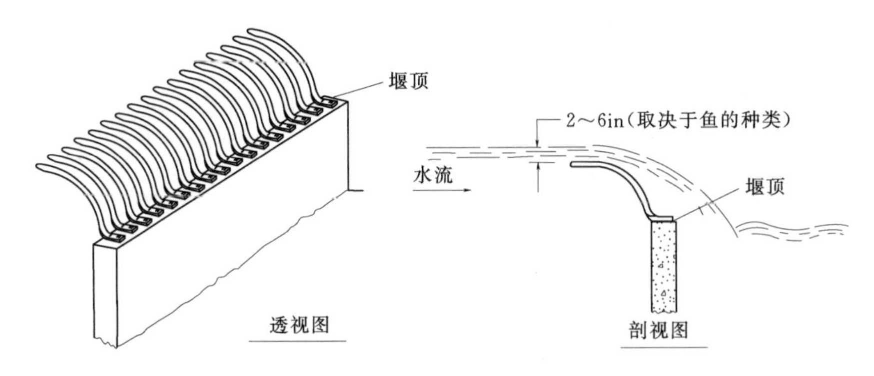

图 4.8　常用于北美太平洋沿岸的指栅，阻止亲鱼通过堰进入贮鱼池后返回下游

捕鱼池和贮鱼池很接近，捕鱼池的供水同样来自于底部的扩散格栅。捕鱼池中的水通过一个连接口流入贮鱼池，因此，当连接口打开的时候，鱼就会在水流的诱导下进入捕鱼池。开口是 V 形的，阻止鱼进入捕鱼池后又离开。捕鱼池有一个用木板做的临时池底，它的支轴设置于一点上，沿着门缘翻向斗槽池。辅助底能通过绞盘、锚链和短索、绑在对而的销钉以提升至倾斜的位置，如图 4.7 所示。随着它作弧形旋转，将鱼赶入斗槽池。斗槽设置于斗槽池中，当鱼进入时，同时水通过装于池底的 1/3 扩散格栅流出。这股水经过进口闸门流入斗槽，并进一步吸引鱼进入斗槽。两个垂直的梳子由圆形棒组成，装配于捞鱼装置的辅助木底板之间，阻止鱼随临时底板的倾斜而躲进捕鱼池的角落。

当所有的鱼从捕鱼池进入斗槽后，关闭斗槽的闸门，关闭底部的阀门，斗槽靠电动绞盘上升，斗槽中的水位随即下降至圆锥形钢板底座部分的顶点，如图 4.7 所示，而鱼被限制在这个有限的空间内。斗槽立即上升并沿着高处的轨道运动，直至卡车水箱的位置，然后下降。

斗槽的上部是正方形，正好适合放入斗槽池中。由上到下，这一正方形截面渐变为圆形出口管。这个圆形出口管正好套入水箱顶部的圆孔或卡车水箱顶部。当斗槽中装的鱼进入时，水箱中是充满水的。打开斗槽侧壁的小阀门，以取得压力的平衡。然后打开斗槽底部的主阀门，水即进入水箱，斗槽中的水位降低直至放空，同时鱼进入卡车上的水箱。随即移去斗槽，水箱的顶盖放下扣紧，将卡车装载的鱼输送至上游。

在水箱尾部有一个快速释放口。在释放口，能够将水或鱼非常稳定地冲走。这减少了卸鱼过程中可能对鱼产生的伤害。图 4.9 展示了这个闸门。这个释放机理如下：出口左侧的杠杆让凸轮滚筒从出口两边的凸轮处脱离，使得两个重型弹簧迅速将闸门完全打开。闸门用橡胶垫密封，具有一个小于 $2in^2$ 的净孔。

释放鱼的好方法是从水箱卡车直接倾卸到受纳水体中。如果卡车不足以接

图 4.9 在大坝上释放亲鱼的卡车水箱后部的快速反应口

近水边或者接收的水太浅，则有可能造亲鱼的损伤，于是在卡车泄水时要采用一种木质或金属制的陡槽，陡槽按这样的坡度设置较好：即卸鱼时陡槽中充满了从水箱泄出的水，而不是从空的陡槽上滑下来。

未来的趋势是这些装置实现自动化，以节省人力和运行成本。

俄罗斯的升鱼机和北美的不同，因为俄罗斯的升鱼机需要运载混杂在一起不同种类的鱼。图 4.10 给出了 1969 年修建于伏尔加河 Saratovskij 工程上的一个典型鱼闸的剖面图。它让鲟鱼、鲱鱼、鲤鱼、铜脸盆鱼和其他种类的鱼通过低坝，它位于发电站和大坝之间。值得称道的是它的体积很大。升鱼机入口长 172m，宽 8m。升鱼机入口就是一个集鱼廊道。升鱼机的运行方式为：当足够的鱼进入斜槽后，导流板或沟渠扫污机降低，开始移向大坝。当它通过尾水管之上的格栅，连接到导流管的闸门升高到上部位置时，切断直接流向槽室的水流，并将其引导到底部格栅。屏蔽格网然后降低，且鱼被抬升到槽室中，然后移动到一个大的屏蔽箱中，之后在上游被释放。

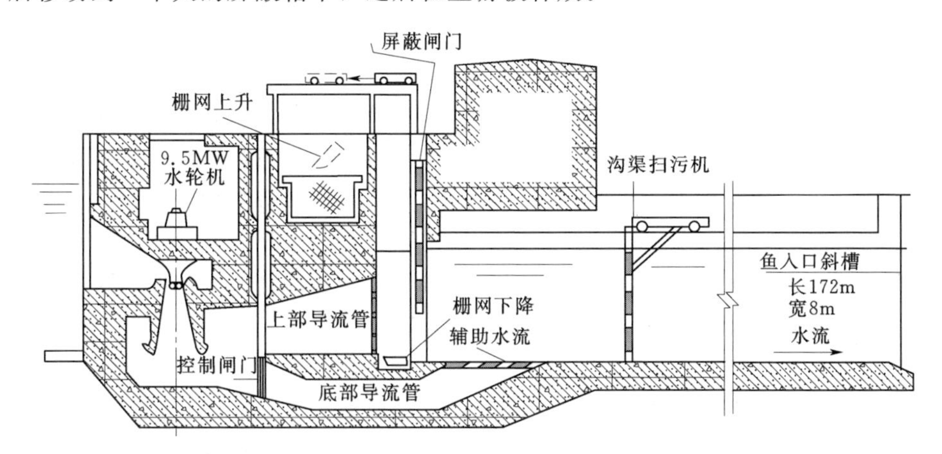

图 4.10 1969 年修建于俄罗斯伏尔加河 Saratovskij 工程上的一个典型鱼闸的剖面图

Pavlov（1989 年）指出，水轮机的功是 9.5MW，但是他并没有说明用了全部或部分的水来运行过鱼设施，也没有说明这个涡轮机是专门为升鱼机安装的还是大坝上一般的水轮机。

图4.11展示了一个典型的浮动诱鱼装置，这个装置近期被用作位于库班河、顿河、伏尔加河大坝上诱鱼和转运系统的一部分。这个特殊的诱鱼装置在顿河Kochetovskij大坝上。它由一艘浮动、不自航的驳船构成，驳船由图上显示的4根桩固定在一个地方。它有一个长63.9m、宽8m的进鱼通道。总的来说，这个诱鱼装置宽13m，这样的话，如果其他地方需要这个诱鱼装置，它可以通过大坝上的船闸。在尾部和两侧的9台轴流泵可在需要的地方提供吸引水流。

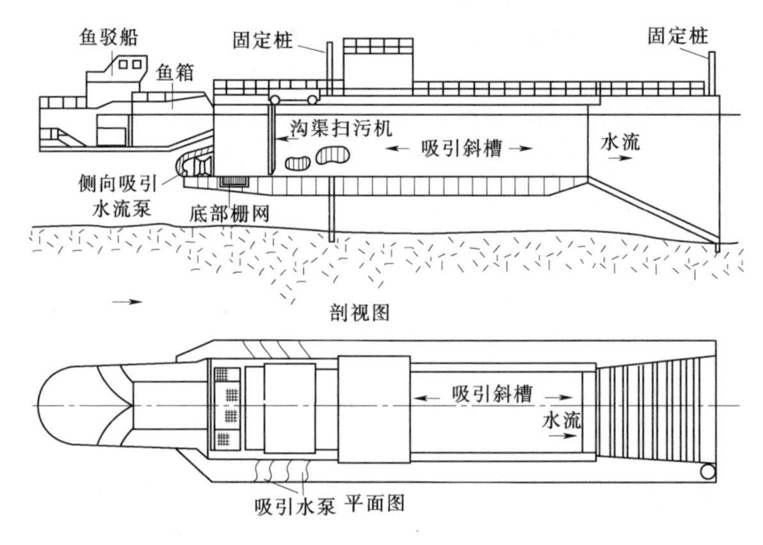

图4.11　顿河上运输鱼的Kochetovskij浮动诱鱼装置和驳船（据Pavlov，D.S.，1989年）

在操作方式上，诱鱼和蓄积的时间从1.5～2.0h不等。然后，在入口处的导流板和扫污机放下，关闭部分吸引水流，在斜槽中产生0.4～0.5m/s的流速。随后，扫污机移向水箱，让鱼集中通过一个屏蔽抬升装置，这个抬升装置可以将它们抬升到水箱的斜槽。这个容纳水箱是自我驱动的，在水箱的中间有一个隔间，里面有控制面板，用来控制航行和锁定在诱鱼船上以及从诱鱼船解锁。这个水箱将鱼运送到上游然后将它们释放到水库中。同样形式的诱鱼装置与专用措施相配合，让鱼通过道加瓦河上的里兹斯卡亚大坝。在这些装置中，电导系统用来让鱼引导鱼进入诱鱼装置的入口。

诱鱼装置的优点是它的移动性和灵活性，能够吸引当地水域的小鱼、成熟的鲟鱼以及其他种类的鱼。在某些诱鱼装置中，据称每年通过不同大小的鱼超过100万尾。

4.4 鱼闸和升鱼机的费用

关于爱尔兰和苏格兰的鱼闸装置的费用，没有见到有关资料。因为它常常建造在坝内，如果没有已知的过鱼设施结构的费用和坝本身的费用，仅从现有的略图和设计推论其费用是困难的。然而鱼闸的上游室和下游室，斜井的钢衬砌和所有水力和电气控制，明确地为过鱼设施及其费用的一部分。在坝的外部竖井代替坝中的斜井的情况下，如同在阿德纳克拉沙所采用的那样，这种竖井的全部费用也将加之于过鱼设施中。

对如今的过鱼设施大致做一个比较，对低于20m的坝，鱼闸的费用将与集鱼和转运形式的升鱼机费用（除去拦栅坝的费用）大体相等。换句话说，在低坝上设置鱼闸的费用与在坝基上设置具有相同过鱼能力的集鱼和转运设备的总费用相当。对高度为20～61m的坝，鱼闸的费用将更为增加，直到等于集鱼和卡车装置的费用（包括适度的栏栅坝或在良好的基础条件下的钢架）。对高于200ft的坝，就基建费用来说，集鱼和卡车设备可能更为有利，虽然运转费用也是更高。这些见到的比较，基于对不同这是运行时的直接观察，给出了鱼闸运行一个周期所花的大概费用。参考了转运设施明确的花费后，可能更为清晰。

首先，水箱卡车、水箱本身、所有的管道、阀门等以及两个循环泵。其费用不等，300加仑的水箱为17000美元，1000加仑的水箱为28000美元。卡车机架的费用取决于水箱的容量，变化幅度较大，但合适的估价为：对于300～1000加仑的，其费用为20000～50000美元（这些价格都是1987年的美元价）。

虽然运行费用综合考虑了所有类型的工程结构，但是集鱼和转运设施的费用特别重要。至少需要一名全职员工在鱼类的洄游时期开车运鱼，如果它们每天力两班运行，每辆卡车则需要两名工作人员。由于装置的自动化程度，卸鱼时可能需要一名额外的工作人员。假设鱼类洄游超过6个月，只是用一辆卡车，则最少需要一个人年。

诱鱼和卸鱼操作可能需要额外的兼职帮助，洄游高峰时刻的抬升操作可能增加总共25000美元的人工费。每辆卡车每年的转运操作和修车费用总共为5000美元。装置修缮和维持费用随不同部位不同，但是平均下来每年的费用超过25000美元。排除任何折旧费和投资利息，一个最小的典型转运系统的运行和维修费用达到60000美元，约5%的基建费用。

4.5 鱼闸和升鱼机的比较

概括比较这两种亲鱼过坝方法的各种特性好坏是有趣的。下表包括了大部分重要的特性。

鱼闸和升鱼机特性的比较

特　性	鱼　　闸	升鱼机（诱鱼和转运设施）
过鱼能力	有限	更大
入口延搁	20m 以下的低坝较少，20～60m 之间的坝大体相等	高于 200ft 的坝较小
周期循环产生的延搁	很有可能	可能，但对于具有好的拦栅坝或导鱼设施，可能较小
损伤和压力	很有可能	不可能
运行费用	低	高
运行经验	运送大西洋鲑鱼超过 40 年；各种南美鱼 5 年	运送大鳞大马哈鱼，银大马哈鱼，钢头鳄超过 40 年；里海鲱鱼超过 20 年；鲑鱼和 大肚鲱超过 30 年
用于向下游洄游	常常使用，取决于当地条件	不能使用

需要提出的是，鱼闸和升鱼机对鱼的生理学方面影响，没有充分的评价。长期的效果不能直接通过几个周期的种群丰度来确定，因为它总是被鱼生命周期中的其他阶段所受大坝的影响所掩盖。但是有理由相信，在其他影响不严重的情况下，两种方法都成功地维持鱼的洄游，否则在建坝以后，鱼的洄游将被阻断。

4.6　参考文献

Anonymous, 1950. The Glenfield hydraulic fish elevator, *Br. Eug.*, Feb. 3 pp.

Deelder, C. L., 1958. Modem fishpasses in The Netherlands, *Prog. Fish Cult.*, 20 (4), pp. 151 - 155.

Fish, F. F. and M. G. Hanavan, 1948. A Report upon the Grand Coulee Fish Maintenance Project, 1939 - 1947, U. S. Fish & Wildlife Serv. Spec. Sci. Rep. No. 4, pp. 151 - 155.

Hamilton, J. A. R. and F. J. Andrew, 1954. An investigation of the effect of Baker Dam on downstream migrant salmon, *lut. Pac. Salmou Fish. Comm. Bull.*, 6. 73 pp.

Kipper, S. M., 1959. Hydroelectric constructions and fish passing facilities, *Rybn. Khoz.*, 35 (6), pp. 15 - 22

Klykov, A. A, 1958. An important problem, *Nanka i Zhizu*, 1, p. 79.

Moffett, J. W., 1949. The first four years of king salmon maintenance below Shasta Dam, Sacramento River, California, *Calif. Fish Game*, 35 (2), pp. 77 - 102.

Nemenyi, P., 1941. An Annotated Bibliography of Fishways. Univ. Iowa, Stud. Eng. Bull. No. 23. 72pp.

Pavlov, D. S., 1989. Structures Assisting the Migrations of Non - Salmonid Fish:

U. S. S. R. , FAO Fisheries Tech. Pap. No. 308, Food and Agriculture Organization of the United Nations, Rome. 97 pp.

Quiros, R, 1988. Structures Assisting Migrations of Fish Other Than Salmonids: Latin America, FAO - COPESCAL Tech. Doc. No. 5, Food and Agriculture Organization of the United Nations, Rome. 50 pp.

第5章　栅栏和拦截坝

5.1　栅栏综述

历史并没有记载当人类最初意识到鱼类沿河流上下游洄游时，可能会被迫通过人为设置的栅栏进入横穿河流的围栏或者陷阱。这种情况发生在史前时代，但是即使今天最原始的民族也已经有了这方面的知识，并且显然已经代代相传。太平洋沿岸的北美印第安人就采用这种方法捕获鲑鱼，同样的，几乎任何一个存在洄游鱼类的国家历史上都有这类捕鱼方法的记录。许多原始的设计直到今天仍然还在使用，如图 5.1 所示。

图 5.1　加拿大育空地区印第安人在 Klukshu 河制作的一种原始的用来捕获鱼的栅栏

原始的陷阱和栅栏是将细柳条扎紧后用垂直的板固定形成筛，然后投入河底。这种商业的捕鱼方法至今幸存，意大利人 Angelis 描述的现代的钢制栅栏和陷阱与原始的柴栅栏具有显著的相似性。

同样设计的木制和钢制栅栏目前正运用于科学研究中。它们能够帮助生物学家获得向上游洄游的成鱼的准确数量。如果有足够密的细钢丝网，那么生物学家同样也可以获得向下游洄游的幼鱼数量。洄游鱼类的数量、尺寸和洄游条件等数据对河流洄游性鱼类的生命科学研究起到了很大的促进作用。

20世纪的鱼类文化研究证实使用栅栏十分必要。当我们需要捕获鲑鱼、鳟鱼及其他鱼类的鱼卵用于人工孵化时，最便捷的方法就是设置栅栏或陷阱。

这些栅栏（也曾使用过其他一些其他名字），现在已经被广泛应用于科学研究和鱼类文化研究。“格栅”这个词在美国使用的比较广泛，毫无疑问是源于“拦污栅”一词，工程师一般用其描述在进水口拦截杂物的垂直格栅。“鱼梁”这个词常用在描述过鱼数量或渔获量时，从这个意义上讲这个命名在欧洲更常使用，在北美也使用这个词。然而“栅栏”这个词，或许是将这个意思描述地最精准的词汇，使用也相当广泛。为了前后一致，本章将通篇使用“栅栏”这个命名。

事实上，栅栏指的是可通行的低坝，现在进一步将其称之为栅栏也是不足为奇的，实际上是考虑到坝和栅栏具有相似的服务功能。这些被称为拦截坝或栅栏的设施主要是给鱼提供洄游通道，直到近期才开始使用，具体目的有两个，并且已多次证实其价值。其一，正如前面章节所描述的，是提供一个路径引导鱼进入陷阱，且在运输之前临时作为一个容纳装置。其二，是防止鱼类进入已使用过毒药或其他方式清除过不良物种的湖泊或池塘水域。

本章将对所有这些用途和例子作更为详细的介绍。

5.2　成鱼计数栅栏的场地选择

几乎每一个研究鲑鱼的渔业生物学家都曾经使用过栅栏来统计成年鲑鱼向上游洄游的数量。许多生物学家甚至花了大量劳力制作了这样的栅栏，但有时栅栏会被意外的洪水冲到下游，这令生物学家很是沮丧。当然，需要补充说明的是，不仅仅只有生物学家经历过这样的损失。即使很有资历的工程师也会因为对河流潜在的径流量判断失误而遭遇同样的损失，或者更为常见的情况是由于经费不足而导致的临时建筑物的损毁。

在设计成鱼计数栅栏方面，面临着两种矛盾需求：一是经济性，二是稳定性。对于第一点，鉴于鱼群的准确计数是宽泛的生物学研究的一部分，不值得花费巨额开支，通常可以使用标记的方式得到不太准确的鱼群数目，因此计数栅栏仅仅是至少两种以上的可能方案的替代方案之一。另一方面，建造一个稳固的计数栅栏，使之在理想的河流流量范围内运行，通常花费很大。如果河道宽阔、流量变化大，或推荐的场地地基条件差，开支就会更大。这种情况下，或许有必要在稳固性方面做出一定程度的牺牲以满足其经济需求。

不幸的是，要想获得河流某一点的鱼群数量，栅栏场地的选择范围很窄。由于地基条件差或河流在第一次洪水期间蓄水时可能会淹没低坝，导致建造的很多栅栏都失败了。

因此，要想建造一个稳固而又可靠的栅栏需要细心选址、认真设计，可能花费的会比最初的预算更高。当以上这些因素，包括每个栅栏的基本缺陷——洄游延迟，都经过冷静地评估和考虑后，才能决定采用列举的其他方法。但是，假如已经考虑了这些因素，并且想要继续安装一个相对稳定的栅栏，以下论述在设计的选择和成本估算方面可能是有参考价值的。

栅栏的选址。其设计完全取决于场地，必须在了解栅栏某些设计特征的条件下进行选址。正如前面提及的，栅栏是一种可通行的水坝。栅栏的板条，无论是木制的还是钢制的，其间隙必须细密到能够拦截到最小的鱼。这意味着需要计数的鱼体积越小，栅栏的开度就越小，通过栅栏的水头损失就越大。如果杂物聚集在栅栏上（杂物不在栅栏上聚集的情况极少），栅栏开度就会进一步缩小，水头就会增加。在严重的洪水期间，河流中可能会出现过量的杂物，栅栏会在很短的时间内被完全堵塞。这使得水头一次性都作用在栅栏上，其他高泄流的影响，如最大流速，可能会引起侵蚀从而削弱栅栏的结构。图 5.2 所示为栅栏在清洁、运行条件良好状态下的正常水头损失和在洪水期完全被堵塞的最大水头损失。如果栅栏的设计理念是保证在洪水期可以有效运行，那么必须承受在最大洪水流量期间被完全堵塞后产生的水头压力。设计一个符合该标准的栅栏往往过于昂贵，因此通常情况下将栅栏的面板设计成在洪水期是可拆卸的，如此设计应该考虑到由此可能导致的生物学数据的丢失。

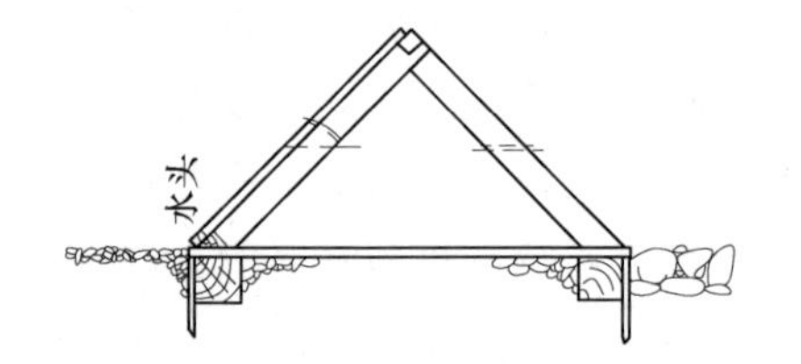

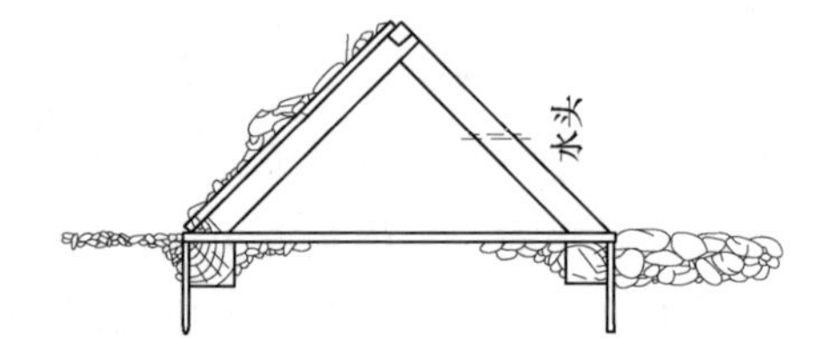

图 5.2　栅栏在运行条件良好状态下的正常水头损失和在洪水期完全被堵塞的最大水头损失

既然这样，栅栏的设计必须针对水位，而不是任意设定限制，这在许多情况下主要取决于场地自身的条件。举例来说，如果选中在河流的某处建设一个栅栏，这个地方的地基是压实的砂砾或粗砾地基，并且河堤低矮，由于从上游来的水流可能会冲毁河岸并对栅栏进行侵蚀从而形成一个新的通道，因此即使栅栏能够抵抗漫顶，仍有可能会遭到损坏。

在另一个选定的区域，也许河岸较高，但无论是河床还是岸堤可能部分或全部由沙土或其他易侵蚀的材料构成。在这种情况下，河水虽然不能越过岸堤，但当高水头作用于栅栏时，底部渗漏会迅速地破坏栅栏从而导致其损坏。

因此一个好的栅栏选址与一个好的大坝选址一样具有许多相同的优点。需要岩石地基、压实的砂砾或卵石，同样材质的高岸堤也是必需的。当然无论如何，应该选择一个尽可能宽的河段。

也许这里应该进一步解释为什么要尽最大可能在河面宽阔处选址。显而易见，在其他条件相同的情况下，河面越宽水越浅。以拦河坝为例，河面越宽坝体越长，水流波峰越浅，因此作用于坝体的水头越小。在大坝任一单位长度上，水头的减少意味着能量的消耗，反过来也就意味着湍流越少，坝下侵蚀就越小。同样理论也适用于计数栅栏。在现场条件允许的情况下，栅栏应尽可能设计的与河宽一样长，目的是将侵蚀和冲刷降到最小。

假设已经找到了具备必要物理条件的坝址，还要对此处栅栏所能承受的水力条件开展粗略的前期调研。大多数情况下，我们对在选定坝址处获得一系列的监测数据不能抱太大希望。但是通常情况下，通过河岸附近的岩石、树干、灌木，或泥沙淤泥的沉积情况来判断河流的历史洪水位是可行的。如果希望栅栏在历史洪水位以上可以运行，必须把这个高程添加到栅栏预期的水头损失中，最后得到的水位作为栅栏的设计波峰。假定栅栏不受杂物堵塞的影响，考虑保持设计极限范围内的水头损失后，给出的水位就是栅栏刚好被最高洪水淹没的波峰所对应的水位。

举一个前期调研的案例，在坝址处正常水流条件下河流横断面水深平均为 0.3m 的地方，有证据显示其在洪水期的水深达到了 0.91m。若允许栅栏有 0.3m 的水头损失，这意味着栅栏在清理前可能阻塞了大量杂物，且栅栏需要 0.3m 的富余来应对特别高的洪水位，这样栅栏的高度应高于河床 1.52m。复核过程中应确保岸堤至少能达到这个高度，且越高越好。设计栅栏时至少应保证河流在此水平面以下的大多数断面能像天然状态一样畅通无阻。

鉴于栅栏初步选址的重要性，将上述步骤总结如下可能更好：

(1) 宽度——在其他要求都能满足的情况下，尽可能选择最宽的河段。

(2) 地基——选择的场地地基条件尽可能最好；岩石或压实的砂砾石和卵石优于沙子、淤泥或纯黏土。

(3) 岸堤——确保岸堤的高度足以包含洪水水位，包括栅栏的水头损失。

(4) 洪水位——尽可能准确地估算栅栏运行的洪水位或最高水位，加上预期的水头损失，并确保能够建设这个高度的栅栏或者更高的栅栏。

5.3　成鱼计数栅栏的详细设计

在计数栅栏的详细设计过程中投入的劳动和精力与其成本应该相当。对于小河流上的小型栅栏，通常通过前期调研就能建设出令人满意的栅栏。如果是有经验的工人，甚至可能不需要前期规划。但如果要避免失败的话，在栅栏的设计过程中就要加大安全系数。无论如何，细心设计永远都值得。

随着栅栏建设成本的增加，必须通过细心设计以减少投资损失。此外，对大型栅栏而言，基于十分精确的河流和现场数据，在减小不必要的安全系数的基础上，可通过细心设计节约成本。

假设前期调研结果显示选址可行，紧接着就是确定工程采用的技术标准，其设计细节要与成本或结构的重要性相匹配。

必要时应复核和完善该地区的地形测量工作，以确保设计是基于最精确的可用数据。对大型栅栏而言，大范围的流量监测数据是必要的，如果这些数据和河流某一时刻的水位图相对应且距离相隔不是太远那就更好了。当流量在预期范围内时，这些数据可用于对栅栏运行情况作一个很好的评估，而且这个范围的流量与栅栏下端的尾水水位有关。

现阶段也能对预期的水头损失进行更精确的检验，根据笔者的经验，由于杂物富集造成的栅栏水头损失（只能根据经验来判断）可能很高，从而水头损失成为栅栏成败的决定因素。但水流通过栅栏的水头损失很可能只有几英寸，主要是由于穿过栅栏或栅条的水流收缩而造成的。因此如果把栅栏的上游拐角弄成圆形，那么水头损失可能会显著减少，或者使用圆形栅栏或栅条。当筛子上没有杂物时，使用金属丝筛可以减少水头损失，但随着杂物的富集，由此造成的水头损失将成为主导因素。

下面是一个计算通过无垃圾栅栏水头损失值的经验公式，可以用来测定通过拦污栅的水头损失值。公式是

$$H=1.32\frac{TV}{D}(\sin A)\left(\sec\frac{15}{8}B\right)$$

式中　H——水头损失，in；

T——栅条厚度，in；

V——栅栏前的水流流速，ft/s；

A——栅栏的水平倾角；

B——栅栏横带板与接近水流方向的夹角；

D——栅条净距。

在下表中，栅栏横跨河流放置，与水流方向成直角，因此 B 等于 0。表中列出了典型条件下成鱼计数栅栏的一些应对措施。

栅条厚度 /in	栅条净距 /in	水平夹角 /(°)	流速 /(ft/s)	水头损失 /in
0.5	1.5	30	4	0.4
		60	4	0.7
		60	10	2.0
1.5	3	30	4	0.7
		60	4	1.1
		60	40	3.0

关于这个公式的复杂版本读者可以参考美国内政部材料（1987 年），这是一个关于小水坝设计的完整过程。

既然大部分的水头损失可能是由于垃圾阻塞栅栏造成的，那么，在相同或类似的河流上安装其他设施时，如果使用该信息作为指南，用来判断除了采用该公式计算的水头损失之外的其他水头损失将会是一个很好的尝试。

当彻底检查了河流的水力条件时，就能在地形图上做初设了，画出河道的横截面显示栅栏必需的高度。如果所有的条件都令人满意，那么就可以考虑给出栅栏的结构设计图了。

栅栏的主要元素通常有：①跨过河道的栅栏横带板，承受河底冲刷；②最高洪水位时栅栏横带板末端的承台；③栅栏组件，在每一端与栅栏横带板和承台进行连接。

栅栏横带板将栅栏锚固在河床预防冲刷和侵蚀，以免危及结构安全。在使用木质结构时，横带板的作用仅仅是用来覆盖下面的栅条，其结构的稳定性主要取决于栅条而不是横带板。既然这样，如果栅栏组件的设计强度足够大并且可以被安全地固定在栅条上，那么栅栏组件应通过包围栅条的横带板或直接通过横带板固定。如果使用混凝土横带板，则可以将其设计得足够厚，这样单单依靠其自重就能满足稳定性要求。如果可以使用打桩机，那么将结构作用于桩基础上就能够满足稳定性要求。当使用桩基础时，可以将其在纵梁连接顶端截断，将横带板设置在顶端部位。如果使用混凝土横带板，假设有合适的组件可以用来负责上升和旋转，那么可以将横带板浇筑在桩基础的顶端。

假定前述的地基是可透水的砂砾石，这种情况下，在横带板的上下游表面需要建造一个板桩截水墙。其目的是尽可能延长结构下方河床的渗透通道。当通道的流程被延长后，其对水流的抵抗力就会增加，冲刷和对结构的底蚀作用就很少会发生。除非已经对基础材料做了大量的详细研究，否则无论是板桩的长度还是横带板的宽度（从上游边缘到下游边缘）都不得不任意设置。对计数栅栏而言，这样的研究显然不太可能会被批准，因此这里将不会进一步阐述。

通常板桩的打入深度取决于采用的打桩设备。这里只能采用人工手段，虽然结果看起来不太理想，但这些努力仍然是值得的。如有可能的话，建议尝试将其深度打到横带板宽度的一半。

极少数情况下，如果存在合适的岩石地基，完全可以去掉横带板，或最多利用一个混凝土薄层对基础进行找齐。然后就可以用螺栓把栅栏镶入到岩石或混凝土中。只要横带板的孔隙不足以让鱼勉强挤过去，横带板表面的不平整就可以得到允许。图 5.3 展示了几种类型栅栏的横截面，其中一个是岩石地基。

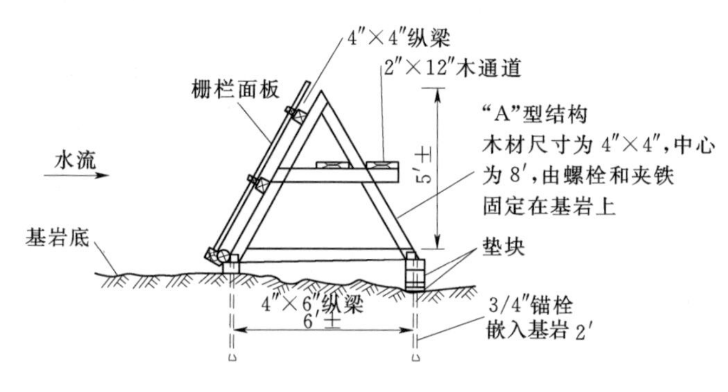

(a) 坚固的岩石地基

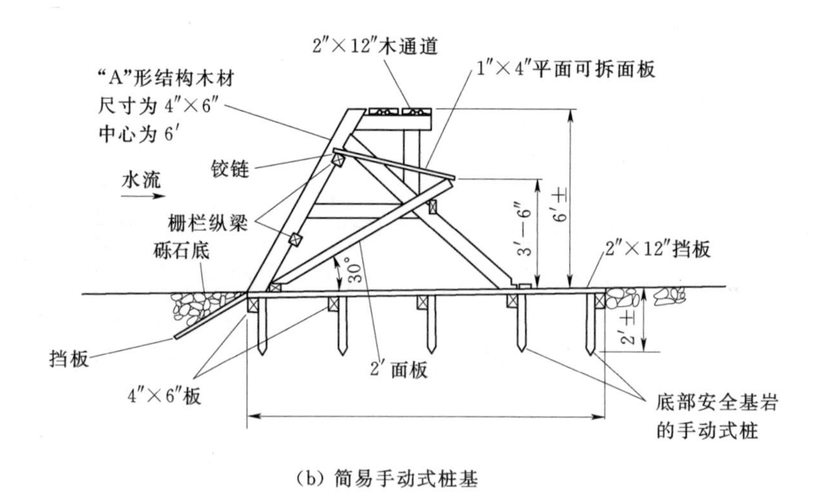

(b) 简易手动式桩基

图 5.3（一）　北美洲太平洋海岸建设的 4 种成年鲑鱼计数栅栏的截面图

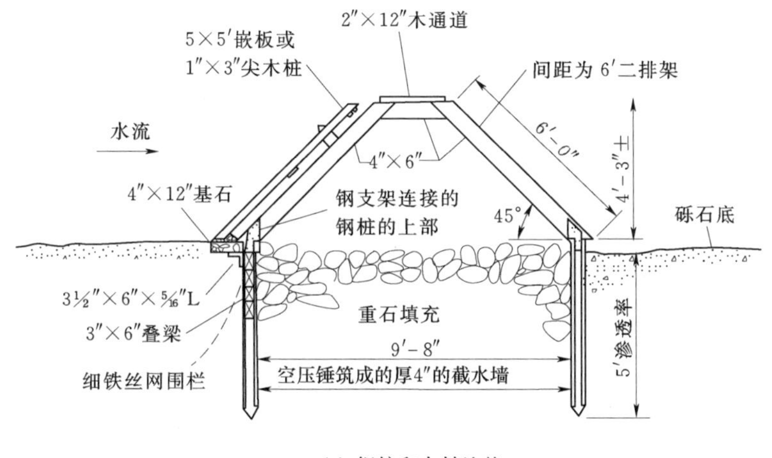

(c) 钢桩和木料地基

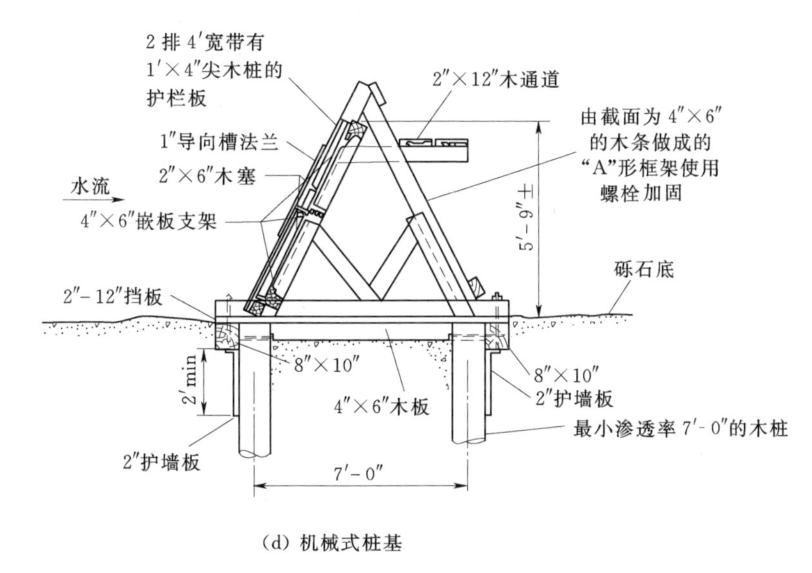

(d) 机械式桩基

图 5.3（二） 北美洲太平洋海岸建设的4种成年鲑鱼计数栅栏的截面图

图5.3中所示为Craddock（1958年）描述的钢桩和木栅条栅栏的横截面。值得一提的是这种装置没有使用横带板，之所以可行只是因为小溪的流量变化相当小（1.42～7.78m^3/s）。即使如此，还是有必要使用一个0.08～0.15m的木质截水墙，并且其上游还埋设了一个金属丝网筛。横带板由沿着截水墙下游铺设的大块石构成。让这类栅栏承受每英尺长度上超过0.14m^3/s的流量基本上是不太可能的。图5.3是Hunter（1954年）描述的简易手动式桩基础栅栏。横带板由厚0.05m、宽3.66m的木板构成。这些木板被固定在一连串的五个一组半径为0.1～0.15m的石块上，这些石块被一排排地铺设在河床上，固定

在石块上的木板依次被固定在手动式桩上。这里使用了一个短的、倾斜的板桩截水墙，实际上就是上游横带板的一个延伸结构。上面提到的钢板桩和木栅条栅栏设计得不太匀称，因为使用了大量超过安全标准的桩基础，但横带板不足；而简易的手动式桩栅栏则恰恰相反，横带板过多，桩基础不足。后者的流量介于 0.28～8.5m^3/s 之间，相当于 27.4m 长度上单位流量只有 0.09m^3/s。

图 5.3 所示的机械驱动的木桩式栅栏被固定在两排直径 0.2m 的桩上，桩间距是 1.22m。因为桩的受力问题，这类栅栏的横带板比正常的稍短，而且横带板上下游表面都建有防渗墙。这类栅栏能承受每英尺长度上 0.62m^3/s 的流量。

成鱼计数栅栏的第二个主要元素是岸堤承台。用同样的施工方法与横带板连接，使其尽可能成为一体。承台通常有两个用途。其一，保护栅栏的岸堤免受集中水头损失造成的高速水流侵蚀。其二，当作用于相对狭窄的溪流上时，如果把承台设计成箱型可以增加结构的稳定性。当承台内部装满筑堤材料时，因为其自身重量相当大，可以抵制滑坡。这样，横带板必须要跨越两个承台，同时固定在地基上。

桩结构的承台通常采用箱型体，外面用木条包围并固定在纵梁上，如图 5.3 所示。纵梁依次固定在四个长桩上，这四个长桩被放置在承台的四个角上，其长度远远高于洪水位。承台内部用木材填充、四周用木条防护，使其在高水位时免受波浪冲刷。

当岸堤由大岩石构成时，因为其结构相当稳定，且横带板本身具有足够强度，因此承台可以被简化。在这种情况下，沿着岸堤做一个与横带板同样宽度的单层墙就足够了。

成鱼计数栅栏第三个组成部件是尖桩组合，通常是将一连串的木板捆扎成一个斜面，如图 5.3 所示。每块面板按照设计间距用一定数量的尖桩绑扎成一个单元。面板的设计尺寸应易于操作，方便维修时移除。图 5.3 所示为一种典型的面板。面板通常被设计成非常方便的 A 形结构，如图 5.3 所示。这种设计的很多变形已经被研发出来，比如 Hunter（1954 年）描述过一种，Craddock（1958 年）描述过一种，等等。后者很值得探讨，因为它的主面板坡度比通常的更平缓（与水平面成 30°角），且有一个链条结构悬挂在 A 形支撑的腿上，并置于尖桩的顶端。主面板的角度越平缓越容易清除杂物，而且链条结构能阻止鱼在高流量时跳过栅栏。这种结构特征对银鲑、虹鳟和大西洋鲑鱼很有必要，因为这些鱼的跳跃能力都很强。这种链条式结构可以用木板或三合板建造，有时甚至可以采用帆布。

因为极少有人 24h 不间断值守在成鱼计数栅栏附近对鱼进行计数，因此通常需要在栅栏上安装诱捕装置用来对鱼进行收集，并间隔一定时间对鱼进行计数。图 5.4 所示为一种典型的鱼类诱捕装置，经由栅栏上一个 V 形洞将鱼导出到一个尖桩制成的箱子里。计数完成后，通过一个或几个出口将鱼释放出去。为了避免对鱼的延迟释放，应该把箱型装置设计的足够大，这样当箱子放空时就能容纳足够多迁徙到栅栏的鱼。

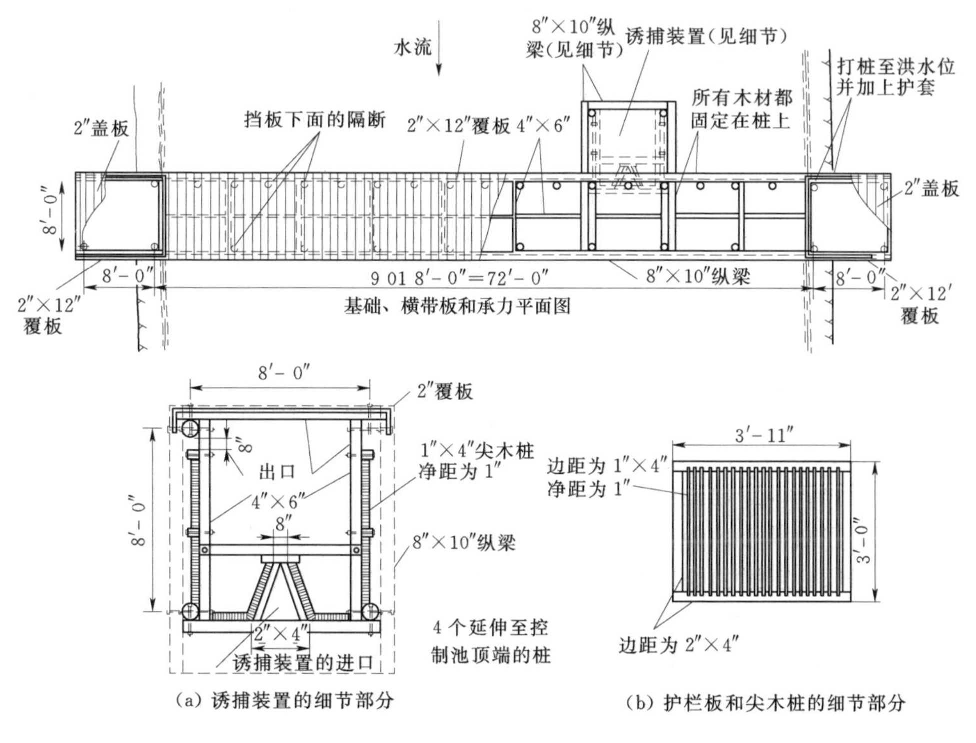

(a) 诱捕装置的细节部分　(b) 护栏板和尖木桩的细节部分

图 5.4　成年鲑鱼计数栅栏的平面图

5.4　下游洄游幼鱼的计数栅栏

当成鱼的数量满足要求时，其繁育的后代能幸存下来并向下游洄游的数量也必须满足条件。正因为如此，近期建造的大量计数栅栏都能同时满足这两个需求。

在从成鱼计数栅栏到幼鱼计数栅栏的转换过程中需要增加叠梁以提高水头，从而形成一个低坝。需要的水头范围介于 0.3～0.91m 之间，主要取决于栅栏运行期间可能产生的流量大小。

幼鱼计数栅栏是由 Wolf 博士在瑞典研发的一种栅栏改编而成。其结构主要是把细金属丝网筛自低坝顶端沿着下游方向倾斜。网筛的下游边缘安装了一个水槽，这个水槽朝着任一堤岸倾斜放置到有箱体的位置。大部分水流从低坝

顶越过后穿过网筛，只留下够用的部分在网筛下游边缘将鱼携带入水槽后进入箱体。网筛可以设置成不同坡度，有时候网筛的上游边缘可以略低于坝顶，目的是增加跌水流速，从而增加通过网筛的鱼类数量。水槽下游端通常立一个垂直的网筛，防止小鱼跳出去或被瞬间急流冲走。

如果网筛的主体是由直径 0.007mm 的金属丝组成，每英寸 10 个网眼，那么所有小于这个尺寸范围的鱼都符合要求，最小长度约 1in 的太平洋鲑鱼苗也符合。对体型较大的鱼，可以增加网筛的直径和网眼。粗筛当然会更坚固更耐用，但网眼的净空间不能大到让鱼可以随意通过。网筛应该进行电镀，或采用铜线以确保耐用。图 5.5 所示的安装方式是比较典型的，从坝顶开始依次安装了两个网筛，上面一个采用粗网眼目的是尽可能去除更多的水。

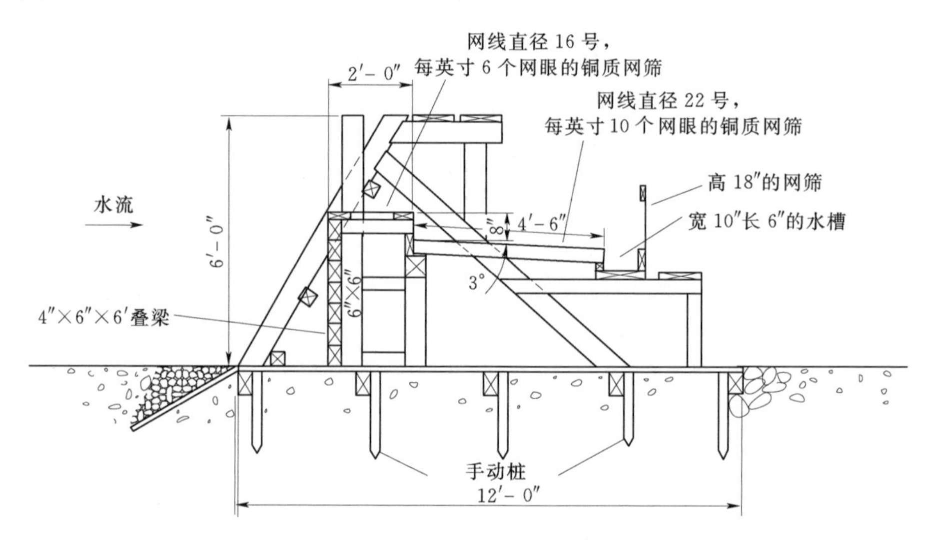

图 5.5　安装的网筛

在苏格兰北部地区选用的筛子的面板通常是由 1～2in 的刨光板组成，板间距 5/8in。其中垂直放着的那个筛子已经被上面描述过的金属丝网筛代替并安装在 Meig 和 Lucichert 水坝的下游。据报道，这种筛子对统计大西洋鲑鱼幼苗的数量是成功的，但是否有小的迁徙鱼类通过网筛而未能统计到就不得而知了。据估计，筛孔越小的网筛更有可能完整统计出迁徙鱼类的数量，如果可以选择的话，挑选筛孔小的网筛更好。

5.5　成鱼栅栏

研究表明，成鱼计数栅栏不但适用于鱼类文化研究，而且适用于前面提到的科学研究。两者的目标差别不大，都是为了捕获向上游洄游的鱼类，但在安装方面存在着显著差异。用于鱼类文化研究的栅栏通常为永久性装置，因此其设计和施工比本章描述的成鱼计数栅栏更加牢固。

在本节中我们介绍了几个现有设备来说明这种差异。因为计数栅栏和下节中讨论的拦截坝详细结构设计情况已经超出了本书的范畴，因此这里仅介绍拦截坝的总体设计情况。

图 5.6 所示的木条栅栏修建目的是将粉鲑和少数其他鲑鱼从主河道驱离出去，进入到邻近的人工产卵通道。尽管是永久性装置，木质结构足以满足要求，但需要经常更新维护。

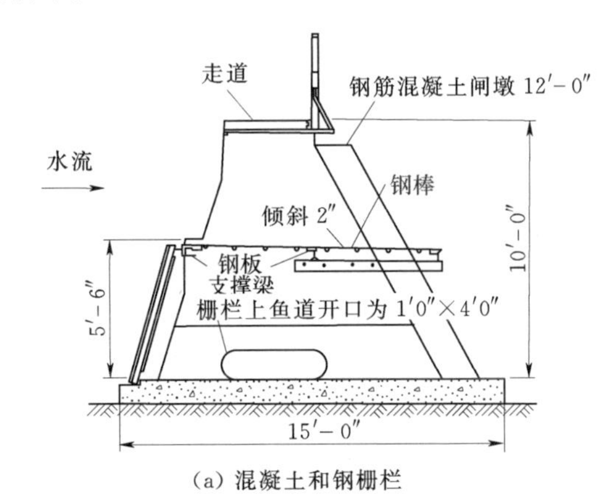

(a) 混凝土和钢栅栏

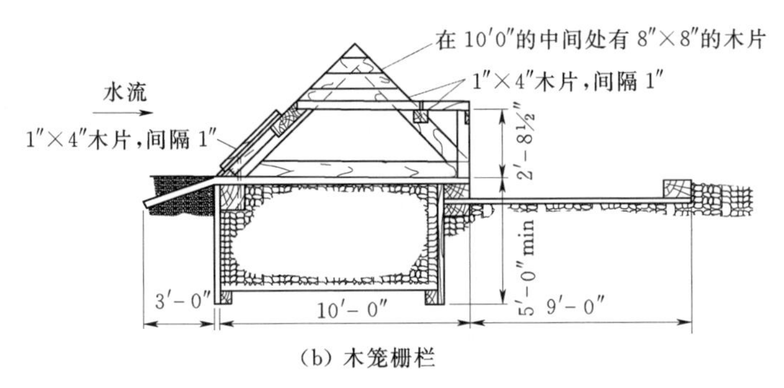

(b) 木笼栅栏

图 5.6 加拿大地区用于驱赶鲑鱼的永久栅栏的不同施工方法

地基是由细小的、易于侵蚀的砂砾石构成，由此决定了木箱和横带板的设计要能很好地抵挡随后的洪水。因为粉鲑不善跳跃，游动能力也很差，因此栅栏设计的很低。因为栅栏选址在宽阔的洪水冲积平原上，因此可以设计地足够长，使得单位长度的洪水下泄量尽可能小。即便如此，栅栏横带板的宽度也达到了 19ft，下游部分比河床压低了 8in，充当溢洪道的角色以帮助消能。栅栏下面主机箱的墙体或栅面被紧紧地固定在开挖的明渠里，形成密闭的防渗墙，

截断了栅栏底部河床以下将近 5ft 深的渗流。更进一步的安全措施包括将小厚木板横带板向栅栏上游延伸了 3ft，横带板下游边缘延伸至一层重 300lb 宽 5ft 的乱石基上。除了用尖桩板替代固定栅条外，栅栏的其他部分还有一些类似的设计。这些措施在河流正常流量情况下或在洪水期允许漏损的情况下是没有价值的。承台是正方形的木制箱型结构，外面包着 3in 厚的木材，里面填充的是砂砾石。

图 5.6 所示的混凝土栅栏用混凝土和钢筋建造而成，用于把向上游洄游的银鲑和虹鳟转移到通向诱捕装置的鱼道内。其横带板是一块薄的钢筋混凝土板，支撑着沿河道布置的间距 12ft 的钢筋混凝土支墩。栅栏面板顶部由跨过墩子的钢梁支撑，底部被一块钢板嵌入到横带板的上游边缘。栅栏面板由 1/4～2in 的铁栏杆构成，边缘间距为 $1\frac{5}{16}$in。

这种设计的独特之处是栅栏的总高度低，而且顶部增加了水平面板。这种组合结构与没有水平面板的高栅栏相比，清洗不成问题。实际上当水平面板略微向下游倾斜时，大部分杂物就能被水流冲走。同时，当下游水位接近栅栏顶端时，这些水平面板能阻止鱼在高流量时跳过栅栏。当洪水越过栅栏顶端时，偶尔会有一些鱼越过，但这种情况极少发生。当发生洪水时，很少有鱼能够上溯，因为此时流速很高除非游泳能力特别强的鱼才能越过栅栏。因此在现存条件下，这种设计是实用的。

图 5.7　苏格兰北部的 NuCroie 湖和 Poulary 湖安装的栅栏

在其他一些国家也利用栅栏捕获鱼类用于渔业文化研究。图 5.7 展示了在苏格兰北部的 NuCroie 湖和 Poulary 湖安装的两种用于该项研究的栅栏。这两种栅栏建造在砂砾石地基上，采用的是混凝土结构，栅栏面板由混凝土礅加钢梁结构支撑。除了没有水平面板外，其嵌板结构、钢筋间距等与上面提及的栅栏类似。需要注意的是，在上游区栅栏以 V 形排列，其目的是引导鱼进入诱捕装置。另外还需要注意的是，每个栅栏只有一个诱捕装置设置在 V 形结构的顶端，其他诱捕装置分布在栅栏的对面。这些栅栏可以捕获所有的大西洋鲑鱼，用于饲养和繁育后代。

5.6 栅栏的成本

通过对为太平洋鲑鱼改道而建设的大量栅栏成本的多年分析，可以得出如下一般结论：

(1) 栅栏的单位成本可以表示为处理每立方英尺/秒或每立方米/秒的洪水流量付出的代价。一般来说，随着洪流的增加，单位成本趋向于减少。范围大概从小栅栏低洪水流量时的 60 美分/ (ft^3/s) 到大栅栏高洪水流量地基条件好时的 20 美分/(ft^3/s)。换成米制即从小栅栏 2100 美元/(m^3/s) 到大栅栏 700 美元/(m^3/s) (1987 年的物价)。

(2) 栅栏在总尺寸、基础材料、洪水流量和总长度上有很大差别。因此，这里给出的单位成本必须小心使用。具体安装过程中任何特殊偏差都要考虑在内。

5.7 拦截坝

在前面章节中描述了向上游洄游的成鱼在坝下找到鱼道入口，并毫无耽搁地进入鱼道时遇到的问题。我们很容易认识到对许多坝而言，要想建造出理想的鱼道入口是很昂贵的，甚至无法实现。为了解决这个问题，出现了一个新的思路，即在坝下游建造一个二级坝，这个坝可以很低，但其设计的鱼道入口条件接近理想状态。这种设计理念在北美洲太平洋沿岸地区的几个项目上已经得到了应用，包括华盛顿州的贝克河和温哥华岛的大中央湖。

图 5.8 展示了华盛顿州贝克河附近一个拦截坝的平面图和截面图。这是一个很适合做鱼栏的支墩坝，它被设计成坝下水体的一个自由通道，诱导鱼跳过溢流堰后进入通道，而不是撞向坝面。这样，在低流量时段，当鱼接近水坝时不会被卡在溢洪道里而弄伤自己。一旦它们穿过溢流堰，就会发现鱼道设施的入口。自从该设施安装完成后，每年有数以千计的银鲑和红鲑在普吉特海湾能源和电力公司上游的两个大坝之间被捕获和运输。这两个大坝的高度大约都是 300ft，而且只要一个拦截坝和运输设施就能同时满足两个坝的需求，因为所有的产卵区均位于大坝上游。

需要注意的是拦截坝必须建造在可透水的地基上，横带板上、下游边缘为钢板桩防渗墙。大坝的具体造价不得而知，但因为建造这类大坝必需的基础材料和功能特性，因此相信其造价是相当高的。

之前提到过的另外一个拦截坝位于华盛顿州温哥华岛大中央湖出口处的蓄

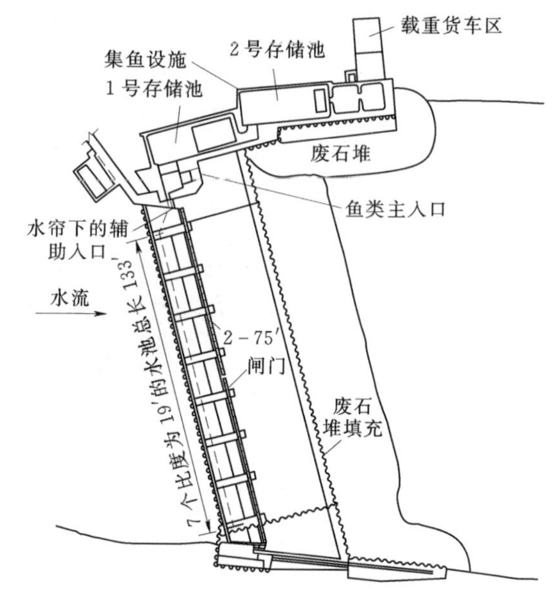

(a) 拦鱼坝的平面图

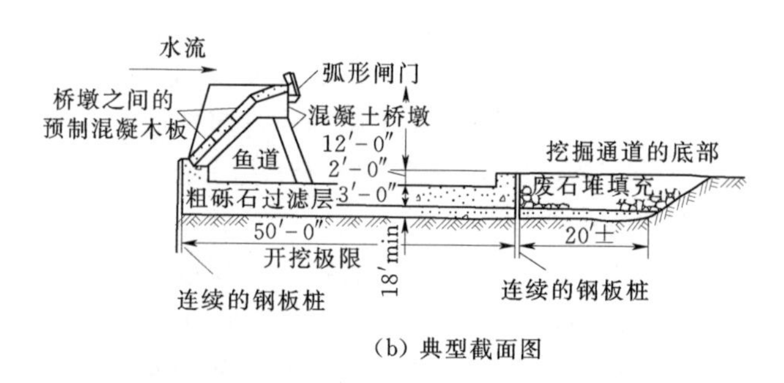

(b) 典型截面图

图 5.8　华盛顿州贝克河附近一个拦截坝的平面和截面图

水坝下面。这两个坝和鱼道的平面和截面图如图 5.9 所示。这里建造的拦截坝是为鱼道入口提供一个有效而又经济的引导。在一般地区，出露的岩石形成的天然跌水现在被拦截坝所代替。岩石被开挖并修整成图示的尺寸，在坝顶部增加了一个钢筋混凝土唇形体。目的是为拦截坝提供必需的高度。对所有水位而言，当最小垂直跌水高度为 10ft 时，可以成功地阻止鲑鱼上溯。倾斜的水坝自然而然地把鱼引向鱼道入口。鱼道上有一个竖隙挡板和一个宽 8ft、长 10ft 的水池。两个入口携带着鱼流和从前池补充的水流通过底层扩散进入鱼道入口。

这种大型拦截坝，如 Baker 河上的栅栏，其成本不受前面章节中提到的不同类型栅栏单位成本的影响，而是完全受制于现场条件、建筑材料、施工位置等综合因素。因此，在对其造价进行初步评估时毫无经验可循。要想做出评

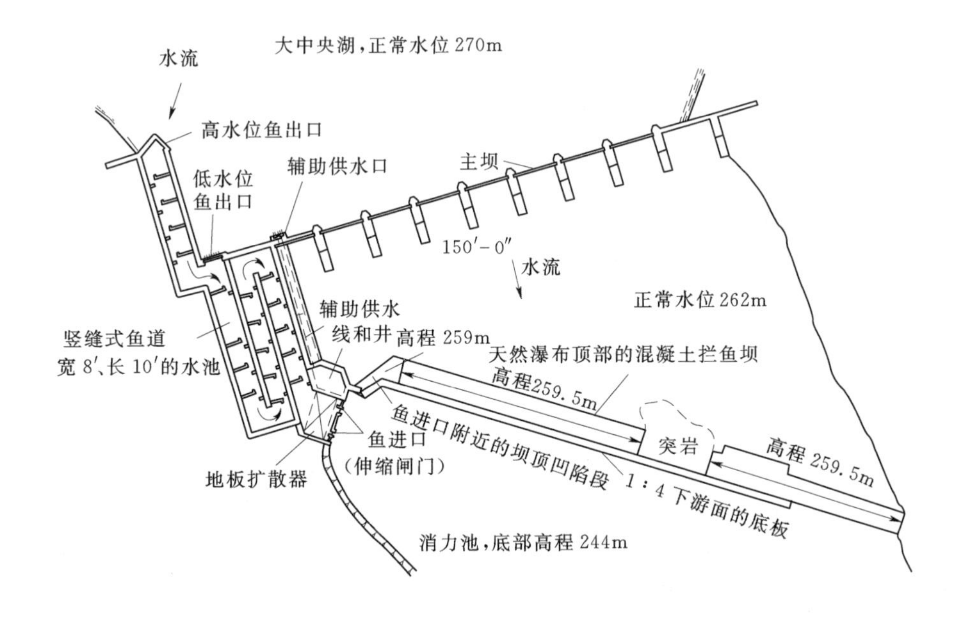

(a) 拦鱼坝和主坝的平面图

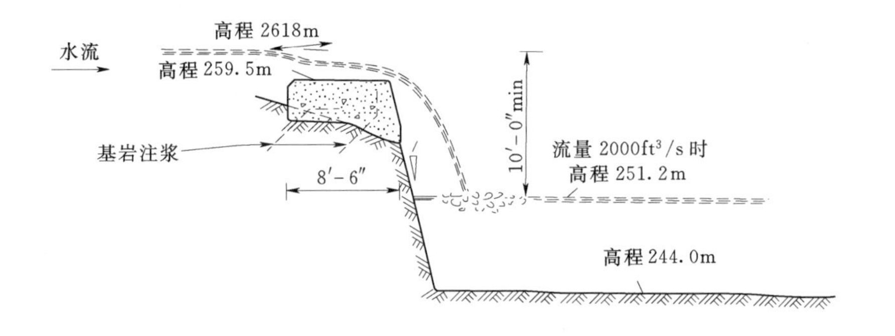

(b) 拦鱼坝的典型剖面图

图 5.9 华盛顿州温哥华岛大中央湖出口处的蓄水坝和鱼道的平面图和截面图

估，需要先准备好初步设计，通过计算工程量并考虑全部影响因素才能估算出初步成本。对于这种规模的建筑，能力和专业设计是必不可少的。

拦截坝还有另外一个用途：当通过某种设备消除掉不想要的物种后里面还藏有想要的物种时，拦截坝可以用来阻止不想要的物种进入湖泊或蓄水区。北美洲的垂钓运动的需求催生了这种方法。这种围栏通常由一个木板式低堰或其他设施组成。从溢流堰顶到横带板的高度一般不超过 3ft。一个接近水平的木板条装置从溢流堰顶向下游的横带板方向略微倾斜，目的是便于携带尽可能多的杂物越过大坝，并防止鱼跳过堰顶。板条的跨度可以根据鱼的类型和大小发生改变，但必须阻止鱼上溯。这种拦截坝的造价非常经济。

5.8　电子栅栏

在过去的 40 年中，这类栅栏已经得到了广泛的试用。在本书 1961 年的版本中，已经描述了这些早期实验装置中的两种，并列举了其不足之处。随着更好的电鱼技术的发展，人们越来越认识到电流对水体中鱼类产生的影响，而且这些已经被应用到一些新的设备中。

对于向上游洄游的鲑鱼和鳟鱼，初期的电子栅栏设备采用的是 10 次/s 的直流脉冲信号，在水中的电压梯度为 2V/in，或者是电压 110V 电容 60F 的交流电，其电场强度是 0.3～0.7V/in。需要指出的是，后者被安装在高速水流中，因此效果与直流电类似。

虽然还没有经过全面测试，但这些栅栏具有如下缺点：

（1）无法统计由于电鱼或可能的捕食而造成下游成鱼数量的损失。

（2）现场为设备运行提供足够能源的成本。

（3）现场选择的必要性，或开挖一个底部和截面平整的现场，并对现场进行维护。

这些缺点，在一定程度上抵消了当时建造这种相对低成本栅栏的优势。

自栅栏的早期安装完成之后，政府部门基本上已经放弃了对其进行试验，而把它留给商业公司去开发运作。迄今为止，至少有一家公司（华盛顿温哥华的 Smith-Root 有限责任公司）一直在对这类栅栏进行持续地测试和改进，并在解决上述第一个缺点方面有了很大的进步，但是还有其他两个缺点。这个栅栏称得上是鱼栅栏的升级版，见图 5.10。

七种 GFFB - 1.5 U 模型的任一种脉冲发生器提供的脉冲持续时间为 8～48ms，速率为 1～3 次脉冲/s。它们成 1m 间距隔开，当同步输出时，其结果被累加到一起。因此，栅栏下游到上游就形成了一个逐渐递增的电场强度，并延伸至水面。绝缘衬底，即铺设在河床底部的混凝土的混合物，则进一步增强了水的电场。

这种设施似乎为一些特定场地提供了可能性，即现场条件合适，并且具备 240V 的交流电的场地。

迄今为止只有少数几种设施经过安装测试。因为还没有经过科学的评估，在得到广泛的应用以证明其价值之前，这些设施都是试验性质的。

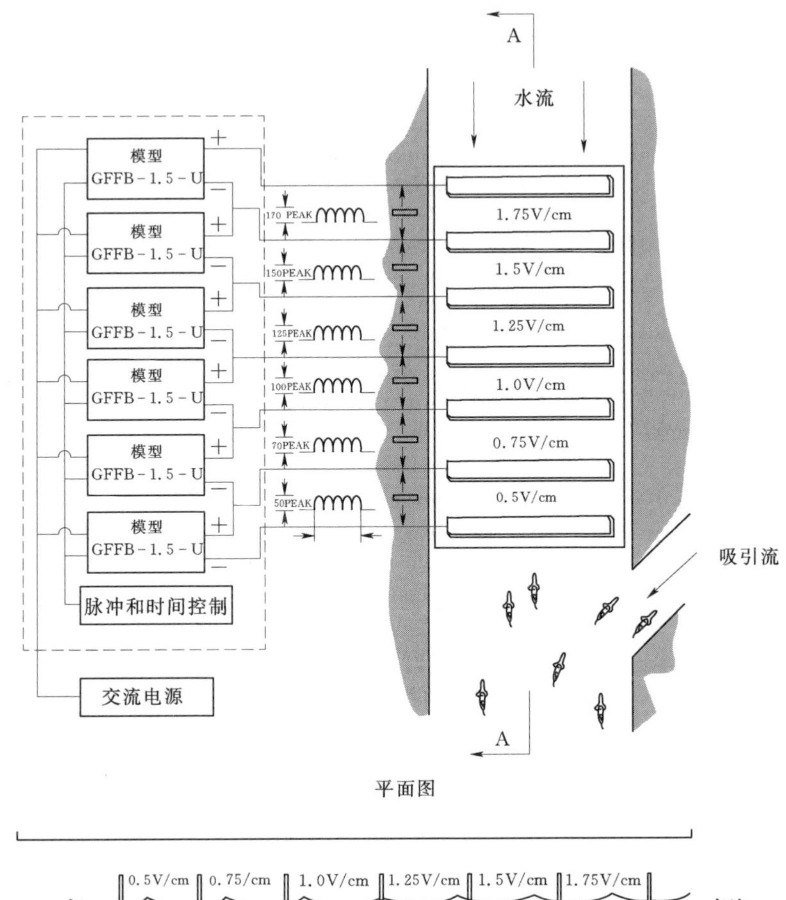

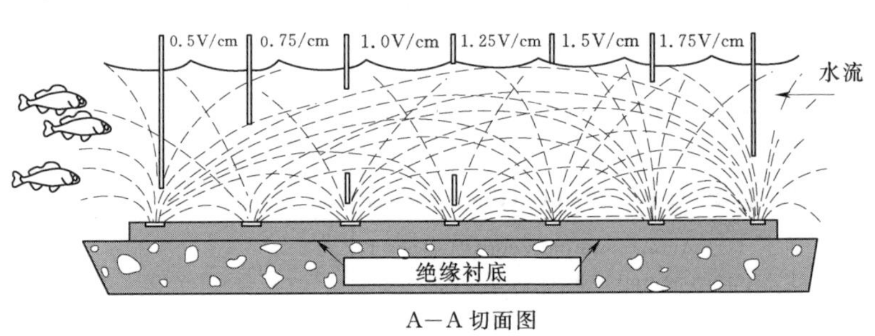

图 5.10 Smith-Root 公司开发和销售的一种升级版的电子栅栏

5.9 五大湖区的七鳃鳗栅栏

自圣劳伦斯河海道竣工以后，在美国五大湖区就出现了七鳃鳗的入侵问题，为此当地研制出一种特殊的栅栏。这种栅栏的目的是阻止七鳃鳗游到湖区的上游支流产卵，而当地的鳟鱼和鲑鱼则不受其影响。

如图 5.11 所示，研发的这种栅栏其实就是一个不超过 1m 的混凝土堰和一个沿着堰下游延伸了 23cm 的钢板。七鳃鳗必须越过 60cm 的水头才能上溯到堰上，因为它们不善跳跃，所以不能越过这个堰。堰上有一个箱式猎捕器，用于计算七鳃鳗的数量并对其进行处理。而鳟鱼和鲑鱼则能轻易地越过这个障碍继续上溯。这种堰在这个地区被认为是控制七鳃鳗数量行之有效的方法。

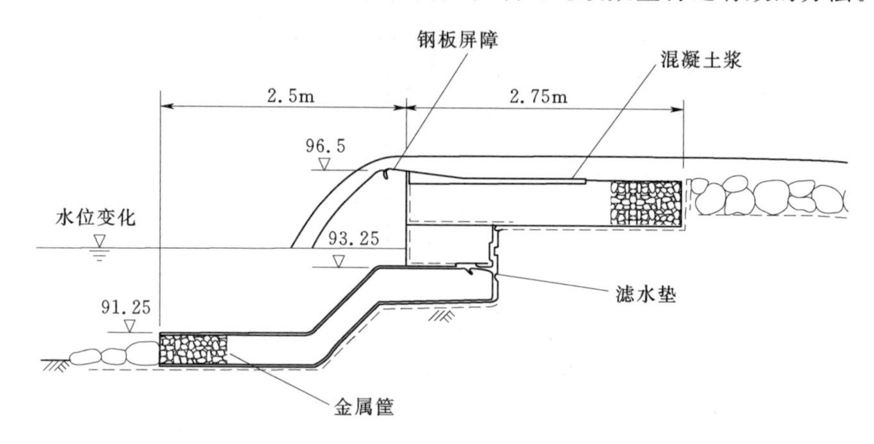

图 5.11　五大湖区渔业管理委员会在五大湖区设置的一种阻碍七鳃鳗的典型栅栏（单位：m）

5.10　参考文献

Craddock, D. R., 1958. Construction of a two-way weir for the enumeration of salmon migrants, Prog. Fish Cult., 29 (1), pp. 33-37.

De Angelis, R., 1959. Fishing installations in Saline Lagoons, Gen. Fish. Counc. Medit. Stud. Rev. No. 7. 16 pp.

Hunter, J. G., 1954. A weir for adult and fry salmon effective under conditions of extremely variable runoff, Can. Fish Cult., 16, pp. 27-34.

U. S. Department of the Interior, 1987. Design of Small Dams, 3rd ed., Water Resources Tech. Publ., Washington, D. C.

第6章　下游河段鱼类洄游的保护

6.1　存在的问题

本书前几章主要介绍能够帮助鱼类通过大坝和瀑布完成上溯洄游的过鱼设施。现在我们转向保证幼鱼（在溯河洄游的情况下）和成年鱼类（在降河洄游的情况下）能够尽可能安全地沿着同样的通道向下游洄游的方法。对于溯河产卵的鱼类而言，一些产卵后向下游洄游的鱼类也应该在考虑的范围内。

降河洄游的鱼类主要有鳗鲡、南非淡水鲻鱼、黄金鲈、澳洲肺鱼和澳大利亚鲈鱼、在大多数情况下，这些鱼类在性成熟时跨越欧洲、非洲和澳大利亚的低矮大坝不会有太大的难度。因此，降河洄游时跨越低坝不会是一个问题。然而，一些欧洲、北美和新西兰的鳗鲡必须通过高坝，而且可能还要穿过高坝的涡轮机。迄今为止，除了在其他研究中附带提及了一些，几乎没有人致力于这方面的研究。如果这是一个难题，期待在未来将会得到更多的研究。

另一方面，溯河产卵鱼类的洄游问题已经有60～70年的历史了，在过去20年内相关研究逐渐增多，试图找到解决方案。这些研究的研究范围主要集中在北美，少部分出现在欧洲。它们涉及广泛，但是很不协调，而且主要针对特定区域的特定问题。直到最近北美洲才有两个研究成果对整个问题进行了界定，并给出了相关的研究方法。

第一项成果由加拿大电气协会在1984年取得，名为《水电站水轮机取水口鱼类分流技术》。它由蒙特利尔工程有限公司实施，C. P. Ruggles 和 R. Hutt 为首席研究员。正如标题所指，其目的是确定是否有必要在加拿大研究这个领域，研究结果表明目前尚不需要对水电站入水口进行相关的研究。有人可能会质疑这个结论。然而，这个报告确实综述了各种用水设施的分流装置，并且提出了对它们进行改进的最有前景的方面。

第二项成果由斯通一韦伯斯特工程公司（1986年）取得，标题为《水电站降河洄游鱼类保护措施评估》。虽然该报告的主旨是为了寻求水电站进水口的解决方案，但它对北美洲（包括欧洲的部分）每一种正在使用或者正在进行试验 的分流设备都进行了详细的评述，从电力格网直到水下移动格网。它们分为以下几组：

（1）行为障碍——而不是物理屏障，这些涉及部分鱼类对障碍设施的行为反应，包括对电子格网、气泡、吊链、各种类型的灯光、射流等的反应。通常而言，水体能够自由通过格网，并且很少有垃圾物堆积，所以这些设施的维护量很小。但另一方面，这些设施应用前景有限，而且大多数的装置仅仅处于实验性阶段。

（2）物理屏障——这些都是完整的障碍，尽管有些鱼类能够穿过这些屏障。除了穿透以外，一些鱼在通过障碍时会被卡死在网眼上。这些物理屏障包括金属支架及固定格网，移动格网，滚筒格网，圆筒状楔形丝格网和阻隔网。它们很容易被堵塞，建设成本和维护成本都很高。

（3）鱼类分流设备——在一定程度上而言，这种设备与物理障碍类似，因为它们也包括滚筒格网和水下移动筛（需要保持一定的角度引导鱼接近它们）。但它们也包括倾斜面的格网和百叶窗，这些将在后面叙述。有些的维护成本较高，有些的维护成本较低。其中包括一些很有前途的技术方法。

（4）鱼类收集设备——包括“咽囊”及其他形式的收集装置。虽然这些设备的初始安装成本较低，但实际操作成本却很高。本章后面将会对其中一些最有应用前景的设备进行详细介绍。

就水电站和其他类型的取水口业主而言，鱼类收集装置显然是一个很大的问题。取水口的类型包括灌溉取水、热电厂冷水取水、工业用水以及公共供水取水等。其中的大多数成为了降河洄游鱼类的终点。也就是说，进入灌溉和工业取水口的鱼类都 100%的损失掉了，但大部分进入水电站取水口的鱼类都幸免于难。

6.2　水电站鱼类损失

由水电站造成的鱼类损失量取决于鱼类降河洄游选择的路线。通过溢洪道和涡轮机的损失量是不同的。通常情况下溢洪道上的损失量是更低的。

有关溢洪道上的鱼类损失量已经做了大量的调查研究，Bell 和 DeLacey（1972 年）和 Ruggles（1980 年）对这些研究进行了总结。简而言之，通过溢洪道的鱼类损失在 0.2%～99%之间。总的来说，在低水头溢洪道上的损失小，在一些较高水头溢洪道上的损失很大。Bell 和 DeLacey 通过直升机空投实验发现，体长为 10～13cm 的鱼类从 30.5m 高度自由落体到达终点的速度为 16m/s；而体长为 60cm 长的到达终点的速度超过 58m/s。当水头差为 30.5～91.5m 时体长为 15～18cm 的鱼类中，98%都能够存活下来。显而易见，高坝溢洪道自由流溢时大部分小个体鱼类能够存活下来，而大个体的鱼类却很难存活下来。

然而当与其他因素结合起来时，大坝的高度又变得很重要。这些因素包括溢洪道表面摩擦力，快速的压力变化、剪切作用（流速方向的迅速变化）、氮气过饱和。假设有足够深的水池能够缓冲水体冲击，可以通过滑跃式溢流道消除这种影响。然而这些只可能存在于高坝上。一种解决方案是设计一个溢洪道导向装置，引导水流沿水平方向流入消力池，从而避免了上面指出的过饱和问题。各种类型的溢洪道如图 6.1 所示。另一种解决方案是改进溢洪道设计，以便最大限度地减少岩石和混凝土对鱼类的磨损和冲击。然而，在溢洪道设计中没有统一的原则来优化鱼类的存活率，每种情况都需要单独对待。

针对涡轮机造成的鱼类损失量也有广泛的研究。Ruggles（1980 年）and Bell（1981 年）总结了北美洲和欧洲的部分研究成果；Larinier（1987 年）补充了欧洲的一些研究成果。这些研究结果均表明这个问题非常复杂，没有简单易用的解决方案。

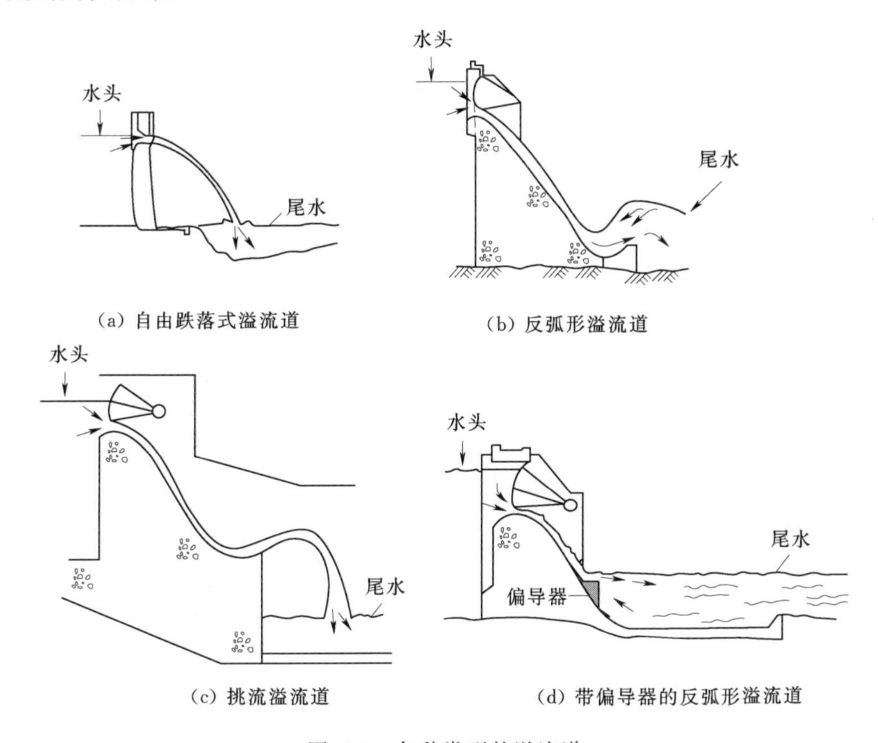

图 6.1 各种类型的溢流道

Ruggles（1980 年）列出了鱼类穿过涡轮机死亡主要原因，有如下几条。

（1）由于与固定或移动设备之间的接触所造成的机械损伤。

（2）由于暴露在低压条件下的涡轮机内所造成的压力引起的损伤。

（3）由于通过极端湍流或边界的区域所造成的剪切作用的损害。

（4）由于暴露于局部真空区域的空穴作用。

虽然以上各种类型都会造成相应的损害，但大多数的伤害不仅仅是一种原因造成的。既然不同类型的水轮机造成的伤害不同，这些将会在后面的内容中分开讨论。

目前主要有两种类型的涡轮机在溪流和河流中应用。它们的类型名称部分来源于发电的方式。混流型（一般称为混流式水轮机）带走水流，并通过控制阀和涡轮在通道中90°改变水流方向。轴流式（一般称为卡普兰涡轮机）允许水通过，而水流不会发生方向上的突然变化，并通过轴流定桨式水轮机发电。混流式常用于较高水头，卡普兰涡轮机常用于较低头。这两种类型的水轮机转轮如图6.2所示。

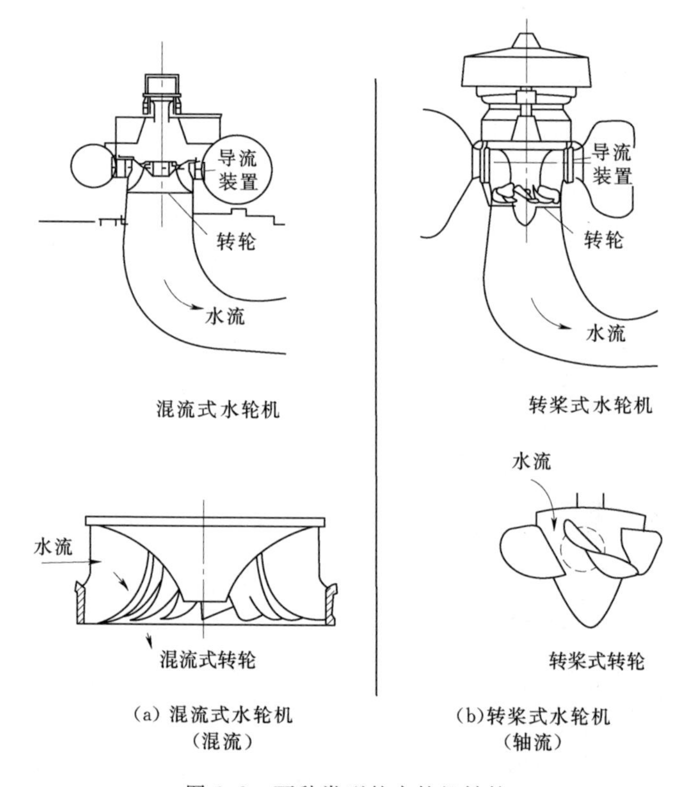

图6.2　两种类型的水轮机转轮

对于混流式水轮机，经过水轮机的水量由水轮机入口处的导叶控制，操作者可以控制其开关过程。导叶与导叶和涡轮叶片之间有非常紧密的开口。转桨式水轮机可以通过转轮叶片调节来控制流量；叶片之间的间隙以及叶片和壳体之间的空隙通常很大。虽然这是每种类型的常见情形，但涡轮机之间又有很大的差异。

Ruggles（1980年）指出混流式水轮机中导叶和转轮前缘的空隙容易造成

机械损伤。另外，转轮的高速运行也会对鱼类造成伤害。转桨式水轮机叶片较少（一般6～8个），空间间隔大，转轮运行速度低，机械损伤对鱼类的影响小。然而，转桨式水轮机很可能会造成Ruggles所说的损伤。即使这两种类型的水轮机在满负荷以下运行，也会产生负压、剪切和空穴效应。

已有研究表明，在现有装置上减小死亡率的最佳方法是在鱼类降河洄游期间保持高效率运行状态。为了尽量减少对鱼类的伤害，在这两种类型的设计中需要考虑以下几点。

（1）在导叶和转轮叶片之间保留最大间隙。

（2）涡轮机尽可能深地安置于预期的下游水平线以下。

（3）涡轮机叶片转速最小。

（4）设计涡轮机运行效率最高。

在鱼类洄游期间，涡轮机处于满负荷运转时对鱼类最有利，预计鱼类的存活率可达到90%～98%。

人们怀疑大型鱼类受到的伤害会更大。这些试验中用到的鱼体长为15cm或更小，预计更大个体的鱼类将会受到更大的机械损伤。

水电站造成的鱼类损失是渔业生物学家和工程师所面临的最令人头痛的问题之一。目前针对如何引导鱼类分流已经做了很多的尝试，其中一些取得了成功，这些将在本章的后面进行详细叙述。各种类型的格网已经被开发出来，其中有一部分取得了成功。这些格网的目的是为了将鱼类死亡率从10%降至5%。所有这些将在本章后面的格网章节进行阐述。

6.3 取水口损失预防措施

6.3.1 行为障碍

为了减小物理阻隔对鱼类的影响，科学家对诱使鱼类离开取水口的各种方法都进行了尝试。其中的大部分只是实验性的尝试，但有些已经进行了现场测试。气泡幕、吊链、各种类型的阀门灯以及各种类型的声屏障都已经进行了测试，但除了声屏障（在一定条件下）以外其他方法均没有很好的应用前景。

电力阻隔也经过了广泛的测试，这是最没有应用前景的类型之一。这种类型的阻隔在下游取水口遇到的最大麻烦是水流的方向。而在上游取水口设置这种阻隔（见第5章）时，鱼类要么被击退，要么进入到电场深处直到昏迷，而且当这些鱼类被水流带出苏醒后还会再次尝试进入电场。当鱼类进入下游电力阻隔的电场深处被麻醉后，往往会被水流推进电场更深处，逃逸的可能性非常小。

总体而言，行为障碍设施应用在湖泊冷却水或生活用水取水口中可能会取得更好的效果，因为这些取水口附近没有吸引鱼类的流速。

6.3.2　物理障碍和分流装备

这两种最常用的阻隔设施经过多年的发展已经形成了许多不同的样式。对于每一种障碍物而言，都必须给鱼类留出一条逃生的通道。换而言之，拦鱼格网和旁路设施需要配套安装，并且格网的有效性往往取决于旁路的成功与否。图 6.3 粗略地展示了一个典型的溪流取水口或分水口当中的旁路系统，该系统为鱼类提供了安全的洄游通道，使它们能够继续降河洄游。在这个案例中，取水口的流量为 $10m^3/s$，但只有 $0.25m^3/s$ 的水量通过旁路系统流回了河流。在设计这样的装置时，有几个问题需要深入思考。例如，进水管应该多宽和多深，格网网格多大、金属丝什么型号，旁路开口大小和位置等。这些问题的答案来源于鱼类的游泳能力、个体大小和行为特征，接下来的章节将对这些问题进行分开讨论。6.4 节讲述拦鱼格网的大小与位置、渠道形状和格网处行近速度。6.5 节讲述拦鱼格网网目大小，这个主要取决于被阻隔鱼类的物理尺寸。6.6 节讲述旁路系统，这主要取决于鱼类的行为习性，尤其是游泳能力。

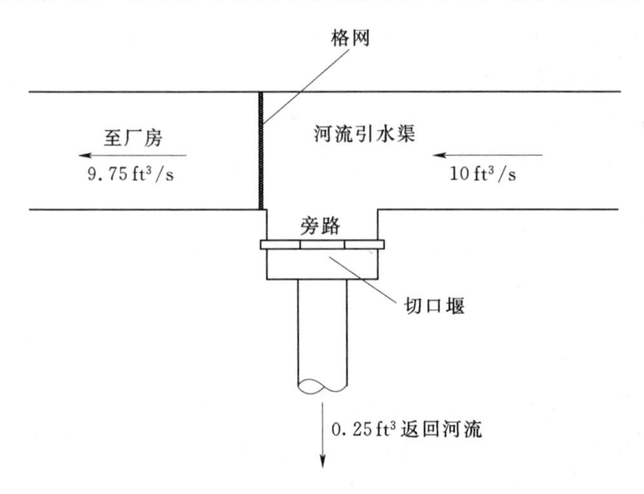

图 6.3　典型的溪流取水口或分水口当中的旁路系统

6.4　依据游泳能力确定的行近速度

许多生物学家开展了大量的实验来确定鱼类的游泳能力。其中一些在小个体鱼类上进行的实验是为了确定取水口外的尺寸范围。Kerr（1953 年）测试了体长为 1～7in 的鲈鱼和大鳞大马哈鱼的游泳能力。Brett 等（1958 年）测试了 2～6in 长鲑和银鲑的游泳能力。Bainbridge（1960 年）测试了 2～11in 的鲦鱼，鳟鱼和金鱼的游泳能力。这些实验的数据有力地解决了拦鱼格网的问题，尤其是设计中用到的渠道行近速度问题。

虽然拦鱼格网前的物理条件各有不同，但图 6.3 所示的假定情形，可能是能够遇到的最困难的状况。在这种情况下，引水渠道长度可能有 100in 或者更长。换句话说，格网距离河流足够远，鱼类到达格网后不可能再返回到河流中。因此，有必要提供一个旁路，使得它们可以继续降河洄游。然而，设计一个旁路并能让鱼类迅速找到它。已有研究表明，至少有部分鱼类会在格网前逗留。如果水流速度过高，鱼类就可能会在格网前累死或者撞死。因此，从实际应用的角度考虑，鱼类在这个区域里逆流而上的速度必须要与其巡航速度基本保持一致。

Brett 等（1958 年）在他们的实验中将红大马哈鱼和银大马哈鱼的巡游速度定义为：鱼类在强烈刺激且没有发生性能变化的前提下，最少在一个小时内可以始终保持的游泳速度。虽然这不符合我们对鱼类一天内保持的速度要求，但可以相信这在我们考虑的大致范围内。通过 Brett 的曲线进行外推得到，水温为 10℃时平均体长为 2.54cm 的鲑鱼鱼苗巡游速度为 0.5ft/s；水温为 5℃时的巡游速更低，由于洄游过程中这样的低温是不常见的，这里我们暂且忽略。

Bainbridge 的实验持续了很长的时间，图 6.4（b）给出了速度和持续时间之间的计算关系。从图中可以看出，该实验获得的巡游速度比 Brett 的要低得多。因为试验鱼类的种类不同，研究的最长巡航周期也仅为 20s，所以这样的结论不一定可靠。Bainbridge 指出在这个时期内鱼类能够维持的游泳速度为体长的四倍，由此推算出 1in 长鱼苗的持续巡游速度为 0.33ft/s。

Kerr 的研究结果与 Brett 的基本一致，并且因为他同时利用了鲈鱼和太平洋鲑鱼，所以他的观察结果更适用于鲑鱼的格网问题。Kerr 指出平均长度为 1in 的条纹鲈 100%的能够在 0.83ft/s 的水流中游动 10min；平均体长为 1.5in 的大鳞大马哈鱼只有 92%的鱼类能在 1ft/s 的水流下维持 10min。虽然他没有给出低速下的测试结果，但从图 6.4（c）可以看出，在 0.5ft/s 的水流中这个尺寸的鱼苗 100%的能够游动 10min。另外，他还指出体长相同的鲈鱼和鲑鱼之间的游泳能力差别不大。

从这些有限的实验数据可以得出，在实际应用中最小的太平洋鲑鱼鱼苗也能够以 0.5ft/s 的巡航速度持续游动一段时间，这样它们就能够找到安全的旁路以使自己远离格网。因为接近格网的水流速度缺乏一致性，温度也有可能发生变化，所以在整体设计中需要添加一个安全系数。在稳定的状况下，建议格网前的行近速度为 0.4ft/s。已有研究结果表明，当接近格网的水流速度高于 0.4ft/s 时，最小的鲑鱼苗会迅速变得筋疲力尽，并被水流带入格网而死亡。

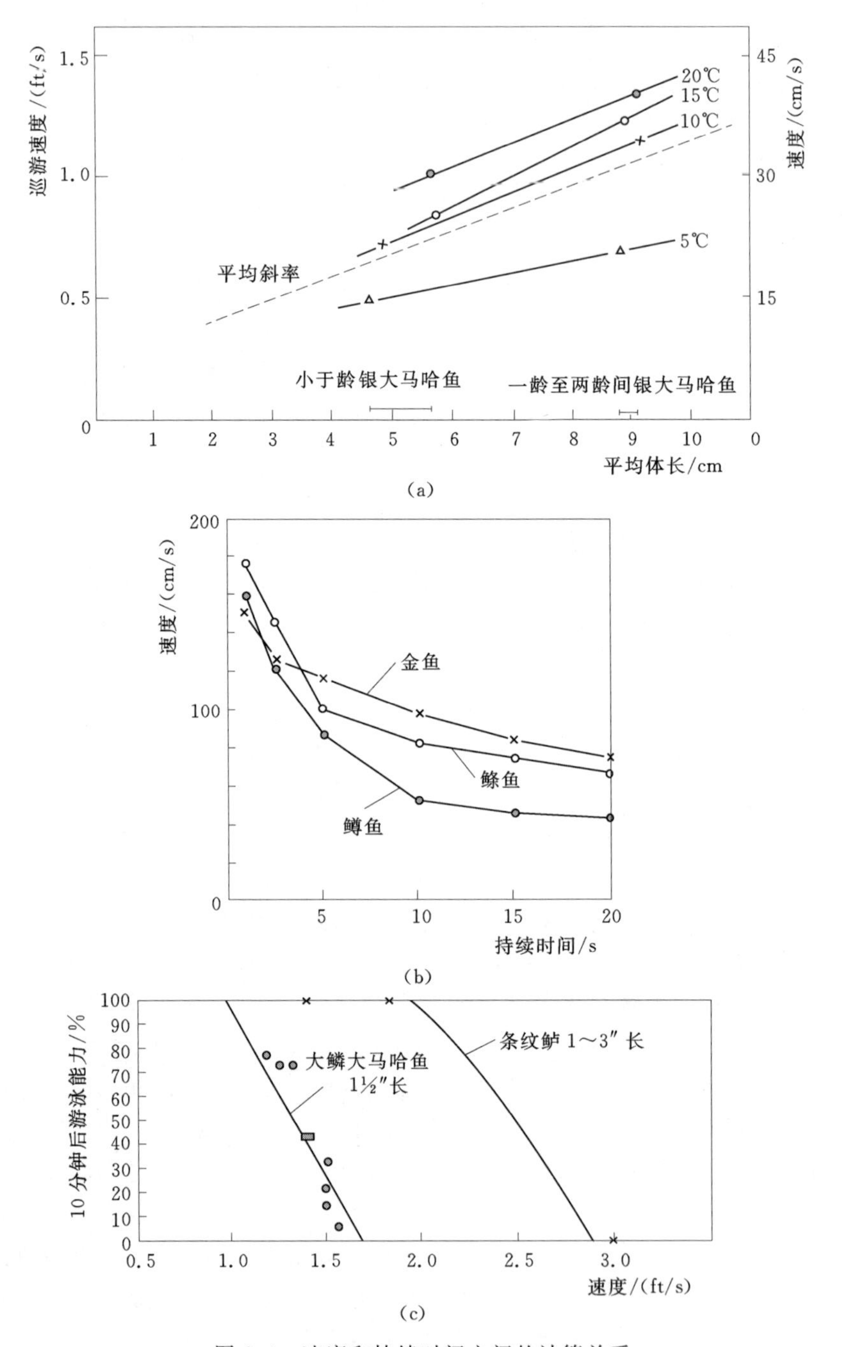

图 6.4　速度和持续时间之间的计算关系

这种规格的鱼苗仅出现在鱼卵刚孵化后的春季，随着季节的变换鱼苗也会慢慢长大，它们能够承受的水流速度也会越来越高。

在没有鱼苗存在的情况下，拦截鲑鱼格网前的水流速度可以适当的放大。就体长为8cm以上的鱼类而言，推荐的安全标准为1.0ft/s。Brett的数据也支持了这个结论，并且实践已经证明这个标准是能够满足要求的。

正如前面所说，有几个因素会影响到这些标准的应用，并且这些因素应该在使用标准之前进行评估。这两个主要因素是：①存在异常温度的可能性；②以上论述未涉及到的种类。关于第一点，Bret对温度影响的一些定量描述可以作为一个依据。关于第二点，由于鱼类游泳能力的实验尚未广泛开展，设计者需要针对没有资料的鱼类开展试验研究。Bainbridge给出了不同实验条件下各种鱼类游泳能力的变化范围。另外，Kerr的实验结果表明在相同的环境状况下，体长为1in的鱼类游泳能力差别不大。

当鱼类行近速度确定后，就可以据此推算出引水渠的尺寸。水渠横截面的形状并不是很重要，只要在鱼类洄游过程中遇到低水位时，横断面能够产生一个与行进速度相等的平均流速就行。然而，应该避免横断面出现极宽或极深的情况，因为这样会对穿过格网的流速产生影响。许多河流取水口的渠道直接与泵站相连，拦鱼格网就安装在这种渠道中，泵的取水管悬浮在格网正后方一段很短的距离内。因此，最高流速往往处于取水管附近，而最低流速往往出现在距离格网较远的地方。如果引水渠不过浅或过于窄深，且取水管放置在格网后面一个合理的距离内，穿过格网的流速分布将会是很均匀的。同时，在某些情况下，在吸入管的末端安装一个Y形或T形管件，得到的流速分布可能更均匀。但是，这是一种优选的布置方案，所有的水渠都布置成这样是没有必要的。

从实用的角度讲，假设格网的表面积与之前讨论过的引水渠的过水横断面一致。假如这两个不一致，水流状况就受到较小断面的控制，并且经过该断面的流速必须满足特定的需求。换句话而言，如果流速需求是0.4ft/s，每立方英尺每秒流量下对应的最小格网面积必须为2.5ft^2。引水渠的横断面必须大于或等于这个数值。

6.5 格网的网眼类型和尺寸

目前用于取水口拦截鱼类的格网有四种类型，包括简易格栅网筛、织造格网、多孔板及楔形丝格网（改进的焊接网筛）。

简易格网形状类似拦污栅，由许多垂直的板条或栅栏组成，网格之间足够小的空隙能够阻止鱼类穿过。这种格网对于较大的鱼类有效果，但对于较小的鱼类效果不是很好，因为空隙容易被碎渣和藻类堵住，并且空隙过小还会限制取水口的流量。基于这些原因，现代化建设的取水口不再采用这种简易格栅网。

编织网筛通常由金属丝制成，网格之间具有正方形的开口。如图6.5所示的固定拦截格网，网线通常采用绳索或合成麻绳。对于湖岸这种特殊类型的取水口，这种网筛的安装和维护费用都很低。但其安装位置需要距离取水口足够远，以使通过格网的流速低于0.4ft/s。以往的经验表明网格尺寸和组成材料不仅与拦截的鱼类有关，而且还与所在河流或湖泊的水温、流速等因素有关。在流水的河流或人工渠道中，通常采用金属丝网筛。

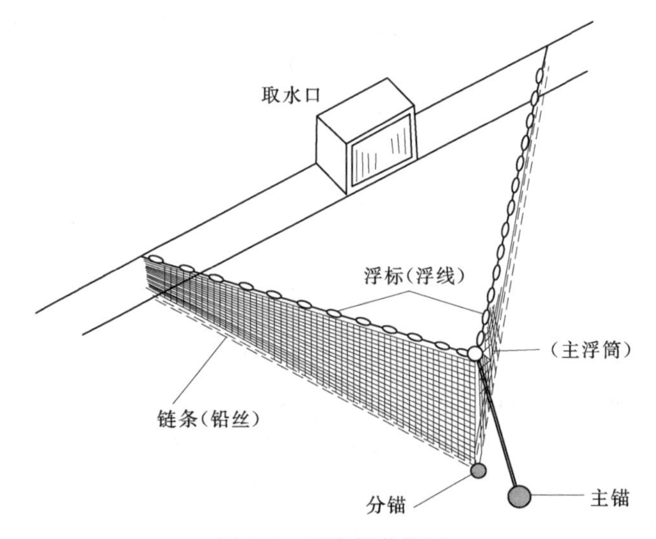

图6.5　固定拦截格网

网眼开口大小可以根据拦截鱼类的大小确定，这里所指的大小是指鱼体的最宽处。然而，采用这种方式确定的网眼开口大小也并不一定总能满足实际的需要，因为鱼体具有柔韧性，能够穿过比网眼开口小的空隙。因此，利用活鱼实验确定网眼尺寸是一个更优的选择方案，在实验中采用具有多种尺寸的格网确定出那种尺寸更为合适。

结合实验结果和以往经验，可以得出不同大小鱼类通过正方形网格的尺寸，如下表所示：

尺　寸　和　种　类	开口尺寸（正方形的1边）
刚孵化的粉红鲑鱼鱼苗（约1in或2.54cm长）	0.10in
红鲑鱼苗、大鳞大马哈鱼鱼苗、银鲑鱼苗（约1.2in或3.05cm长）	0.12in
大鳞大马哈鱼和银鲑鱼苗（约2in或5.0cm长）	0.15in
一岁鲑鱼或小鲑鱼（约3.5～6in或8.4～15cm长）	0.25in

通常可以找到金属丝尺寸（直径）和每英寸网眼数的最佳组合，在这种组合下格网大约有50%的开放空间。在通常情况下，这个开放空间的百分比是十分必要的。如果开放空间的百分比太低，通过筛幕的速度会过高，有的鱼可能会被迫靠在格网上或者一直待在那里。应避免出现这种情况，尤其是旁路位置和设计不完全符合本章6.4节提到的要求时。如果穿过格网的水流速度过高，鱼类就会因为找不到旁路系统而长期滞留，最终死亡。

当谈到格网的开放空间时，就要涉及净开放空间的问题。这意味着框架结构、任何支撑，以及金属丝的面积都必须从垂直于水流的格网面积中扣除。就这方面而言，给筛幕镀锌也增加了金属丝的表面积，降低了格网开放空间的净面积。但无论如何，在格网设计和框架制程中都要至少保留50%的开放空间。

穿过格网的水头损失随着净开放面积的减小而增大，这是取水口业主需要重点考虑的问题。就灌溉水渠的重力流而言，几英寸的水头损失就会严重的影响农民和农场主的取水量。而对于其他有足够水头和动力负荷的取水口而言，较小的水头损失不会有很大的影响。水头损失在规定的行近速度0.4ft/s下，几乎可以忽略不计。针对春鲑和银鲑鱼苗的转筒格网，在净开放空间为50%和行近速度为0.4ft/s时，总水头损失小于0.02ft；而相同条件下垂直格网的水头损失小于0.01ft。然而，如图6.6所示，通过单一格网的水头损失随着流速增加会快速上升。

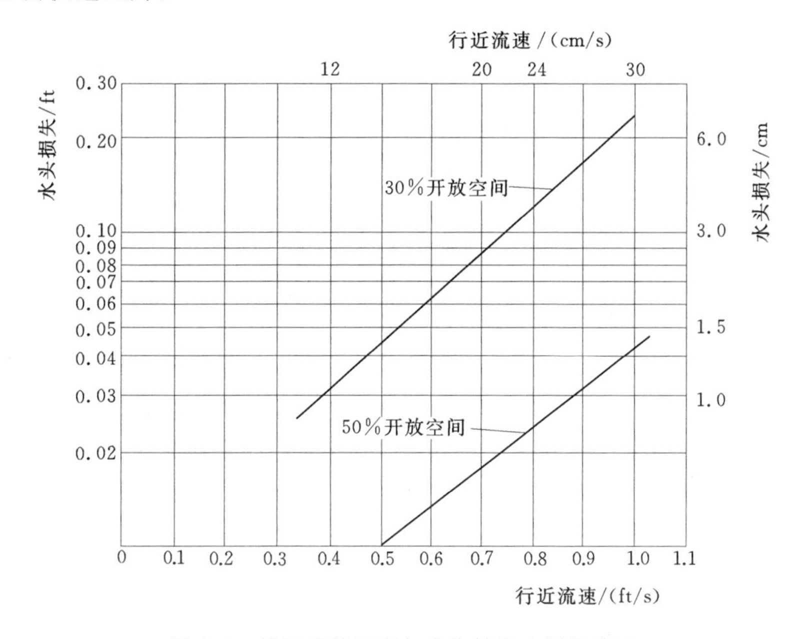

图6.6 格网开放面积与水头损失之间的关系

图 6.6 也给出了格网开放面积与水头损失之间的关系。用于春鲑和银鲑鱼苗的格网，在行近速度为 1.0in/s 时，开放空间为 30%时的水头损失为 50%的 5 倍。

相对而言，大网眼和大比例开放空间的水头损失会小些。小尺寸的网眼，譬如用于最小鲑鱼苗的格网，在开放空间最小为 50%的情况下，水头损失略有增加。

在实际应用过程中，通过格网的速度和产生的水头损失更多地取决于任意时间内格网上碎渣数量的多少。这就需要设计者根据以上的经验教训进行综合判断。就没有自清洁装置的垂直格网而言，清洁格网的水头损失最小。但通常而言，即使经常清洗格网，正常运行时格网的水头损失也要高些。就有自清洁装置的格网而言，如接下来将要讨论的转筒格网或移动格网，行近速度能够直接用于确定格网面积。但不经常手动清洗的格网（每天 1～2 次，或者更长），需要加大格网面积。这就需要给小型泵站取水口或不经常清洗的取水口添加一个安全边界。当然，不管是人工清洁格网，还是自动清洁格网，所有格网的开放空间都必须高于 50%。

除了金属丝以外，其他的材料也可以用于格网中。具有不同尺寸和孔隙形状的薄钢板在经济上也是可行的。其中，孔隙形状有圆形、方形、六角形和狭槽形等多种。这些在不同材质（如铜、锌）和厚度的板材上都能使用。总体而言，多孔板比相等网孔尺寸的金属丝格网具有更低的流量系数，因此水头损失也更大。除安装有机械清洗器的特殊情况外，多孔板很少用作拦鱼格网。

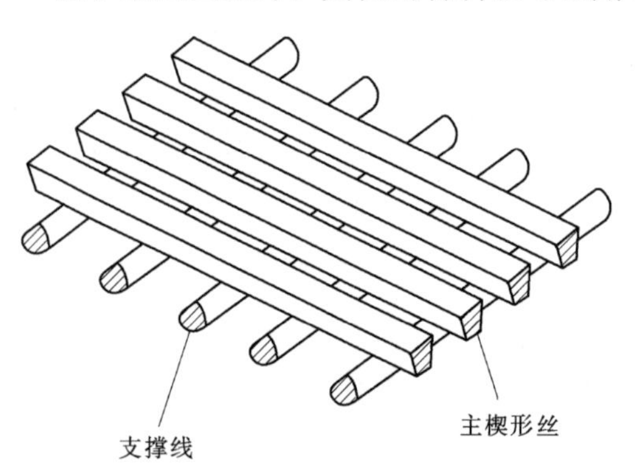

图 6.7　一种新型的楔形丝格网

图 6.7 所示为一种新型的楔形丝格网。它由明尼苏达州圣保罗市的约翰逊公司制造，是一种流速改进型的金属丝格网。当行近速度超过 3ft/s 时，这种格网在很大程度上能够完成自清洁行为，同时它能够更容易的转移鱼而不会使其碰撞格网。虽然目前还不能提供其水头损失的信息，但从许多装置都使用这种网格可以看出其广阔的应用前景，这些将在本章的后面部分进行论述。

6.6　旁路

旁路多年前已经被纳入到拦鱼格网装置中，但其设计比格网的发展更慢。其主要原因是在洄游鱼类被拦截的情况下，任何类型的旁路都能够使鱼类回到河流中去。然而，针对其他类型转向器或导向板的研究结果表明需要对旁路研究进行重新考虑。

最近开展的试验主要与百叶窗分流器有关。这些实验表明需要更好地设计旁路。简而言之，在分流试验中，没有找到旁路的鱼类会上溯一小段距离，然后再游回分流器。经过多次尝试后，越来越多的鱼类会穿过分流器。鱼类在第一次被分流后，进入阻止它们游回去的旁路时，穿过分流器的损失会显著减小，这种结果是合乎逻辑的。这种情况在后来的研究中也得到了证实，在旁路的设计大大改善后，分流器的效率会显著提高。

类似的格网旁路设计改进方法对于形成一个完整的物理屏障是有益的。被格网拦截的鱼类不能立即进入旁路，就会再次尝试穿过格网。然而，在多次尝试后，这些鱼类就会因为疲劳而死亡，或因此会更容易被捕食者攻击。因此，对旁路设计进行改进能够降低鱼类的死亡率。

在理想的情况下，旁路设计是控制鱼类行为的关键要素。然而，鱼类幼鱼的降河洄游行为有很大的差异，同一个旁路很难满足各种鱼类的需求。譬如，红鲑有集群的习性，而银鲑和大鳞大马哈鱼幼鱼就没有这个习性。对于红鲑幼鱼而言，宽、浅的旁路更适合于鱼群洄游，但其他物种却需要较窄的旁路。

不同大小的鱼类游泳能力也有很大的差异。适合太平洋鲑鱼鱼苗的旁路，对幼鱼就未必适合，尤其是 2 龄的幼鱼，因为这些鱼类游泳速度更快，并且如果流速不够高，它们能够很容易地从旁路逃出。

在设计格网旁路中需要牢记的原则如下。

(1) 位置——旁路入口应尽可能设在接近格网的区域。因此，如果格网较短，它通常位于靠近格网的一端（图 6.3）。如果格网较长，则位于格网的两端。如果格网特别长，则需要在格网前面间隔布置多个入口。在这种情况下需要把入口安置在支撑桥墩内，这些入口与埋在地板下的管道相连以便将旁路中的水流导入河流中。因为格网通常安置在浅水区，所以旁路入口也多位于水面上。当格网（如机械移动格网）位于短深水域中时，还需要附加有其他的旁路入水口。如果取水口位于格网的一定深度，并且行近速度不均匀的情况下，更需要附加的旁路入水口。

(2) 速度——小型灌溉取水口的简易旁路通常由穿过加宽入口旁路的堰组成（图 6.3）。堰上的缺口或孔允许所需的流量通过，落入堰后面的水池或井，然后通过管道或水槽流入河流。如果水池水面和格网正前方水面之间的水头保持在 18in 或以上，即使是最大的幼鲑也不可能穿过围堰进入分水渠。常规安装方式下，这种旁路入口处的吸引水流不够大，但在经济上合理的流量前提下，很难通过设计改造提供更大的吸引水流。从实际情况出发，这种类型的旁路也是很好的。因为这种装置操作简单，便于农民或牧场主调整旁路流量，以减少不必要的流量损失。

然而，在理想的情况下，旁路中需要足够大的流量才能保证入口横断面面积足够大，并且在下游也有满意的流速。Brett 和 Alderdice（1953 年）建议除保证集群鱼类旁路的宽度外，旁路中的水流还要呈流线型，并且加速度不能超过 0.1ft。Ruggles 和 Ryan（1964 年）百叶窗实验得出，集群鱼类的旁路入口最小需要 18in 宽，并且旁路入口的流速至少要等于穿过百叶窗的行近速度，或者高于该速度的 40%。这种理想的状况并不是总能够实现的。

Brett 和 Alderdice 推荐的水流逐步加速过程，可以消除环境的突然变化，避免惊吓鱼类。旁路的均匀流场也很重要，旁路中凸起物形成的湍流和水流表底层（左右侧）存在流速差异都是不可取的。这种流态除了对鱼类有扰动外，还会形成低速区。

（3）流量——如前所述，旁路流量越大，对鱼类产生的吸引力越大，成功的可能性也就越大。然而，如果入口位于格网附近，旁路流量就不能过大。就大型分水渠而言，旁路流量不能超过总流量的 1%。就小型分水渠而言，旁路流量可以适当的大一些，以保证鱼类能够顺利的游入。对于小型设施而言，采用小于 8～10in 的管道将鱼类导入河流的做法是值得怀疑的。虽然这种管道中不一定需要充满水流，但水流至少能需要满足鱼类的游泳水深。因为梯度和管道材料不同，这就需要设计者综合考虑各种因素来确定旁路流量大小，以保证管道内具有足够的水深。

6.7　灌溉沟渠格网——旋转滚筒格网

旋转滚筒格网于 1921 年由俄勒冈州游戏委员会开发。自此以后，它已被用在北美洲太平洋海岸的数百个类似设施中。图 6.8 中旋转滚筒格网的格网转筒长度为 6ft，直径为 6.2ft。当运行水深为 2ft 时，这种装置可以有效地通过 $6ft^3/s$ 的流量（行近速度为 0.5ft/s），或 $12ft^3/s$ 的流量（行近速度为 10ft/s）。格网下游的水流速度足以驱动叶轮，然后通过链和齿轮的作用推动滚筒转动。一个简单的木质拦污栅安装在格网的上游用于拦截垃圾，旁路入口安置在格网的一端。整个系统放置在一个开口的混凝土房子中（墙厚 6in，地面加厚处理）。在这种类型格网的建设、调试和运行过程中，这些问题需要格外注意。

为了消除大于网格尺寸的边缘空间，滚筒必须小心地安置在房子中。为了避免滚筒转动时凸起或凹陷产生的空间，格网必须要小心地固定在滚筒上。如果格网在滚筒上固定得太紧，滚筒将会变形，形成鱼类能够逃逸的空隙。橡胶密封必须沿着基地和侧面进行，以防止在格网上形成不规则表面。因为鱼类会快速的发现能够通过的空隙，所以这些注意事项是很有必要的。

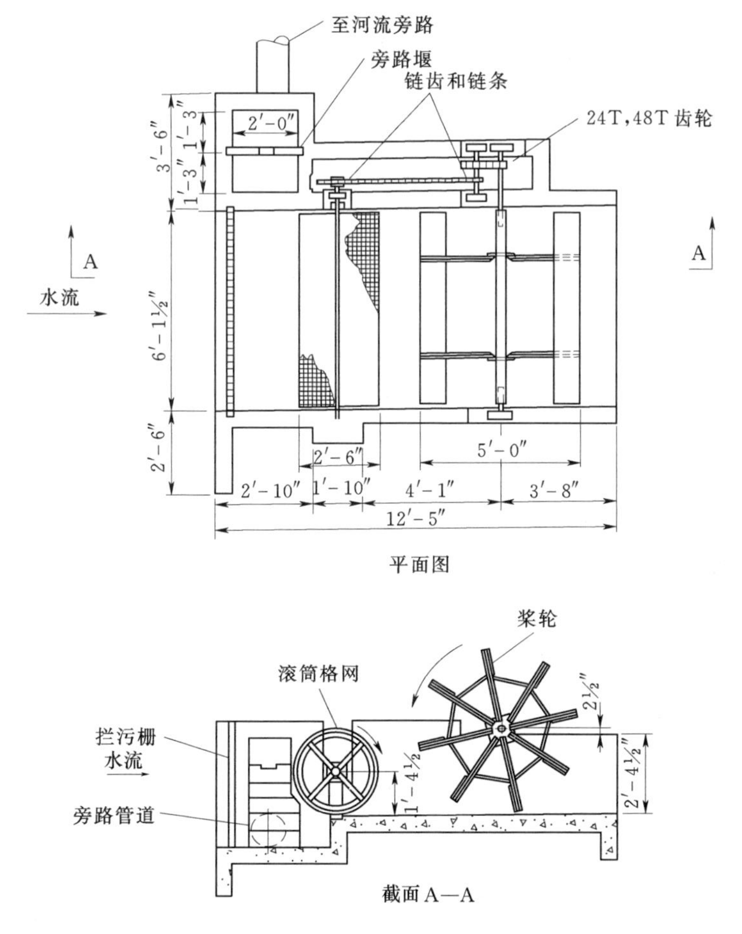

图 6.8 旋转滚筒格网的格网

这种类型格网的弱点是，水深不能超过其直径。在水深为直径的 2/3 或 3/4 时，格网运行过程中能够将垃圾带走。然而，随着在滚筒水深的增加，格网的曲面将接近水平面。鱼类似乎有远离水面低速区域的倾向，当水深超过正常运行范围时，鱼类会与碎渣一起越过格网。

这种类型的格网结构简单，建设、运行和维护费用都很低，因此在需要大量灌溉设施的太平洋流域得到了广泛的应用。当行近速度为 1ft/s 时，大约需要花费＄2000/(ft^3/s) 来安装过流量为 10ft^3/s 或更大流量的过流设施。对于较小的行近流速而言，每单位水量的安装花费会成比例的升高。每年的维护费用为安装成本的 2%。主要的维护开销为置换密封胶和金属器件喷漆。永久性木质结构通常安置在筛鼓上，以协助进行滚筒检查和维护。此外，泥沙池（格网前方的凹陷）能够防止格网受到沙子和淤泥的侵袭。

转筒格网由链条和齿轮驱动，也可以通过其他联动机构（如一个驱动轴和锥齿轮）驱动。如果电力是现成的，也可以用一个小的马达取代桨轮。对于较大的设施而言，可以将滚筒并排的摆放在渠道中，并在滚筒的连接处设置旁路入口。

这种在小型灌溉水渠中使用的格网，也在大型水电开发项目中有过应用。一个典型的例子是白河的普吉特海湾电力和照明设施，其格网过水流量为 $2000ft^3/s$。

到目前为止，所有描述的格网均垂直的安装在沟渠或者引水渠上。最近的研究结果表明，调整格网的角度，并提供更好的旁路流速能够显著的提高工作的效率。图 6.9 展示了其中一个安装在加利福尼亚州蒂黑马-科卢萨运河的格网。注意这当中的多个旁路，它与用于成鱼的设施安装在了一起。未来还将有几个这种大型的格网安装于太平洋海岸。

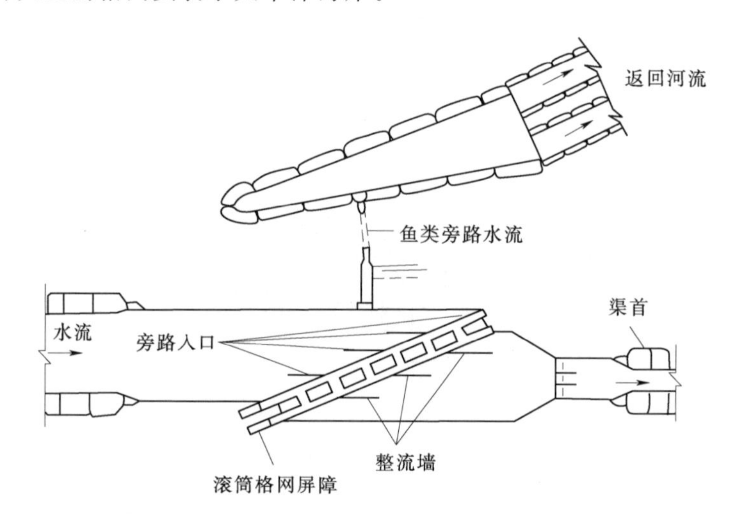

图 6.9　安装在加利福尼亚州蒂黑马-科卢萨运河的格网

6.8　斜面格网

第一个倾斜面格网可能是由 Wales 等人（1950 年）所描述的格网。它安装在一个灌溉沟渠上，由一个与水平面呈 33°夹角的平滑多孔板组成。最初的版本中有一个附着大量刮水片的桨轮驱动臂，当斜面格网完成一次周期性的上下运动时，刮水片能够清除格网上的碎渣。由于活鱼（或死鱼）与垃圾会一起通过这种格网，效果并不是很理想。然而，这却是后来很多成功设施的先行者。

针对一些特殊用途的进水口，Kupka（1966 年）开发了一种更为精细的格网。这种格网与水平面的夹角更小，其环状带上安装有刷子，可以从底部涂刷筛幕顶部。当鱼和碎渣通过格网时，碎渣与鱼分离，碎渣落入一个特殊的水槽，而鱼则落入另一个水槽进入旁路。据报道这种装置在不列颠哥伦比亚罗伯逊溪取得了令人满意的效果。因为格网与水平面之间的夹角很小，鱼类不会撞上格网，而且很容易通过格网进入旁路。

Finnegan（1977 年）描述了另一种类型的装置，它完全水平地淹没在水体中，彻底消除了垃圾堵塞的问题。除此以外，它还有一个旋转桨轮驱动的刷毛来保持清洁。

楔形丝格网的引入是促进斜面格网发展的最重要因素，其优越的水力特性极大地促进了该格网的进一步发展，而且为其他应用提供了可能，这将在后面叙述。

Eicher（1982 年）描述了安装在 T. W. Sullivan Plant at Willamette Falls, OR 上的该装置，它包含一个安装在压力管道上的倾斜格网（图 6.10）。该格网由 0.08in 的楔形丝栅条构成，空间间隔为 0.08in，以与水流方向呈 19°的位置安装在压力管道上。压力管道的平均流速为 5ft/s，格网表面的速度为 1.5ft/s。高速水流将鲑鱼幼鱼带入旁路，同时将格网上的垃圾也冲走。如图 6.10 所示，格网还可以翻转过来清洗，但这种情况基本没有必要。据报告通过旁路分流的鲑鱼幼鱼存活率为 90%。改进压力管道和旁路糙率有望能够提高鱼类的生存率。

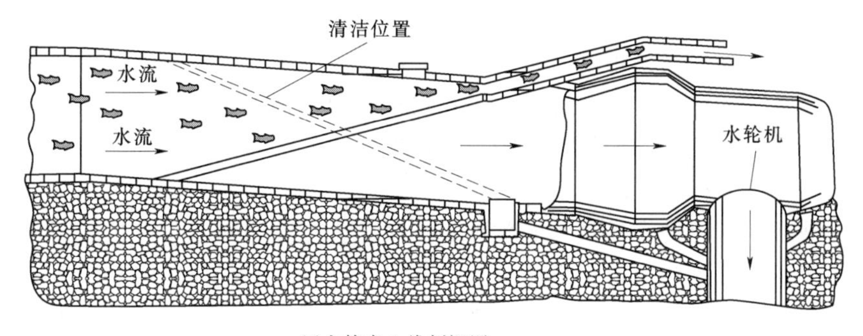

压力管中心线剖视图

图 6.10 安装在压力管道上的倾斜格网

然而，由于偏离了 0.4～0.5ft/s 的标准水流速度（格网前），该装置尚未得到管理机构的普遍认可。

20 世纪 70 年代末倾斜格网采用的实验材料有铝孔板、孔板和网格板等，使用的实验鱼类有拟西鲱、鲈鱼、白鲈鱼、大西洋小鳕等，这些都取得了很好的效果。这种装置后期发展到用楔形丝格网保护鱼卵和幼体，也取得了令人满意的效果。这方面的研究在未来还会继续进行。

6.9　固定的且垂直于水流的工业取水口格网

固定格网已被成功地用于工业和生活用水的取水口。然而，在格网的设计中也需要充分考虑清洁问题，以减少使用劳动力所付出的代价。先前所概述的设计准则同样适用于这种类型的格网，不同的是格网区的安全系数更大。

例如，如果要阻止鲑鱼苗或其他长度约 1in 的鱼类降河洄游，格网金属丝直径就需要 0.028in（或每英寸 8 个网格）才能满足要求。此时通过格网的行近速度为 0.8～1.0ft/s。然而，格网安置处可能距离用水点很远，劳动力支出成本很高，最多只允许工作人员每天检查和维护一次。在这种情况下，可以想象格网很容易被垃圾、藻类等堵塞。假设取水口流量不变，行近速度也不变，穿过格网的水流速度将显著提高，局部区域的行近速度和穿过格网的流速也都会很大。在这种情况下需要有足够的空间提供低至 0.1ft/s 的行近速度，这就需要格网表面积堵塞 3/4，并且不能够形成行近速度超过 0.4ft/s 的区域。

对于大多数小型水利设施，如小型灌溉和生活用水的取水口，一个简单的格网装置价格并不昂贵，并且很容易维护。对于大型水利设施而言，如工业用水和冷水取水口，需要对格网进行定期检查和维护。

通常情况下会在取水口细格网前设置粗格网，这样做的目的是为了防止细格网被大的碎渣损坏。粗格网采用直径大约为 0.072in 的金属丝，网格大小为每英寸 3 个。其他的组合也可以应用在粗格网中，这主要取决于所期望的挡板的强度和跨度。当然，需要注意的是粗格网的开放空间要大于细网格，否则鱼类会被困在两个格网之间。

这种格网的清洁操作规程非常重要。大型设施的格网通常由挡板制成，其框架由凹槽或角钢构成，粗格网安置在外侧，细格网安置在内侧。然后将挡板放入安装格网盒子的导向槽中。需要注意的是挡板要紧贴导向槽，避免空隙大于细格网净开放空间，以防止格网周围的鱼类损失。为了能够给鱼类提供更多的保护，需要为挡板并排安装两个导向槽。另外，还需要一个备用挡板。这样在挡板的切换过程中，才会有更少的鱼类被困住。

图 6.11 为一个典型的格网装置。在河流处于最低水位时，取水口格网面积为 $100ft^2$，取水量为 $10ft^3/s$。该装置仅需要偶尔清洗一下。该格网系统框架由宽缘梁构成，三个可移动的挡板均由角钢和平板组成。挡板中内侧为每英寸 8 格的细格网，外侧为每英寸 3 格的粗格网，两网之间的间隔为 5in。一个

小的台架被用来从槽中取出部件进行维修。需要指出的是，由于取水口距离河道主流很近，该处没有设置旁路，而且格网下游的堤坝线与河流的夹角为45°，这样鱼类可以顺利地向下游洄游。

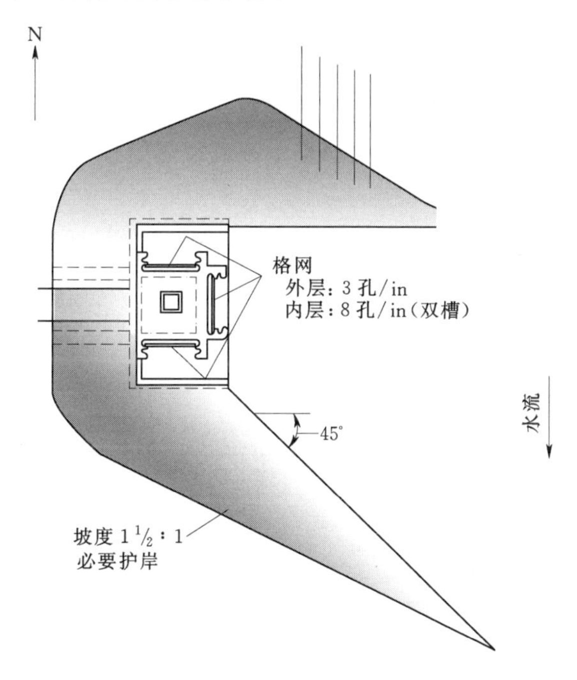

图 6.11 典型的格网装置

各种形式的固定格网已经在湖泊取水口中应用多年。湖泊中需要保护的不仅有体长为 1in 的小鱼，还有美国鲥鱼，彩虹胡瓜鱼、黄鲈、灰西鲱等其他物种的早期资源。这种格网的网眼很小（低至 0.02in），以减小通过格网的水流速度（低至 0.5ft/s）。已经证明这种尺寸的楔形丝格网是很成功的，并且很少需要清洗。

通常的做法是每天采用短时间（10s）的反向冲水方法进行清洗，在某些情况下也会尝试用热水冲洗，但还没有完全取得成功。

在细网眼低流速的格网设计过程中，需要综合考虑当地的藻类生长、物种组成、物种大小、水温、水质等要素。这种类型的格网比宽网眼格网对环境的变化更为敏感。

固定格网的制造成本相对较低，但也会随着格网面积、水流速度和预期维护等因素而发生变化。因此，通过“单位水量”计算其制造成本是不合理的。正如前面所言，这种格网的维护费用很高，所以在安装前需要进行慎重的考虑。

6.10　工业取水口格网的机械或自我清洁

由于固定格网的人工清洁成本太高，企业转向寻找一些低成本的机械或自清洁方法。目前已经开发出多种该类型的产品，包括具有自动耙的棒条筛、利用射流清洁的环形皮带格网和其他利用射流清洁的滚筒格网。虽然这些格网已用于生活用水、污水处理和造纸业等多个领域，但仅有环形皮带格网和移动格网能够成功用作拦鱼格网。

图 6.12 展示了移动格网的经过改造后用于保护幼鱼的部分。格网可能具有适合拦截鲑鱼幼鱼的网眼，也可能具有适合拦截更小鱼类（大肚鲱、碧古鱼、鲈鱼等）的网眼。已有研究结果表明，在有低压喷雾和鱼类升降桶的情况下，其持续运行时能对鱼类起到很好的保护作用。

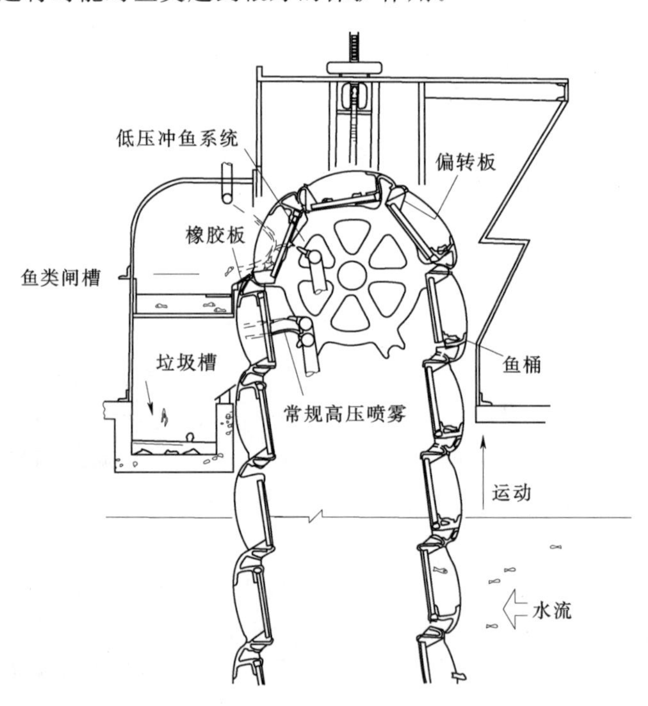

图 6.12　移动格网的经过改造后用于保护幼鱼的部分

需要注意的是盛鱼的水桶。这些水桶是不漏水的，能够使鱼类通过格网时保持湿润。然后用低压射流把鱼类冲入鱼槽闸门，在重复使用前再用高速射流清洗格网。移动格网上的所有这些特性都可以进行改造，以减少对鱼类的影响。水流冲击曾经是导致鱼类死亡的主要原因，但通过对这些设施的改造，取得了很好的保护效果。在不同地点的测试结果表明，最脆弱幼鱼的生存率也在

95%的范围内。

在主流离取水口比较远的情况下，需要给这种类型的格网设置旁路。旁路的设计应尽可能地遵循以前提出的原则。然而，实际情况可能会限制旁路的运转效率，为此常常将格网设置在取水口附近，这样就不需要再设置旁路。图6.13展示了加利福尼亚州太平洋天然气和电气公司在匹兹堡蒸汽动力厂的取水口。根据Kerr（1953年）的报道，通过机械移动格网提取的水量高达900ft^3/s。因为拦污栅工程与取水口建筑不在同一侧，所以Suisun湾的水流能够自由地通过格网。如果能够保持较低的行近速度，这种方式就不需要建设旁路。

中心过流式格网主要用于欧洲工业取水口，在美国也有少量的应用。这种格网经过改进后，能够减少鱼类的冲击死亡率。改造方法与前面介绍的一样，需要在挡板格网上添加鱼桶和射流设备。

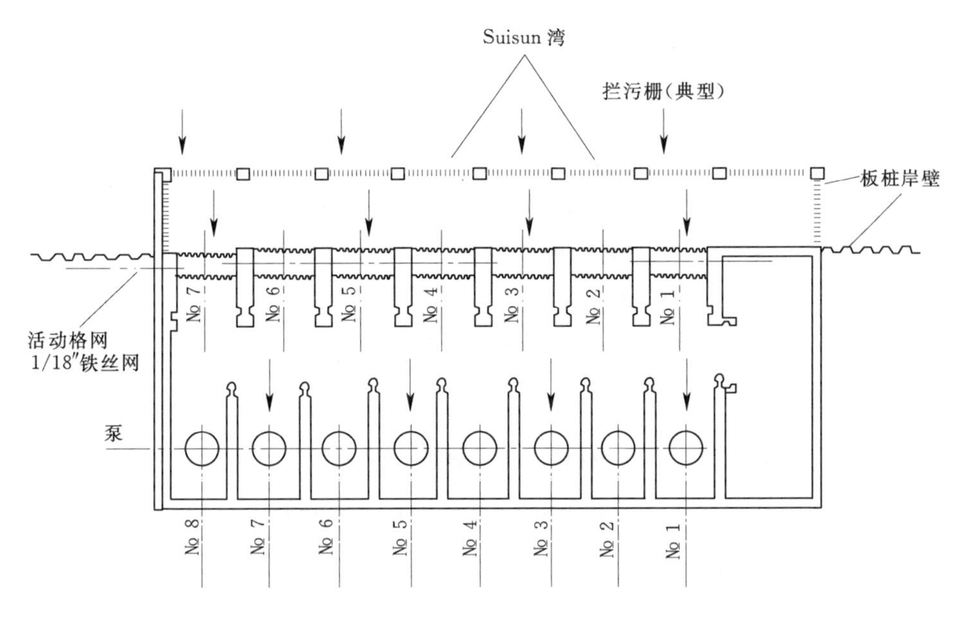

图6.13　格网结构平面图（加利福尼亚州太平洋天然气和电气公司在匹兹堡蒸汽动力厂的取水口）

6.11　百叶窗转向器

在本书早期版本发行的1961年，人们就认为百叶窗分流器将会有很好的应用前景，但在那个年代并没有取得很大的成功。

百叶窗转向器已被广泛地应用于多种鱼类的测试中，包括鲑鱼、鲈鱼、鲶鱼、鲥鱼、鲅、北部鳀鱼、皇后石首鱼、白姑鱼、碧古鱼和夏纳鲈鱼。试验结果变化很大，转移效率为 40%～90%。只有鲑鱼的转移效率达到了 90%以上，其他鱼类（鲈鱼等）的转移效率均较低。

显而易见的是，百叶窗转换器只能用于转移效率高的地方。一个典型的应用是仅有少量鱼类通过水轮机的电站取水口，如果将百叶窗转换器安装在取水口前，就能够显著地减少鱼类死亡率。例如，如果大坝水轮机的鱼类损失为 10%，百叶窗的转移效率为 90%，那么通过水轮机的鱼类损失就会减少至 1%。

百叶窗系统由垂直安装在水槽上的一系列栅条组成，栅条平的一侧与水槽壁成直角，使得它们与引水槽中的水流方向垂直（图 6.14）。它们排成一排安装，与水流方向有一个非常小的角度（如 15°）。在图中这个角度被表示为 ϕ。速度分量在图中标出。V 是行近速度，$V\sin\phi$ 是垂直于百叶窗的速度，该速度等于或低于鱼的游泳速度。百叶窗运行的假设是鱼首先到达它的尾部，然后保持一定的速度（小于 V）。当感受到百叶窗的作用力后，它们调整至 $V\sin\phi$ 方向，最后被带入 $V\cos\phi$ 的方向，直到找到旁路。

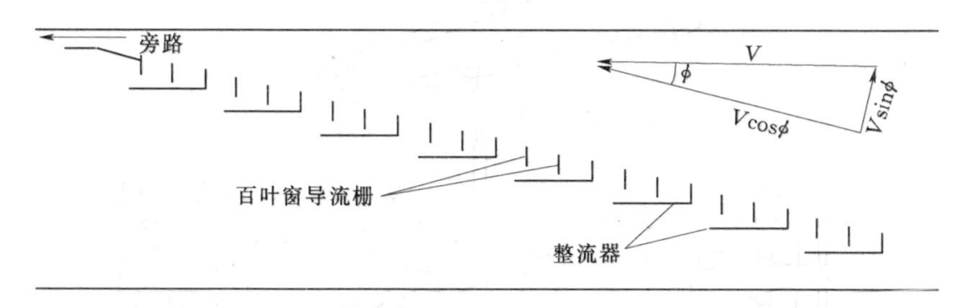

图 6.14　百叶窗系统

V—水槽中行近速度；ϕ—百叶窗角度；$V\sin\phi$—鱼类游泳速度；$V\cos\phi$—鱼体合成速度

在迄今为止所进行的测试中，当百叶窗栅条间距为 1～4in 或更多的时候，行近速度、旁路速度发生了变化，物种也发生了变化，获得了大量的实验数据，但只有以下几条具有共性。

（1）就鲑鱼而言，改变行近速度对转移效率影响很小。在大部分试验中，行近速度变化范围为 1.5～4ft/s。无论是水电站还是其他取水口狭槽，设计者都需要慎重考虑这一点。

（2）就其他物种而言，改变行近速度确实对转移效率有影响。游泳能力和洄游距离比鲑鱼小的鱼类（鲈鱼、白鲶鱼）行近速度和洄游效率呈反比例关系。当行近速度低于 2.5ft/s 时，鱼类洄游效率显著提高。

（3）栅条间距似乎对鲑鱼幼鱼的洄游效率影响不大。间距为 6in 或小于这个数值时，鱼类洄游效率在相同的范围内。然而，栅条间距对鲑鱼鱼苗和其他物种的幼鱼的洄游效率影响很大。就鲑鱼鱼苗而言，实验（Ruggles 和 Ryan，1964 年）结果表明栅条间距不超过 2in 是种理想的选择。其他物种试验中，栅条间距多为 1in。

除了提供这些一般性的建议外，大量的百叶窗实验还能够为加深理解旁路需求提供帮助，这些对于格网和分流装置设计都有很大的益处。

旁路设计中首先需要考虑的问题是旁路宽度需要与鱼类行为一致。如果鱼类具有集群行为，旁路就必须更宽。因为当宽度很小时，旁路中有大量的鱼会游回上游。

在这种情况下，建议的旁路宽度最小为 18in。如果鱼类不具有集群习性，旁路宽度为 6in 就能够满足需要。

旁路设计需要考虑的第二个问题是水流速度。旁路水流速度必须随着狭槽中行近速度的增大而增大，否则转移效率将会下降。在一般情况下，高于行近速度的 140%将会取得令人满意的结果。

由于百叶窗装置相对易于安装，其成本一般比格网的低。同时因为百叶窗栅条的间距宽，不容易堆积垃圾，所以维护成本通常也比格网低得多。然而，它也需要定期进行维护。

6.12 水电站取水口鱼类降河洄游保护对策

许多水电站建于 40～50 年前，那时人们还没有考虑到水轮机对幼鱼的伤害。现在，人们正在通过努力改进设备，以维持洄游鱼类的生存。

在北美东海岸和欧洲的一些地方，旁路设施取得了不同程度的成功。旁路通常由位于水面的出口组成，出口连接的管道或渠道能够将鱼类安全地送到电站尾水区。当旁路入口位置适合于鱼类降河洄游时，鱼类通常会从水体表层的入口进入旁路，而不会选择水体下的水轮机取水口通过。

其他的入水口都被部分堵住了，在北美东西海岸都有这种现象。Semple（1979 年）描述了加拿大新斯科舍马来瀑布的两处大坝中百叶窗格网和部分垂直格网的拦鱼效果，结果表明狭槽能够将大西洋幼鲑的死亡率从 10%降至 5%。Semple（1977 年）采用视频监视和声呐探测的方法对通过塔斯凯特瀑布大坝的成年雌鱼进行了抽样调查，结果表明有 144000 条雌鱼在坝上繁殖后返回河流下游，同时还有一群鲑鱼幼鱼通过旁路。

在北美西海岸哥伦比亚河的许多大坝上，部分封闭的格网能够将鱼类从水轮机取水口引导至安全通道。这些装置大多数为淹没式移动格网，少数为固定楔形格网。

哥伦比亚河上的麦克纳里大坝、邦纳维尔大坝、约翰达依大坝、洛基瑞奇大坝和斯内克河上的利尔特古斯大坝、洛厄大坝上都安装这种装置。如图 6.15 所示，它们均为淹没式移动格网。根据斯通和韦伯斯特工程公司的报道（1986 年），麦克纳里大坝中淹没式移动格网的网格大小为 0.25in。主要集中在大坝上方的鱼群，被向上引导到了出口井。通过一个有同样网格大小的格网将鱼群通过水下孔口引导至集鱼渠道，在那里它们被卡车或驳船运送至大坝下游。

鱼群在这套转移系统中的平均死亡率为 1%，据统计春季洄游种类的转移效率为 74%，而当年幼鱼的为 38%。

在哥伦比亚河和斯内克河的其他大坝上，类似的装置已正在安装或正准备安装。由于这种装置太复杂，在操作和维护上还存在很多问题，但这些问题总是能够克服的。只要当洄游鱼类出现时（或 4—10 月），这些装置就会持续投入使用。这种装置的运行成本非常高，每座大坝的花费在 7000000～11000000 美元之间。

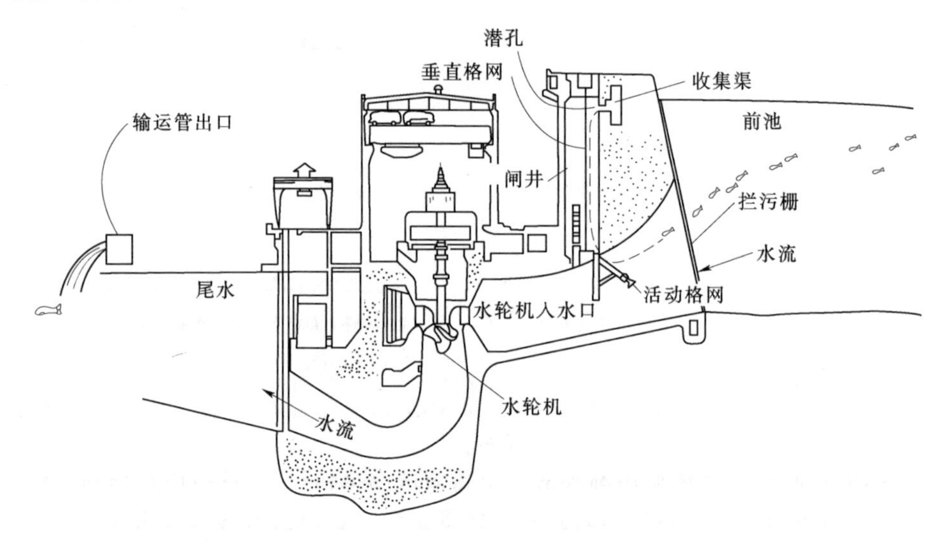

图 6.15　淹没式移动格网

6.13　参考文献

Bainbridge, R., 1960. Speed and stamina in three fish, J. Exp. Biol, 37 (1), pp. 129 - 153.

Bell, M. C., 1981. Updated Compendium on the Success of passage of Small Fish through Turbines, U. S. Army Corps of Engineers, North Pac. Div., Portland, OR. 294 pp. plus tables.

Bell, M. C. and A. C. DeLacey, 1972. A Compendium on the Survival of Fish Passing through Spillways and Conduits, U. S. Army Corps of Engineers, North Pac. Div., Portland,

OR. 121 pp.

Brett, J. R. and D. F. Alderdice, 1953. Research on Guiding Young Salmon at Two British Columbia Field Stations, Bull. No. 117, Fish. Res. Board Can. 75 pp.

Brett, J. R. , M. Hollands, and D. F. Alderdice, 1958. The effect of temperature on the cruising speed of young sockeye and coho salmon, J. Fish. Res. Board Can. , 15 (4), pp. 587 - 605.

Canadian Electrical Association, 1984. Fish Diversionary Techniques for Hydroelectric Turbine Intakes, Montreal Eng. Co. , Rep. No. 149G399. pp.

Eicher, G. J. , 1982. A passive fish screen for hydroelectric turbines, ASCE Hydr. Div. Mtg. , Jackson, MS, August, 1982.

Finnegan, R. J. , 1977. Development of Self - Cleaning Fish Screen, Can. Fish. Oceans, Vancouver, B. C. 2 pp. plus 5 fig.

Kerr, J. E. , 1953. Studies on Fish Preservation at the Contra Costa Steam Plant of the Pacific Gas and Electric Co. , Calif. Fish & Game, Fish. Bull. No. 92. 66 pp.

Kupka, K. H. , 1966. A downstream migrant diversion screen, Can. Fish Cult. , 37, pp. 27 - 34.

Larinier, M. , 1987. Mise au point d' un protocole experimentale pour revaluation des dommages subis par les juveniles lors de leve transit a traversu des turbines, CEMAGREF Convention DPN No. 85/8. 20 pp. plus tables.

Ruggles, C. P. , 1980. A Review of the Downstream Migration of Atlantic Salmon, Can. Tech. Rep. Fish Aquatic Sci. No. 952. 37 pp.

Ruggles, C. P. and P. Ryan, 1964. An Investigation of Louvers as a Method of Guiding Juvenile Pacific Salmon, Dept. Fish. Can. , Vancouver, B. C. 79 pp.

Semple, J. R. , 1977. Video Television and Sonar Sampling Techniques in the Study of Adult Alewives at a Hydroelectric Dam Bypass, Tech. Rep. No. MAR/T - 77 - 1, Dept. Fish. Oceans, Halifax, N. S.

Semple, J. R. , 1979. Downstream Migration Facilities and Turbine Mortality Evaluation, Atlantic Salmon Smolts at Malay Falls, N. S. Dept. Pish. Marine, Manu. Rep. No. 1541, Halifax, N. S.

Stone & Webster Engineering Corp. 1986. Assessment of Downstream Migrant Fish Protection Technologies for Hydroelectric Application, Final Rep. to Electric Power Research Institute, EPRI AP - 4711, Project 2694 - 1, Palo Alto, CA.

Wales, J. H. , E. W. Murphy, and J. Handley, 1950. Perforated plate fish screens, Calif. Fish Game, 36 (4), pp. 392 - 403.

第7章 涵管式鱼道

7.1 存在的问题

尽管本文的主要目的是介绍常规的过鱼设施，但渔业工程师和生物学家在日常工作中还要面对其他许多问题，比如鱼类洄游。这里我们详细介绍其中一个例子，告诉大家不同地区不同鱼类的处理方法。

一个最常见的问题是涵管式鱼道的阻塞问题。目前，道路和高速公路建设在大多数国家迅速增加，而且没有减缓的迹象。道路设计和施工经常会跨过河流的桥梁和涵管，相对而言桥梁更适合作为过鱼通道，然而随着新式管道的出现，出于节约成本的考虑，工程师们更倾向于优先选择涵管而不是桥梁。

7.2 生物学方面

同时，渔业生物学家逐渐认识到保证鱼类洄游通道畅通的必要性，尤其是向上游溯游的通道。调查结果表明，在很多情况下，由于鱼类种群上的差异，鱼经由现有的涵管在河流上下游自由洄游的通道是不畅通的。

为了证明鱼类洄游通道的必要性，生物学家必须证实哪些鱼类不能直接上溯，或者对于新式涵管而言，哪些鱼类可能需要通道，因为洄游可能发生在鱼类生命中的某一特定时期。下表是 Baker 和 Votapka 在 1990 年为美国林务局做的鱼类产卵期表，该表揭示了北美地区不同鱼类在涵管处产卵的时间差异。

该统计结果并不是绝对的，有可能会随着当地情况而发生变化，比如温度等。在许多情况下，洄游时间会早于产卵时间，也可能是空间需求、水温或其他因素造成的。对生物学家而言，第一步要确定鱼类通过现有涵管洄游的时间，目的是为了解决其他潜在的问题。如果可能的话，第二步是对相关物种的洄游能力进行分类。Bell（1991 年）根据收集到的鱼类洄游速度数据，采用四级分类方法对鱼类种群进行了分类。分别是：①体型小、活动性差的鱼类；②不善游动的鱼类；③中等长度鱼类；④体型大、活动性强的鱼类。该分类方法以表格的形式建立了涵管流速、涵管长度与鱼类洄游能力之间的对应关系，大家很容易看出这种分类方法在自然界具有一定的主观性。还有另一个极端的例子，阿拉斯加州的生物学家和工程师根据鱼类在好氧和厌氧条件下的洄游速度数据对一个鱼类物种——北极茴鱼进行了详细的分类（Behlke 等，1991）。

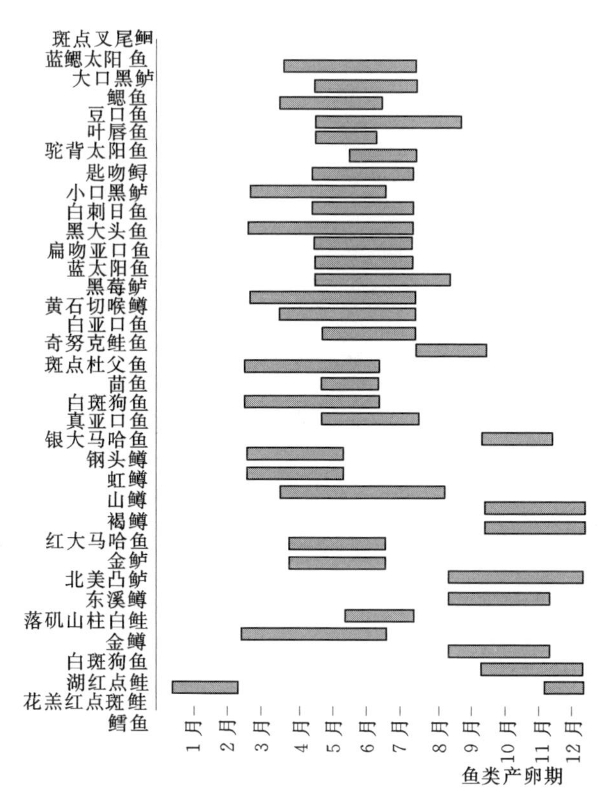

生物学家和工程师认为北极茴鱼不善游动，因此开发了一个计算机程序对其进行分类。

除了游动能力之外，生物学家必须提供鱼类洄游的时间范围，以建立其与涵管设计和洪水周期之间的联系，而且还需要明确鱼类洄游的原因以及延迟洄游是否会对鱼类造成危险，这样才能确保出现瞬间急流时不会对鱼类产生不利影响。换句话说，如果鱼类洄游时间可以延迟，那么在洪水期连续发生瞬间洪流时就没有必要对鱼类通道的设计进行改变。当然，水温变化对鱼类洄游时间是很重要的，对于这个观点，Gould 和 Belford 在对美国蒙大拿州的鳟鱼通道的研究中已经进行了论述。因此，在工程设计中，鱼类洄游时间的影响是至关重要的，这些将在下一节进行讨论。

7.3 工程因素

工程师在设计涵管时，需要考虑很多因素。其中包括涵管的尺寸、形状、材质、走向、发生侵蚀的可能性、疲劳寿命等。最重要的是涵管的尺寸、形状和材质，图 7.1 所示为几种不同类型的涵管。涵管选型取决于管道的最大流

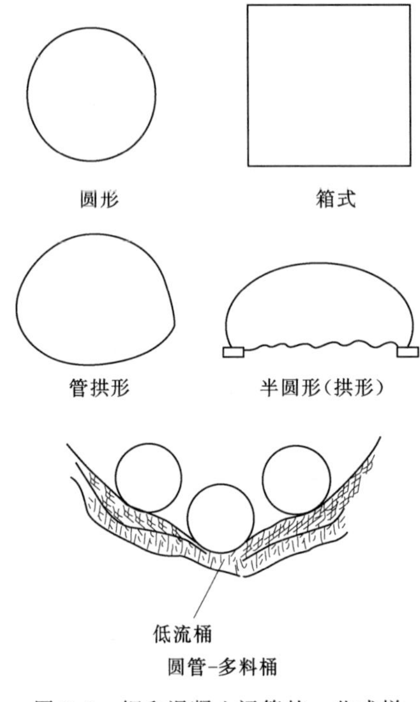

图 7.1　钢和混凝土涵管的一些式样

量，即设计流量，还有一些其他因素需要考虑，比如填充材料，地基条件等。工程师可以通过很多方法得到设计流量。一种方法是分析流量数据，计算出管道在使用寿命期内出现某一量级洪峰的概率。这是最佳方法，尽管在流量数据缺失时无法使用。另一种方法是建立单位过程线，预测最大流量。一旦确定了设计流量，工程师将进一步确定管道的类型、材质及其他性能。

在这里，生物学家提供的数据必须考虑在内。参考附录 A 中“基础水力学”一栏，明渠和管道中的水流流速可由公式 $V=1.486/n\ R^{2/3}\ S^{1/2}$ 计算得出。这就是著名的曼宁公式，其中 R 指的是平均水力半径，单位是 ft，S 是水力梯度，n 是河道糙率，附录 A 中给出了这些参数的取值情况。涵管设计中用到的其他参数的取值情况见下表（参考文献 Kenney 等 1992）。

表　面	型　号	曼宁系数 n
水泥涵管	无缝，外壁光滑	0.011～0.013
混凝土箱式涵管	无缝，外壁光滑	0.012～0.015
金属波纹涵管，环形波纹	2⅔×½in　波纹	0.027～0.022
	6×1in　波纹	0.025～0.022
	5×1in　波纹	0.026～0.025
	3×1in　波纹	0.028～0.027
建筑涵管，环形波纹	6×2in　波纹	0.035～0.033
	9×2½in　波纹	0.037～0.033
金属波纹涵管，螺旋形波纹，环流	2⅔×½in　波纹	0.012～0.024
消流板（水深×0.53×涵管直径）	挡板高度＝0.1×涵管直径	0.047
山涧河道	砂砾，中砾，些许大卵石	0.040～0.050
	中砾和大量大卵石	0.050～0.070

7.4 方法探索

生物学家必须考虑增加设计流量数据，在此基础上确定鱼道的设计。这些数据对确定管道材质（据此确定公式中的糙率 n）、坡度（据此确定公式中的水力梯度 S）及湿周中的水力半径 R 是必不可少的。只有考虑了这些因素，才能确保涵管流速 V 在鱼的克流能力范围之内。

当鱼道中流速相对较低时，有一种简单的处理办法。在这种情况下，水力梯度 S 与河床表面和涵管底部是相同的，涵管底部材质与河床材质相同，因此其糙率 n 相同，并且水力半径 R 也与河床一致。因此，涵管中的流速 V 与河流是一样的，这时候鱼上溯后可以轻易通过涵管。

新式涵管设计的基本原则是：涵管穿过的河床的坡度、河床质和湿周必须尽可能与天然河床接近。

这些理想化的条件并不总是都能满足，最常见的情况是因为“鱼流”过大而无法确保河道底部糙率 n 和管道水力半径 R 恒定不变。因此，流速将会增加，如果流速增加过多那么鱼将无法通过。一种补救措施是增加管道糙率 n。最好的解决办法是采用环形波纹管，波纹越深，糙率越大，鱼道的过鱼能力越强。但是，设计工程师通常希望避免采用此类管道，因为增加波纹意味着限制了管道的过流能力，从而必须使用更大半径、更昂贵的管道。因此，这只是保证涵管过鱼能力的一种折中方式。

另一种在高水流条件下提高过鱼能力的办法是在管道内放置一系列阻流板。这种方法与波纹管类似但效果更明显，而且消减了洪水的等级。如果能找到其他的替代办法，在新式涵管的设计中将不会推荐使用阻流板。但阻流板对提高现存涵管的过鱼能力有用，稍后将作更详细的讨论。

涵管式鱼道设计的另外一个缺陷是：在单一的一根长管道中，水流缓慢导致水深不足，鱼类将无法通行。从某种程度上来说，这点可以克服，特别是当那个地方适合安装多个箱式涵管时。在这种情况下，箱式涵管可以依次降低放置（图 7.1），这样在低水流情况下仍然有足够的水深保证鱼可以通行。箱式涵管也存在问题，因为底部平滑，导致鱼类往往无法通行。因此，在低水流情况下，会采用多级涵管或者把一根长管道截断依次降低放置。

涵管建成后，除非细心维护，否则会出现第三个问题——侵蚀。涵管出口处及其下方都会受到侵蚀。既然涵管是按照河流的最大流速进行设计安装的，这就意味着洪水发生时会充满整个管道，管道入口处的水头会相当大。这时管道内会出现极大流速，不可避免地会冲刷管道出口下壁。这种情况在设计中都是可预知的，因此在管道出口处可以放置大量乱石堆成石基，或者用混凝土浇筑消力池来抑制冲刷，使得鱼能顺利通过管道出口。很多鱼在遇到涵管时不能一跃而上好几英寸，因此，在管道出口处铺设堆石和河砾石使得天然河床免遭侵蚀，或者用混凝土、堆石或两者混合物浇筑一个消力池是很有必要的，这种设计可以帮助鱼在遭遇几年一遇的洪水时顺利上溯并“滞留”在某个地方。图 7.2 所示为鱼“滞留”的问题和一种解决方案。

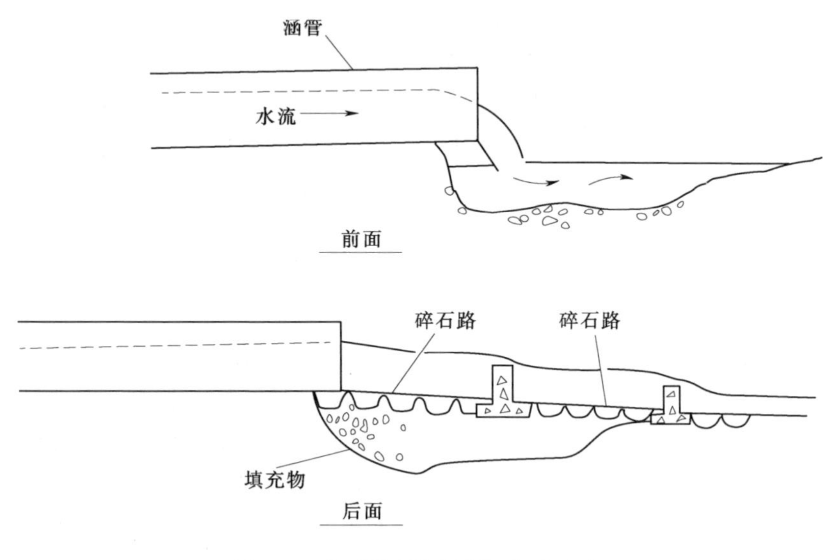

图 7.2　鱼“滞留”问题和解决方案

当然，为鱼道专门设计的涵管常常会引起公路工程师和生物学家之间的冲突。公路工程师感兴趣的是花费最小的成本达到设计流量，因此会尽可能采用最小最光滑的管道，而生物学家则希望增加管道的糙率 n 从而减小管道的容量。另外，生物学家需要在管道的整体结构上添加附属物来抵制冲刷，这样会增加成本，而且对管道结构的安全性是没有必要的。但是，为了给鱼洄游提供通道，生物学家必须坚持这些措施，并尽力想出一个解决方案用最小的附加费用获得最满意的鱼道条件。

7.5　使现有涵管可通行

这是个需要单独考虑的问题，因为很多涵管在设计的时候没有关注到鱼道这个潜在问题，因此在处理方法上稍微有些差别。

现有的很多涵管为鱼停留提供了条件，也就是说，管道下端过度地冲刷使得一定尺寸的鱼类无法上溯。图 7.2 所示即为此类涵管。这是现有涵管的一个主要问题。对于这样的涵管有许多解决方案，都是同样的原理，即提高尾水水位使鱼上溯成为可能。如前所述，可以通过在冲刷池放置由乱石或混凝土构成的永久性墙体或挡板，创建一系列阶梯帮助鱼上溯。这些墙体的挡板可以有缺口，主要根据鱼的需求或者是为了确保结构的耐用性。

另一个问题是涵管内流速过高。有很多种方法可以减少鱼类洄游的速度，包括在涵管内安放挡板。这些挡板可以是混凝土、钢、木或其他材质，或者可能只是河道底部的一些大岩石。每个涵管都具有其独特的属性，使得其比其他涵管更适用。图 7.3 和图 7.4 所示为几个典型案例。

图 7.3 所示为消速挡板，McKinley 和 Webb（1956 年）首次描述过。这类挡板可以由混凝土、钢材或木材建设，通过螺栓或灌浆固定在涵管的壁上。不幸的是，这种类型的挡板受制于沉积作用，因此必须年年维护。水力学试验发现增加挡板的标准高度或缩小挡板的间距会增加阻力，从而提高曼宁公式中的 n。研究同时也发现，当鱼游动速度刚好超过消速后的流速时，挡板将发挥最佳功效。因此当鱼的游动速度在这个范围内时，必须小心对待。否则，可以考虑调整挡板的高度和间距，同样的，可以使用图 7.3 中所示的其他类型挡板。

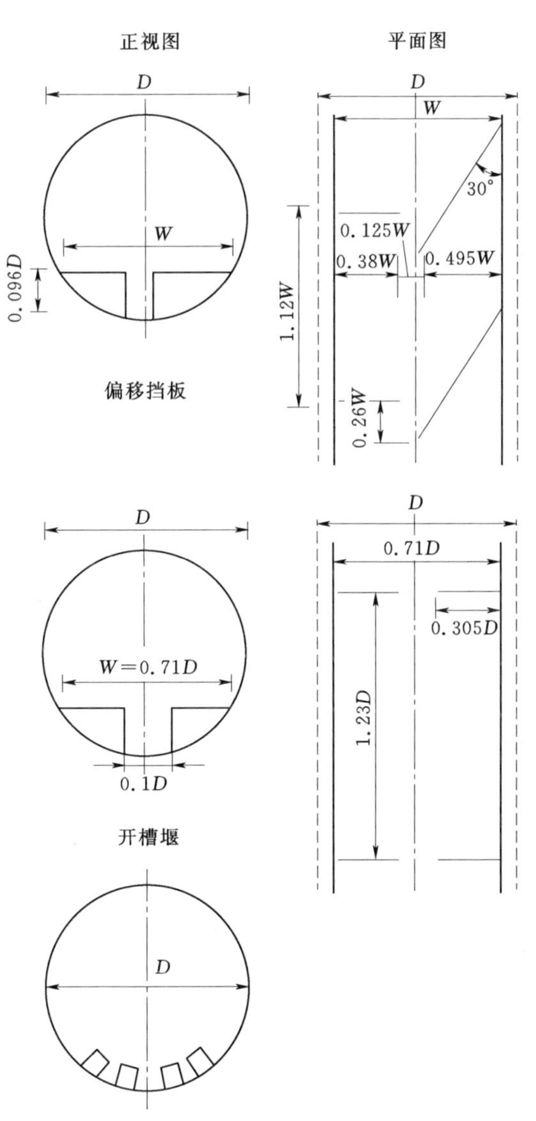

图 7.3 阻流板设计（设计高度为 0.076D，宽度为 0.10D，间距 0.10D，或将阻流板排成 4 行，每 3 行间距加 0.46D）

其中，对鱼道而言，开槽的堰式挡板和消能挡板一样有效；而且在设计和施工方面也不是很复杂。但是，不跳跃的鱼类则无法通过无槽堰，特别是在低流速情况下。堰式挡板阻隔了大量碎石，但基本不会被灌木和漂浮物堵塞。无论是开槽堰或是无槽堰都需要经常维护。

扰流挡板在设计和建设方面是最昂贵的，但在降低流速方面有效，而且不太可能会淤积碎石和漂浮物。金属扰流挡板能有效降低流速，而且容易建设。

图 7.4（a）所示为安装在美国阿拉斯加州的钢筋和卵石结构挡板，这种挡板对鱼道是有效的，尤其是在低流速情况下。条件是挡板上的任意一点不会被杂物堵塞而导致水流无法通过、水面线持续下降。正是因为这些原因才需要经常维护。

图 7.4（b）所示为安装在美国蒙大拿州为鳟鱼设计的挡板的角钢和钢筋

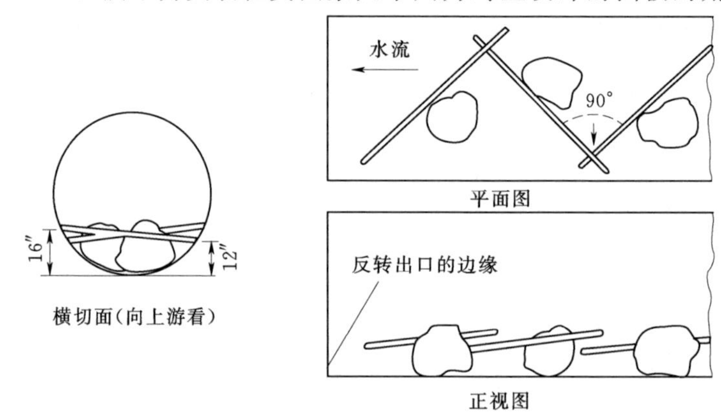

(a) 阿拉斯加州经过粗化改造的涵管通道

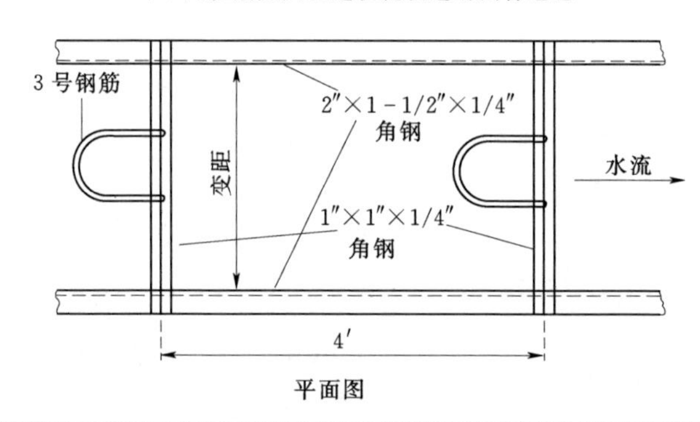

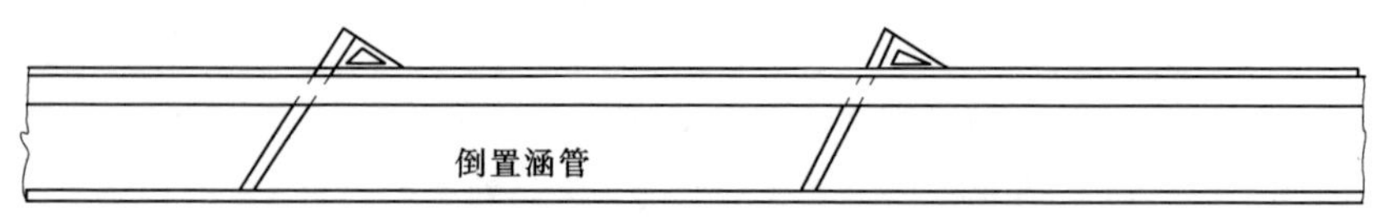

(b) 蒙大拿州利用碎石增加涵管通道的糙率

图 7.4　两种类型的挡板

类型，这种挡板安装在陡坡条件下是非常成功的，而且容易维护，从涵管上整体拆除即可。

Kenney 等（1992 年）描述和总结了上述所有挡板及其他更多挡板，而且每种类型挡板的起源在参考文献中也有提及。读者如果需要了解更多细节，建议先查阅这些文献，并为下一步的研究做参考。

所有这些应对措施都是针对涵管所有者引起的问题的。他们减小了管道的容量，从而任意地降低了设计流量。在这种新的阻水情况下，不得不重新评估管道的水力学条件，如有必要，需要通过水力学模型研究来确定新的曼宁系数 n 和由此产生的新的设计流量。

7.6 建议

下面总结一下参考文献中提到的一些建议。总结的并不完整，但是作者认为最关键的已经包含在其中。在参考文献中引用了许多其他的出版物，建议感兴趣的读者查阅那些可能适合解决自己的问题。但是，这些建议在美国和加拿大的州政府和联邦政府看来是客观的。需要注明的是，这些建议主要是针对某一特定物种或某一属种的鱼。

7.6.1 新式涵管安装

（1）涵管梯度——通常认为涵管梯度应该不会比其上下游河床的梯度陡峭。一些报告提倡涵管梯度低于河床梯度，甚至可以是平坦的梯度，但是，我对此有异议，我认为偏离原始的河道比降干扰了河流的自然结构，应当避免。

（2）涵管高程——通常认为涵管的底部应该在一定程度上低于正常的河床梯度。对于直径小于 10ft 的管道，建议 1～2in 的梯度，对于大直径管道（直径大于 10ft)，建议梯度为管道直径的 1/5。

（3）河床材质——管道底部应该填满天然的河床材质或者类似材料，使得其达到前面提及的自然河道的河床高程和梯度。河床横截面的形状应尽可能地接近天然状况，为鱼游动提供足够的水深，维持原来的湿周。

（4）涵管材质——无底涵是首选，如图 7.1 中所示的拱涵，另一个选择是金属波纹管。波纹会产生最大的曼宁系数 n。混凝土箱涵是最不理想的选择，它提供了一种宽的、横截面水平的通道，在低水流条件下鱼通过这类通道上溯是极其困难的。

（5）涵管走向和长度——涵管的首选走向是和河流保持一致，但需要牢记，长度必须尽可能短。极端情况下，当河流和涵管之间的角度很小时，可能需要改变涵管的走向以满足这些条件。如此苛刻的措施将取决于鱼的价值和上溯的需求。

(6) 涵管侵蚀——必须避免涵管进、出口处潜在的侵蚀。可以选择乱石、混凝土或其他材料对河床进、出口进行护坡来抵御侵蚀，从而避免管道两端下降。

(7) 涵管维护——与在鱼类洄游通道上放置的任何人工设备一样，所有涵管必须定期安排检查和维护。

7.6.2　旧式涵管改造

如果想让现有的鱼道发挥它的正常功能需要知道鱼无法通行的原因。一般情况下有两个原因，一是滞留，二是管道内流速过高，以至于鱼无法进入管道完成上溯。

(1) 滞留——7.5 节中介绍了一些细节的处理。通常可以通过在管道放置乱石或混凝土基石或挡板来解决。现存的涵管都存在一定程度的侵蚀，因此提供一个比较好的解决方案通常比更换新的涵管更值得推荐。铺砌侵蚀面，如有必要的话，可以浇灌混凝土基石或挡板，这些都是解决方法。当把涵管倒置后安放在天然流床上时，防侵蚀措施是必需的，因为一个小鱼道对鱼类通行是必要的。

(2) 涵管内流速过高——如果发生这种情况，并且在涵管底部填充河床质也不能解决这个问题，可能就需要在涵管内安置挡板。许多不同类型的挡板都曾被使用过，从在涵管底部间隔一定距离固定一些岩石，到浇筑混凝土挡板。当鱼在上溯时，如出现较小的流速障碍，通常岩石是足够的。最好是采取一些措施把岩石固定在合适的地方，如用水泥固定在涵管壁或涵管底部，或用钢筋棍或螺栓在管道上打孔固定，或用角钢固定在管道上。

7.7　参考文献

Baker, C. O. and F. E. Votapka, 1990. Fish Passage Through Culverts, Prepared by U. S. Dept. Agric., Forest Serv. U. S. Dept. Transp., Fed. Highway Adm. Rep. No. FHWA - FL - 90 - 006.

Behlke, C. E., D. L. Kane, R. F. McLean, and M. D. Travis, 1991. Fundamentals of Culvert Design for Passage of Weak - Swimming Fish, Prepared for Alaska Dept. Transp. in cooperation with U. S. Dept. Transp., Fed. Highway Adm. Rep. No. FHWA - AK - RD - 90 - 10.

Bell, M. C., 1991. Fisheries Handbook of Engineering Requirements and Biological Criteria, Prepared for Fish Passage Dev. Eval. Prog., U. S. Army Corps of Engineers, North Pac. Div., Portland, OR.

Gould, W. R. and D. A. Belford, 1986. Prepared by Montana Coop. Fish. Res. Unit, Montana State Univ. , for Montana Dept. Highways, Proj. 8093.

Kenney, D. R. , M. C. Odom, and R. P. Morgan, 1992. Blockage to Fish Passage Caused by the Installation/Maintenance of Highway Culverts, prepared by the Appalachian Environmental Lab. , Univ. Maryland for wState Highway Admin. , Maryland Dept, of Transp.

McKinley, W. R. and R. D. Webb, 1956. A Proposed Correction of Migratory Fish Problems at Box Culverts, Washington Dept. Fish. , Fish. Res. Pap. No. 1 (4) .

Browning, M. C, 1990. Oregon culvert fish passage survey. Prepared for Western Federal Lands, Highway Division, Federal Highway Administration.

Katopodis, C. , P. R. Robinson, and B. G. Sutherland, 1978. A Study of Model and Prototype Culvert Baffling for Fish Passage, Canadian Fish. Mar Scrv. Tech. Rep. No. 828.

Normann, J. M. , RJ. Houghtalen, and WJ. Johnston, 1985. Hydraulic design of highway culverts. Report No. FHWA - IP - 85 - 15. ILS. Dept, of Transportation, Federal Highway Administration.

Rajaratnam, N. C. , C. Katopodis, and N. McQuitty, 1989. Hydraulics of culvert fishways II: slotted - weir culvert fishways. Can. J. Civ. Eng. , 16, pp. 375 - 383.

Rajaratnam, N. C. , C. Katopodis, and S. Lodewyk, 1989. An Experimental Study of Fishways with Spoiler Baffles, Tech. Rep. No. WRE - 89 - 4. Dept. Civ. Eng. , Univ. Alberta.

附录A 基础水力学

A.1 概述

在G. E. Russell（1940年）文章中，作者将水力学定义为“描述水和其他液体在静止和运动状态行为规范的力学分支”。

许多鱼类主要生活在淡水中，所以描述水流状态的规范对于理解鱼类栖息环境非常重要。因此，在以溯河产卵鱼类或以淡水为全部生活环境鱼类的渔业管理中，理解非常必要。

一个研究水力学的基本工作是研究测量流量的方法。在渔业管理中，流量测量是基础工作，因为流量决定一条给定河流能支撑多少鱼类，以及鱼群会随着流量改变鱼群而发生变化。

举个例子，两条河流有相同的水面宽和水深，但有着完全不同的流量，有着不同河底坡降和河底特征。这可能是它们具有不同的流速，意味着两条河流支持完全不同的鱼类种群；意味着两条同等流量的河流，对鱼类种群的影响完全不一样。

幸运地，河流流量测量并不复杂或难以理解。因此不管读者是否具有专业训练，都将能容易地理解以下水力学解释。

在渔业管理中，流量测量非常有用。在鱼道设计中，特别是对于孔板设计，流体力学知识非常重要，堰流的流体力学对于有堰类型挡板的鱼道设计同样重要。明渠流动已经研究了许多年，这些研究所积累的经验在研究鲑鱼和鳟鱼的自然产卵场及鱼类行为学方面特别有用。需要注意的是，本部分内容将讨论明渠应用的规定。

A.2 测量的单位

幸运地，水力学中测量的通用单位很少。在英制单位中，体积单位为加仑、立方英尺，或者英亩-英尺；速度为英尺每秒；单位时间体积为立方英尺每秒或加仑每分。

在米制单位中，体积单位经常表达为立方米，速度为米每秒，单位时间体积为立方米每秒。

加仑为英制或美制单位，因为两者有所区别，所以在应用中必须注意以确保使用正的单位。在英制单位中，一加仑水为 277.27ft^3 和 10lb 重。在美制单位中，一加仑水为 231ft^3 和 8.34lb 重。由于加仑为相对小的测量单位，其在流量描述中从不使用，但其经常用于描述泵流量和生活用水量。如果需要频繁地从英制单位转换成美制单位，其关系式为 1 英制加仑等于 1.23 美制加仑。

由于其易于转换成标准单位来表达在管道中、明渠和自然河流中的流量（单位时间体积），立方英尺是用于测量小的水体体积最为方便的单位。

英亩一英尺常用于量测大体积水体，如大型水库和蓄水池。

当单位时间的体积表达为前述单位时，最有用的表达式为单位秒时间间隔的，或立方英尺每秒。这简写为立方英尺每秒，但其有时更方便地表达为英尺/秒（美国使用），或为立方英尺/秒（英国使用）。简写立方英尺/秒在本文中全篇使用。

立方英尺/秒是一个相对大的单位，所以需要一个相对小的单位更为方便于描述管道流或生活用水。用于描述上述更小流量的单位一般采用加仑每秒或百万加仑每天。

A.3 定义

目前已经发展了许多用于求解水力学的理论和经验公式。本文仅阐述更简单、更常用的公式。读者如果对水力学其他很多优秀的内容感兴趣，部分内容在本附录的结尾部分有所列出，可供读者查阅。

列入本文的公式中所有的术语列出如下。在将本文术语用于其他研究内容时，需特别注意。因为不同的研究内容经常使用使用不同的术语。

Q=流量，ft^3/s，或其他单位表达以单位时间内的水量；

A=断面面积，ft^2，或其他适宜的单位；

V=平均流速，ft/s，或其他适宜的单位；

g=重力加速度，经常设置为 32.2ft/s^2；

H=堰上水头，ft；

h=孔口水头或流速水头（$V^2/2g$），ft；

C=孔口或堰的流量系数（无量纲），或明渠或管道的糙率系数；

R=河流水力半径，ft。其等于断面面积除以断面湿周（湿周在 A.8 部分定义）；

S=明渠坡降或底坡，其为垂向距离（ft）除以河渠长度（ft）（假定河渠长度范围内总能梯度、水面坡降和河床底坡一致）；

n=应用于明渠或管道的曼宁公式中的糙率系数；

L＝堰顶长度，ft。

需要注意的是，应用公式解决水力学问题时，要确保任何一个公式中各测量数据单位的一致性。此外，由于有些公式为经验公式，如果公式要求的条件不具有复制性，他们将产生不准确或最少仅是一个估算结果。如果对这些应用条件加以注意，其对于渔业问题具有足够的广泛可用性。

A.4　假定

在本文开始需要说明为了理解和应用包括附录在内的材料，需要有什么样的学术素养或知识。假定读者具有基本的大学一年级入学新生所具备的力学和物理知识水平。这将确保读者能理解对数知识，其在求解某些公式时是必需的。

对于推导某些使用的公式，拥有微积分学知识是必需的，对于理解附录中的材料不是必需的。此外不必提前开展工程训练学习。本部内容主要是为了生物学家和渔业管理技术员使用学习。

A.5　流量的基本公式 $Q=AV$

应用于水力学中最常用的公式为：

$$Q=AV \tag{A.1}$$

假定 A 是管道断面面积，为平方英尺，管道充满了水，V 是断面平均流速，然后单位时间通过管道的流量 Q 为 A 和 V 和乘积。与测量单位的解释保持一致，Q 的单位表达为立方英尺每秒（ft^3/s）。

有许多使用这个水力学方程的案例：测量灌溉用水水量，生活和工业用水量，及河流的可利用量。这些内容将在后续的流量监测应用部分予以介绍。

需要注意的是，面积 A 是一个相对可直接测量或计算的量，而流速 V 则不是。已经有许多方法可用于测量流速，有些方法将在后续部分予以阐述。有许多经验方法和公式用于计算流速 V，正如前方所述，所有这些方法均有其优缺点。任何一个人丢树叶到河流中，都将会发现在河流中间树叶要比河流近岸区的树叶流动要快，这说明要确定河流任何一个断面的平均流速是一件困难的事。同样的困难存在于确定管道和水槽的流速。

A.6　孔口出流

孔口出流定义为在封闭周界任何一个开口的出流。理论上，在某一水头 h 下通过孔口流量的平均流速等于在真空中自由落体通过 h 距离获得的流速。流

速等于水头 h 和重力加速度 2 倍的乘积开根号。理论上，公式表达为：

$$V=\sqrt{2gh} \tag{A. 2}$$

然而，实际的平均流速从不等于理论流速，其必须通过乘以一个因子或系数来确定。

因为 $Q=AV$，并且我们有表达孔口出流流速 V 的公式，我们可以通过把 V 代入原始公式以确定 Q。然而，我们发现，通过孔口的出流断面面积不等于孔口面积，因此，我们必须使用另外一个系数来修正面积。可以将两个系数（一个是面积，一个是流速）合并成一个，然后公式变成：

$$Q=CA\sqrt{2gh} \tag{A. 3}$$

系数 C 为流量系数，其与孔口边角形状有关。如果孔口是淹没出流而不是在空气中自由出流，公式中水头 h 在孔口两边的水位则不同。淹没不会明显地改变系数 C。影响系数 C 的重要因素是孔口边的形状。如图 A. 1 所示，孔口边不同的形状，射流会收缩成不同的角度。收缩也会受到抑制，如图 A. 1 右下角孔口在容器底部。一般而言，尖角边会产生最小系数 C，而圆角边会产生最高的系数 C。

孔口因为易于构建和验证，提供了一种便捷的测流方法。因此，为便于在农业和工业中开展孔口流量监测，对某种孔口类型，已经开展了很多确定 C 值的试验。许多试验内容均在不同的水力学手册中有阐述。然而，他们很少于直接应用于渔业工作中。

然而，对于直接应用于渔业保护实践的孔口试验并不多。其中的例子是大坝闸门和所有置于鱼类洄游线路上游或下游的水利控制工程，以及堰类型的孔口和竖缝式鱼道。拥有孔口水流控制方程的知识是非常重要的。如果具有足够的实验数据背景，就能可靠地预测流量系数，及预测射流中的平均流速。

假定知道鱼类的游泳能力，了解孔口的流速大小，即可预测鱼类是否能够逆流而上通过孔口。相关知识将应用于淹没的大坝闸门、鱼道挡板，或者鱼类试图通过的任何水工结构。

相反地，实践幼鱼降河洄游时通常通过旁路的方式离开栅栏或其他设备如遮板，其进口通常采用孔口形式。在这种情况下，孔口的流场特征特别重要，因为通过孔口的流速和加速度是最重要的因素，其决定幼鱼否成功通过旁路。

除了孔边形状外，还需说明其他可能影响孔口出流的因素。重视这些因素特别重要，如果对这些因素没有充分认识，可能会导致完全错误的结果。简要地说，这些因素可分为两类：一类影响流速；一类影响水头。

如果孔口位于一个流速敏感的河渠，孔口实际流速将不仅是孔口水头，也

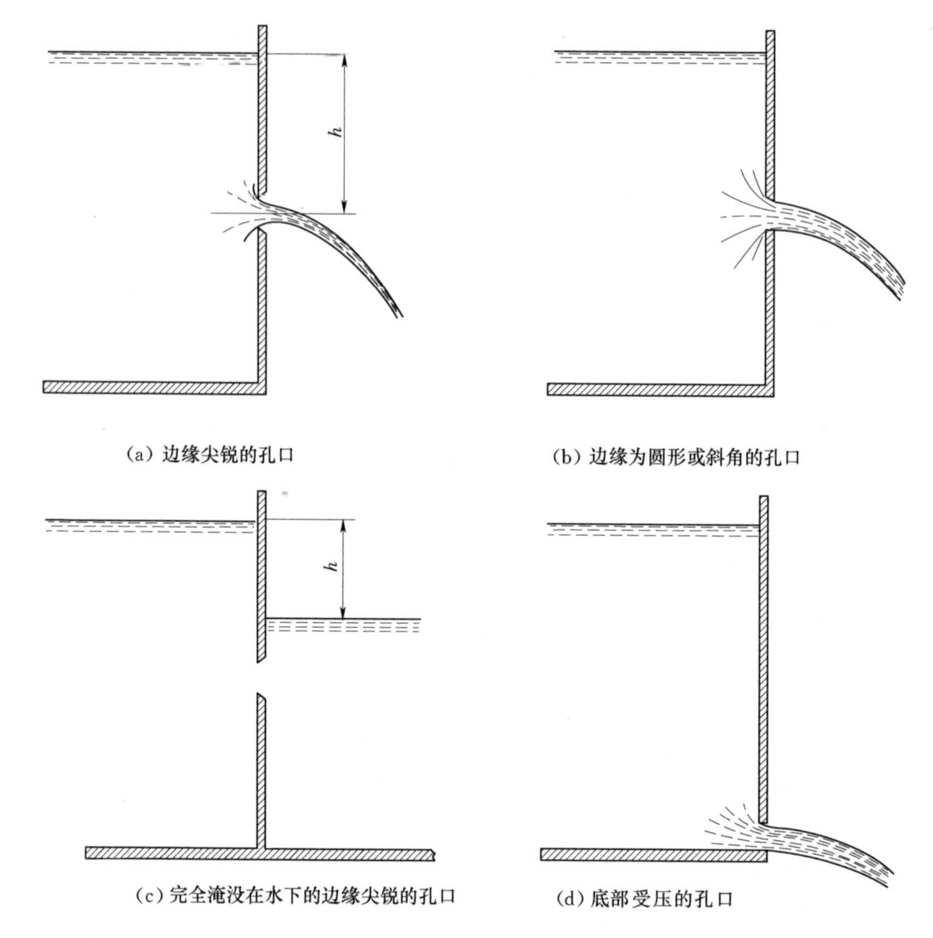

图 A.1　具有相同直径的四种孔口［三种展示射流收缩的不同角度，其影响了系数 C。(d) 显示了一个情况，孔口受淹没，其收缩与上面紧接的例子一样。］

是孔口迎流速度的函数。空口流量可能是一个包括新的变量的更为复杂的关系。然而，如果读者能预先知道一个重要的所谓迎流速度存在，用前述的简要方法会导致一个错误的答案，此时应寻求有能力的水力学工程师予以帮助。

同样的，不恰当的孔口水头测量或计算方法会将导致错误的计算结果。这种情况可能出现于水库孔口出流及一些其他静水或部分静止水体。在这种情况下，随着水库放空可能导致水头显著下降，随着水位更低导致通过孔口的流量和流速日益减少。一个可能导致计算错误的是当流量通过类似于闸门淹没孔口时，特别是如果水以高速状态通过的情景。在这种状态下，读者应注意驻波或水力跳跃在孔口以下的距离。在这种情况下，前面所述的简单公式将难以产生准确的结果。

A.7　堰流

在水力学中，堰一般是放置于明渠顶部过水的障碍物顶部。顶部溢流可扩展到障碍物的全长，即从明渠的一岸至另一岸；或者是几何形状的堰凹口形态。堰，经常用于描述障碍物的整体结构，在应用中主要用来描述整个明渠断面。术语同时也应用于金属丝网筛、网，或者尖木桩构成的栅栏，其用于诱捕和计数洄游性鱼类。然而，在本附录中术语仅具有水力学含义。

类似于孔口，堰提供了一个良好、具有实践意义的测流速方法，因此可做大量实验性工作来建立完美的各种堰流公式。经常根据堰凹口形态来分类，比如矩形、三角形（V形凹口）和梯形，也可以根据顶的形状分类，如尖顶和宽顶。

本附录无意讨论更多的其他公式，因为其超出了本书的范围。我们将给出一个简单的公式，其用于多数条件下评估流量，并指出了在使用中错误出现的可能来源。

堰流的公式如下：

$$Q=3.33LH^{3/2} \tag{A.4}$$

本公式适用于速度为0的尖顶、矩形堰。式中数字3.33为适用于此类堰的常用系数。一般情况下，该系数取值可从宽顶堰（对应于尖顶堰）的2.6到特定条件下尖顶堰的3.33。然而，对于多数在渔业管理遇到的堰，系数取值3.33能得到一个良好的结果。在特定情况下，对于宽顶堰得不到好的结果：①顶宽度大于4～5ft；②堰水头小于1ft。公式（A.4）不能应用于堰的V形凹口或梯形。

在计算堰流中最有可能产生的错误是忽略考虑了迎流速度。由于许多渔业工作者可能去研究有较大的迎流速度的堰，本文为修正这个因子来描述一个简单的过程。公式（A.2）为跌水流速的理论公式，描述为$V=\sqrt{2gh}$。通过平方和转换可得到：

$$h=\frac{V^2}{2g} \tag{A.5}$$

如果堰的平均迎流速度已知，h方程就易于求解。如果这样做，即可获得相当于在堰迎面上水动能或速度水头的势能或位势水头的一个理论值。通过对比公式（A.4）和公式（A.5），为迎流速度带来的超级水头可采用合适的修正，因此公式变为：

$$Q=3.33L[(H+h)^{3/2}-h^{3/2}] \tag{A.6}$$

这个公式应该用于当迎流速度足够高，以至于流量的误差对于用户非常重要。应该认识到，迎流速度低至1ft/s时，将会产生略微的差异；而当速度高至 8ft/s 时，将会产生显著性差异，正如以下例子描述的一样。

当尖顶低堰建造在快速流动的河流断面上。如果在某一水位下堰上水头 H 仅为 2ft，流量则为：

$$
\begin{aligned}
Q &= 3.33 \times l \times 2^{3/2} \\
&= 9.3\mathrm{ft}^3/\mathrm{s}
\end{aligned}
$$

然而，如果河流中堰的迎流速度达到 8ft/s 时，流量变成：

$$
\begin{aligned}
Q &= 3.33 \times l[(2+1)^{3/2} - l^{3/2}] \\
&= 14.0\mathrm{ft}^3/\mathrm{s}
\end{aligned}
$$

在堰顶处水流的水深更可能小于 H（图 A.2）。因此，如果为了更为精确，则应在离堰至少 2.5H 处测量 H。

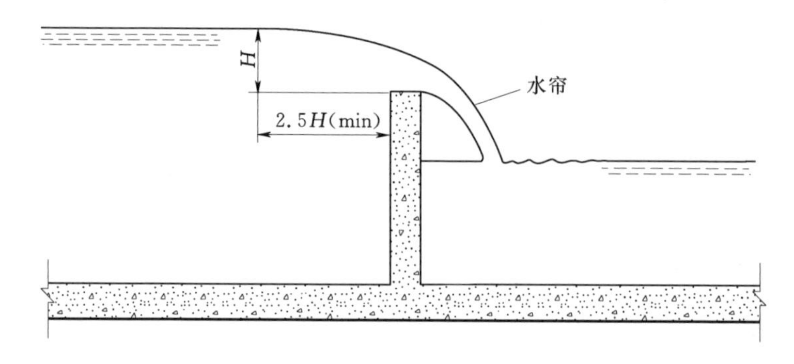

图 A.2　典型堰顶掺气过流

在计算堰流时其他可能的错误源是跌水的尾端收缩和掺气。如果堰顶长度不是足够大，则很容易发现凹口侧边对堰的总流量有显著的影响。特别的例子是 V 形凹口，其顶已经消除，仅靠侧边控制流量。在这种情况下，研究者设计了专门的公式，读者可在水力学内容或手册上获得更深入的内容。

在堰处的跌水条件对水位—流量关系具有显著的影响。跌水是水体经过堰顶后形成的一片水或射流。如图 A.2 所示，其会在离开堰顶后收缩，或紧贴堰的下游侧，其下没有空气。然而，这两种条件在计算流量时能产生显著的差异。一般而言，渔业生物学家或技术人员不需考虑他们。然而在另外一方面，跌水条件对于渔业工作者具有重要性。正如在本文中早先提到的，在哥伦比亚河某些更长的堰类型鱼道，在某种流量条件下，作为跌水交互紧贴堰下游侧、然后涌出自由面的结果，一种波作用振荡从一边到另一边，产生的波达到了几英尺高，溢出了鱼道侧壁。缓解或避免这种情况的方法在本文前面的部分已经讨论了。

应该提起的另一个其他条件为淹没。这是一种情况当下游水位位于堰顶之上。这经常发生于低坝，特别是当流量足够大以涨起下游水位达到堰顶水位的情景。这一个特别需要的研究，但超出了本文研究的范围。然而，提出这个条件是为了当遇到这个情况时，能有足够认识，以避免错误的结论。

A. 8 明渠流

明渠流的研究对于渔业工作者非常重要，因为其能直接应用于自然环境条件鱼类栖息环境下的流动。不幸的是，由均匀底坡和规则断面形态的人工渠道而来的公式在应用于自然河流时一定要谨慎，因为自然河流底坡和断面形态是不规则的。这些公式有助于读者认识自然河流影响流动的复杂性，同时也有助于设计类似于人工产卵场的设施。

决定明渠流动最有用的公式是由近 200 年前的谢才发明。该公式表达了流速与明渠断面、底坡、糙率和水深的关系，如下式所示：

$$V=C\sqrt{RS} \tag{A.7}$$

V 值可代入到公式（A. 1）中求解流量 Q。

式中：R 为平均水力半径，单位为 ft，其为过水断面面积除以湿周。湿周是河流断面上河床与水体接触的长度；S 为河道的坡降或底坡，其表达为垂向高差（ft）除以河长（ft）。公式（A. 7）中 S 的使用采用了一些假定，其可能会导致在某些情况下会产生错误的结果。其假定总能量梯度，或由于单位河长摩擦力产生的水头损失，等于河床坡降或水面坡降。很少做这样的假定，即使其在天然溪流中曾是正确的。如果怀疑假定不适合，读者应该开展详细研究。

需要明确的是，谢才公式中 C 并不是一个常量。研究人员后来发现 C 是 R 和糙率系数 n 的函数式，而且函数式有各种表达方式。曼宁公式是最为简单且最有用的公式。曼宁公式的表达式为：

$$V=\frac{1.486}{n}R^{2/3}S^{1/2} \tag{A.8}$$

对于糙率系数 n，不同类型的渠道其取值为：

渠道类型	n
镀锌熟铁管	0.014
陶瓷排污管	0.013
混凝土管道	0.013
窄木条拼成的水管	0.011
混凝土渠道	0.014
粗糙岩石的沟渠	0.040
浅的砂砾渠道（类似于鲑产卵场）	0.025
岸坡和底部为干净石头的自然河渠	0.030
充满杂草和石头的自然河渠	0.050

同时，研究者也发展了其他不同的公式，这些公式在很多水力学手册和文章中列出和阐述。如果读者需对其他公式有进一步的了解，可查询本章所列的参考文献。

这个公式也可用于求解管道中水流的流动。对于充满水体的流动，水力半径 R 等于管道直径 d 除以 4。底坡 S 变为水头损失 h_f/l。因而，公式变为：

$$V=\frac{1.486}{n}\left(\frac{d}{4}\right)^{2/3}\left(\frac{h_f}{l}\right)^{1/2} \tag{A.9}$$

需要指出的是对于某些类型管道的糙率 n 已经在前表中阐述。其经常通过置换项用于求解水头损失公式。

A.9　流量测量

对渔业水产工作者来说，水力学最有用的方面之一就是对水流的测量。为了保证鱼类孵化场以最高的效率运行，有必要知道通过不同的管道、阀门以及育苗池的流量。将相应的流量控制在已认识到的极限流量范围之内对鱼道的运行管理十分重要，而有一种测量流量的方法就成为必要的先决条件。如果已知流经某格栅的流量，则来流流速就可算出来，格栅的效率也就估算出来了。类似地，必须知道流经格栅旁道的流量大小并予以控制，以良好地利用水流条件，使洄游鱼类回归其自然的洄游路线。对正研究鱼类种群的任何天然河流，了解河道内流量的变化是极端重要的。天然河流中的流量变化几乎总是决定河流所能支持的鱼类最大种群数量的最重要因子，因为它决定了河流的水体空间，相应地控制了鱼类生存空间的大小、食物的多少，通常也决定了河道水温。在需尽可能准确地知道原型河流流速的情况下，在水力学模型实验研究中对相同条件下流量的测量就显得极端重要。正如在第 3 章中提到的，水力学模型在解决一系列不同类型的渔业问题中十分有用。因此，即使在很多情况下测量方法已经超出了本书的范围，读者也很有必要意识到对水流进行量测的重要性。

在前面的有些章节已经提到过，各种各样的设备（如孔板）已被用于流量测量。在本节，为有益于读者，将这些方法依据其在渔业水产中的应用情况放在一起，进行了详细的说明。

A.10　管流量测

在用水进行鱼类养殖的地方都会遇到管流。通常情况下所用到的水量很小，能以加仑/分钟而不是立方英尺/秒为单位进行量测。量测小流量如通往孵化槽或孵化池的流量的最简单方法，就是记录水流注满一个已知尺寸的容器所需要的时间。将一个容量为 5 加仑的桶放在原本给孵化池充水的水管之下，不仅是最简单的测量方法，而且还很可能比其他许多专门的方法更精确。

然而，使用这种方法量测更大的流量时并不便利，从而需要使用其他方法。一个最广为人知的方法是使用在 18 世纪由一个意大利人设计和命名的文丘里流量计。它由管道的缩窄段（喉道）和两个与主管道连接的长度不同的锥形管构成。基于测量获得的进口断面和喉道内断面的压强差可计算管道的流量。流量计是专门制造的，因此管道的内径非常精确。为保证流量计不同部位的尺寸间具有正确的比例，须采取一些特别的措施，有些因素比如水温的影响也必须予以考虑。读者若对更详细的信息感兴趣，可参考本书所列文献。

其他类型的流量计如与文丘里流量计较为相似的孔口流量计也在使用，各种各样的机械设备在自来水工程系统中得到了广泛的应用，相关数据可从商业供货商处获得。所有这些都涉及将包含流量计的一个特殊段连入管线中。

A.11　使用堰或孔口量测流量

对孵化池、鱼道、格栅的旁侧通道里的流量经常使用校准之后的堰来测量。如果所使用的堰不能精确满足校准试验中堰的形状及试验条件，则根据特殊条件对该堰应进行校准。

对一个在进口或出口有堰的孵化池，过堰流量可以使用前文中给出的公式进行近似计算。如果想要获得更准确的结果，则需要一本很好的水力学手册，手册将会指出所面临的条件是否在现存公式的适用范围之内，如何针对现有条件对公式的计算结果进行校正。作为替代措施，也可以使用其他流量测量方法对堰进行校准，如对一已知容积的容器进行充水实验并绘出堰的水头一流量关系曲线。有了这个曲线，就可以通过位于堰附近的水尺测量水头，求得对应的流量。

在那些水量对发电或者其他用途非常有价值的地方，了解鱼道所需要的流量就尤为重要。假定鱼道为池堰式鱼道，那么很可能可应用堰流公式并辅以恰当的修正来精确地计算流量。在很多情况下，本书给出的公式是足够精确的。由于隔板上已被淹没的孔口会泄放堰流之外的流量，在使用前文给出的公式计算时，应对该部分流量予以扣除。另外，顶部具有凹槽的隔板使流量计算变得更为复杂，但是经过适当的修正，如认为堰顶断面分别具有不同的高程，仍能获得足够精确的结果。如果鱼道属于池堰式之外的其他形式，则不可能通过堰来测流。然而，有些类型的鱼闸如 Borland 鱼闸，在进口或出口具有可通过堰流充满或排空的水池，这就提供了一种现成的计算总流量的方法。

对于仅具有淹没孔口且在隔板顶部不过流的鱼道，可基于已给出的孔口出流公式计算出流量。然而，在这种情况下流量系数就变成了一个非常重要的因子。对薄板上的矩形孔口，其流量系数与一个直径大于六倍板厚的圆形孔口的流量系明显不同。另外，如果当前的流动条件与现有公式适用条件接近，就能很容易地算出流量；若非如此，则必须在实验室或天然条件下对该特定孔口的流量系数进行校准。

在计算如丹尼尔型和竖缝式鱼道（或荷尔斯门式）鱼道的流量时会遇到新问题。对这两种形式的鱼道都必须通过室内模型实验来确定给定条件下的流量。在丹尼尔鱼道模型上已经开展了一些工作，但在实践中，出于经济原因并简化鱼道施工，对鱼道的原设计方案通常会作较大的修改，这使得以前所做的工作往往靠不住。除非这类鱼道与已试验研究过的鱼道一模一样，否则为获得理想的结果，对该鱼道必须进行实验验证。在不列颠哥伦比亚省以及华盛顿州，对竖缝式鱼道已经做了大量的研究工作，对一系列尺寸及型式不同的隔板已经很好地给出了其流量系数。有趣的一点是，这种鱼道的竖缝与广为接受的孔口的定义是不同的，因为竖缝的顶部是开口的。它可被视为一种型式非常特殊的切口堰，特别在其底部有底坎的时候，但是由于其被完全淹没以及其特定的几何形状，在工程实际中常常被更简单地视为孔口。

渔业水产工作者有机会用堰测流的另一个地方是灌渠中隔流屏附近的旁路通道。在灌溉中，常用的做法是将隔流屏取水后多余的水通过一个堰导向位于隔流屏一端的旁路通道。这些水流入一个水池，然后通过管道或者沟渠流回到河里。这个堰（通常是一组可调节的叠梁门）的作用是控制出流量，同时营造一个水头差或者一个特殊的流速区段，以避免沿旁路通道泄往下游的小型鱼类上溯。在干旱地区灌溉用水非常宝贵，因此非常有必要仔细控制旁路通道里的水流，以避免浪费。随时了解旁路通道内的流量大小是进行良好流量管理的先决条件，而如果通道出流流经一个简易堰的话，就很容易获得流量的大小。过堰的流量可能很小，以至于前文中应用于孵化池的方法可用于对堰校准，但在大多数情况下堰流公式都能给出足够精确的结果。

A.12　天然河流流量测量

在天然河流中，经常通过测量河道过水面积 A 和平均流速 V 后使用公式 $Q = AV$ 来确定流量。面积 A 可通过水深测量获得。

获得河道的断面平均流速 V 要更困难一些。如果仅需对流速作比较粗的测量，则可通过测量水面漂浮物如木棍或者木块漂流一定距离的时间来求得流速。然而，必须记住的是，外来因素如风力、水面涡旋等会影响这样得到的流速结果，从而会降低测量的精确性。特制的漂浮物，比如一段质量很轻而一端相对较重的管子，由于其呈现垂直漂浮状态而仅有一小部分可见，会减小这些外来因素的影响。如果所测量的流速为表面或近表面流速，则在一般水位下可对其乘以 0.85，在洪水水位下对其乘以 0.9～0.95 即可获得横截面内的平均流速。如果应用很长的管状漂浮物进行测量，且其长度接近水深的 0.9 倍，则所获得的流速将很接近断面平均流速。

在测量河道流量时，比较便利的方法是将河宽划分为 5～10ft 的条带或子域，测量每个条带的面积并确定其平均流速。然后将每个条带对应的流量累加，就能获得河道的总流量。

当要更精确地确定任意断面的平均流速时，经验已经表明，有几个办法所费精力不多而又能获得满意的、可应用于实际的结果。一条典型溪流中的速度分布见图 A.3。在一个断面内，流速的垂向分布近似抛物线形。已经发现将垂线流速分布假设为抛物线形分布对实际应用来说有足够的精度。因此，若测量 0.2 倍和 0.8 倍水深处的流速，两者的平均等于垂线平均流速（依据抛物线的性质，抛物线上某纵坐标的 0.2114 倍及 0.7886 倍值对应的横坐标的均值等于该纵坐标范围内所有横坐标值的平均）。这种方法已被广泛用于溪流测量，实验证明这种假定几乎不会引入误差。有时使用的第二种方法是测量 0.6 倍水深处的流速，该处流速接近抛物线形流速分布的平均流速。然而，这种做法减少了测量点数，从而在大多数结果中都会造成小的误差。

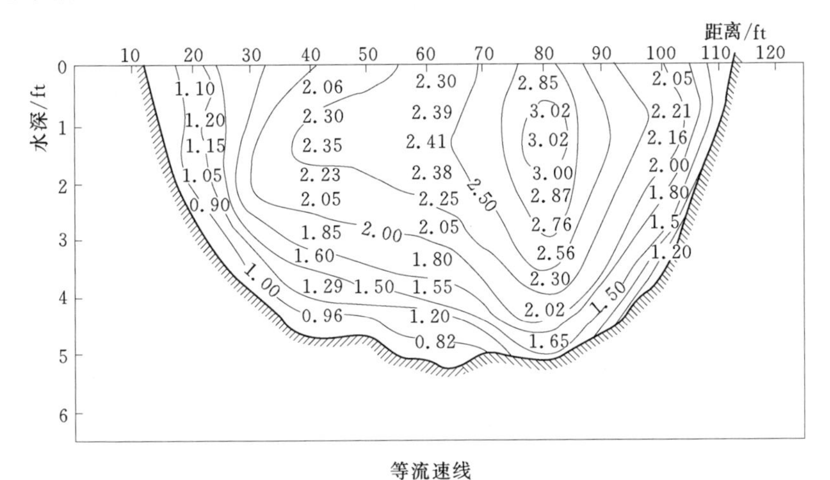

图 A.3　一条典型的溪流中的速度分布

在应用前述理论进行更精确地测量时，可使用流速仪测量不同水深处的流速。在市场上可买到许多流速仪，大多都基于水流驱动小型转轮或旋桨的原理。转轮的旋转导致一种电接触，其在测量时间长度之内的次数被记录下来，用于进行流速的计算。这种数量随流速变化而变化，因此对每个流速仪可以获得一条关于转速和流速之间对应关系的率定曲线。流速仪通常被设计成可在浅水河流中涉水使用或者在测桥、缆车上下探到河流中使用。

加拿大渔业部

流速仪测量记录

日期：1960－05－27 上午　　河流：Big Qualicum River

同事：L. O. Scallon　　位置：靠近 Horne 湖

仪器编号：561749　　测量高度，始 2.65　　终 2.65　　平均 2.65

总面积：83.00　　平均流速：2.20　　流量：182.9

起点距	水深	测点水深	转数	测量时间/s	流速			面积	断面平均水深	断面宽	流量
					点流速	垂线平均	断面平均				
0	0.2	0	0	0	0	0					
5	1.2	0.7	20	57	0.81	0.81	0.41	3.50	0.70	5	1.44
10	1.1	0.7	40	53	1.71	1.70	1.26	5.75	1.15	5	7.24
15	1.0	0.6	70	55	2.86	2.86	2.28	5.25	1.05	5	11.97
20	1.7	1.0	60	54	2.51	2.51	2.68	6.75	1.35	5	18.09
25	1.6	1.0	60	51	2.66	2.66	2.58	8.25	1.65	5	21.28
30	2.0	0.4	60	46	2.94						
		1.6	80	70	2.57	2.76	2.71	9.00	1.80	5	24.39
35	2.2	0.4	60	54	2.51						
		1.8	60	60	2.26	2.38	2.57	10.50	2.1	5	26.98
40	2.3	0.5	80	61	2.95						
		1.8	80	70	2.57	2.76	2.57	11.25	2.25	5	28.91
45	2.0	0.4	50	43	2.63						
		1.6	50	54	2.10	2.36	2.56	10.75	2.15	5	23.11
50	1.4	0.8	30	43	1.58	1.58	1.97	8.50	1.70	5	16.74
55	0	0	0	0	0	0	0.79	3.50	0.70	5	2.76
总计											182.91

图 A.4　加拿大渔业部用于测量溪流流量体表格

图 A.4 给出了加拿大渔业部用于测量溪流流量的表格。为了获得对流量的连续监测资料，有必要至少知道逐日流量。与其费很大的工作量每天重复测量流速和断面面积，更通行的做法是在河流上设一个水尺而每天读取水位。这个工作可由一个未经培训的监测人员来做，或者在有条件时使用自动记录仪。可绘出这个断面的一系列水位及相应流量测量数据之间的关系曲线，即水位-流量关系曲线。由于外插存在风险，用于建立水位流量关系曲线的流量测量结果必须覆盖所关心的整个流量范围。对所要建立水位流量关系的河流，必须分段检验是否有不稳定的河床，因为这将导致水位流量关系发生变化。水位流量关系曲线使依据水位确定流量成为可能。在渔业保护工作中，将逐日流量点绘到图上已被证明是很便利的。图 2.7 给出了一个在对数纸上绘制的典型的逐日流量过程线。这种做法使得对低流量的表示更为清晰，对渔业工作通常很有帮助。

经验表明，建立一个水文站所需考虑的因素已经超出了本书的内容。这些信息可在参考文献或在大多数水力学手册中找到。需要指出的是，在加拿大和美国，也许还有其他的大多数国家，对河流的水文监测是在国家层面由联邦机构实施的。这些机构通常准备在付费的情况下测量任何所希望测量的河流，且由于它们由专业人士构成并拥有相应的仪器设备，只要有可能就应该利用他们的服务。然而，经常存在测量需求很紧急或者难以通过正常渠道满足的情况，在这些情况下希望前面章节中的内容能有所帮助。

在对本节做总结之前，应该指出的是，很小的溪流的流量可以用堰来量测。堰相对来说很容易修建，并且和点流速测量法相比，在小型浅水河流上会给出更准确的结果。正如前文所说的，使用前面章节给出的堰流公式并辅以恰当的修正将会给出令人满意的结果。

A.13 补充阅读材料

Armco Drainage & Metal Products, 1946. *Handbook of Water Control*, Lederer, Street, Zeus Co., Berkeley, CA. 548 pp.

Davis, R. E. and F. S. Foote, 1940. *Surveying, Theory and Practice*, McGraw-Hill, New York. 1003 pp.

King, H. W., 1939. *Handbook of Hydraulics*, McGraw-Hill, New York. 605 pp.

Russell, G. E. *Hydraulics*, Holt, New York. 443pp.

附录B 鱼类常用名汇编

Common name 常用名	Scientific name 学名
Acipenserid 鲟鱼	*Family Acipenseridae* 鲟鱼类（*sturgeons* 鲟鱼）
Alewife 灰西鲱	*Alosa pseudoharengus* 灰西鲱
Anchovy 凤尾鱼，鳀鱼	*Family Engraulidae* 鳀鱼科（*anchovies* 凤尾鱼）
Northern anchovy 北方鳀	*Engraulis mordax* 美洲鳀
Ayu 香鱼	*Plecoglossus altivelis* 香鱼
Atlantic tomcod 大西洋小鳕	*Microgadus tomcod* 大西洋小鳕
Bass 欧洲鲈鱼	*Family Centrarchidae* 太阳鱼科（*sunfishes* 太阳鱼）；*Family Percichthyidae* 真鲈科（*temperate basses* 真鲈）
Australian bass 澳洲鲈鱼	*Macquaria novemaculeata* 九斑麦氏鲈
Largemouth bass 大口黑鲈	*Micropterus salmoides* 大口黑鲈
Smallmouth bass 小口黑鲈	*Micropterus dolomieu* 小口黑鲈
Striped bass 条纹鲈鱼	*Morone saxatilis* 斑纹鲈鱼
Bleak 欧鲌鱼，银鲤	*Alburnus alburnus* 欧鲌鱼
Bluegill 蓝鳃太阳鱼	*Lepomis macrochirus* 蓝鳃太阳鱼
Bream 鳊	*Family Cyprinidae* 鲤科（*carps and minnows* 鲤科）：*Abramis spp*. 欧鳊属，鲷鱼属
Bullhead 大头鱼	*Family Ictaluridae* 鮰科（*bullhead catfishes* 鮰鱼）大头鱼
Black bullhead 黑大头鱼	*Amieurus melas* 短棘鮰
Bullrout 棱须蓑鲉	*Notestes robusta* 棱须蓑鲉
Carp 鲤鱼，鲤科	*Family Cyprinidae* 鲤科（*carps and minnows* 鲤科）
Grass carp 草鱼	*Ctenopharyngoden idella* 草鱼
Common carp 鲤鱼	*Cyprinus carpio* 鲤鱼
Crucian carp 鲫鱼	*Carassius carassius* 黑鲫
Catostomid 亚口鱼	*Family Catostomidae*（*suckers*）亚口鱼类
Catfish 鲶鱼	*Family Ictaluridae*（*bullhead catfishes*）鮰鱼；*Family Siluridae*（*sheatfishes*）鲶鱼类
Channel catfish 斑点叉尾鮰	*Ictalurus punctatus* 斑点叉尾鮰
Giant catfish 巨鲶	*Pangasianodon gigas* 巨鲶
White catfish 白鲶	*I. catus* 白鲶
Characin 胭脂鱼	*Family Characidae*（*characins*）脂鲤科
Chub 鲢	*Family Cyprinidae* 鲤科（*carps and minnows* 鲤鱼，鲤科）；*Couesius plumbeus* 铅鱼（*lake chub* 白鲢），*Mylocheilus caurinus* 鲤科（*peamouth* 豆口鱼），其他属
Cisco 加拿大白鲑	*Family Salmonidae* 鲑科（*trouts* 鳟鱼）

续表

Common name 常用名	Scientific name 学名
Least cisco	*Coregonus sardinella* 白鲑
Crappie 莓鲈属	*Family Centrarchidae* 太阳鱼（*sunfishes* 翻车鱼，太阳鱼）
Black crappie 黑莓鲈	*Pomoxis nigromaculatus* 黑莓鲈
White crappie 白莓鲈	*Pomoxis annularis* 白莓鲈
Croaker 黄花鱼	*Family Sciaenidae*（*drums*）石首鱼科
White croaker 白姑鱼	*Genyonemus lineatus* 白石首鱼
Curimbata 巴西鲷，南美鲱鱼	*Prochilodus platensis* 条纹鲮脂鲤
Cyprinid 鲤科	*Family Cyprinidae* 鲤科（*carps and minnows* 鲤鱼和鲦鱼）
Dace（鲤科）鲦鱼	*Family Cyprinidae*（*carps and minnows*）鲤科：*Margariscus margarita*（*pearl dace* 珍珠鱼），*Phoxinus eos* 鲤科（*northern redbelly dace* 红腹雅罗鱼），*other species* 其他种
Dorado 剑鱼，旗鱼	*Salminus maxillosus* 麻哈脂鲤
Eel 鳗鱼，鳗鲡	*Family Anguillidae* 鳗鲡科（*freshwater eels*）
American eel 美洲鳗鲡	*Anguilla rostrata* 美洲鳗鲡
European eel 欧洲鳗鲡	*Anguilla anguilla* 欧洲鳗鲡
Japanese eel 日本鳗鲡	*Anguilla japonica* 日本鳗鲡
New Zealand longfin eel 新西兰长鳍鳗	*Anguilla dieffenbachii* 大鳗鲡
Shortfin eel 短鳍鳗鲡	*Anguilla australis* 澳洲鳗鲡（黑鳗）
Goldfish 金鱼	*Carassius auratus* 金鱼
Grayling 河鳟，茴鱼	*Family Salmonidae* 鲑科（*trouts*）
Arctic grayling 北极茴鱼或鳟鱼	*Thymallus arcticus* 北极茴鱼
Gudgeon 鮈	*Gobio gobio* 鮈
Herring 鲱鱼	*Family Clupeidae* 鲱鱼科（*herrings*）
Atlantic herring 大西洋鲱	*Clupea harengus* 大西洋鲱
Caspian herring 里海鲱鱼	*Clupea harengus* 大西洋鲱
Hilsa 鲥鱼	*Tenualosa ilisha* 云鲥
Ictalurid 鮰鱼	*Family Ictaluridae* 鮰科（*bullhead catfishes* 鮰鱼）
Inconnu 北鲑	*Stenodus leucichthys* 北鲑
Kokanee（landlocked sockeye salmon）红大马哈鱼	*Oncorhynchus nerka* 红大马哈鱼；红鲑
Lamprey 七鳃鳗	*Family Petromyzontidae*（*lampreys*）七鳃鳗科：*Ichthyomyzonspp.* 七鳃鳗属，*Lampetra spp.* 七鳃鳗属，*other genera* 其他属
Sea lamprey 海七鳃鳗	*Petromyzon marinus* 海七鳃鳗
Leporinus 兔脂鲤	*Leporinus obtusidens* 钝齿兔脂鲤
Ling（burbot）鳕鱼	*Lotalota* 江鳕，鲶鱼
Loach 泥鳅	*Family Cobitidae* 鳅科
Spine loach 刺鳅	*Cobitis taenia* 花鳅
Mullet 胭脂鱼，鲻鱼	*Family Mugilidae* 鲻科（*mullets*）
Freshwater mullet 淡水胭脂鱼	*Myxus capensis* 淡水黏鲻
Sand mullet 沙梭鱼	*Myxus elongatus* 长黏鲻
Striped mullet 乌贼	*Mugil cephalus* 乌鱼，又称鲻
Paddlefish 匙吻鲟，白鲟	*Polyodon spathula* 匙吻鲟

续表

Common name 常用名	Scientific name 学名
Peamouth 豆口鱼	*Mylocheilus caurinus* 豆口鱼
Perch 鲈鱼	*Family Centropomidae* 鲷科（*snooks*）；*Family Embiotocidae* 海鲫科（*surfperches* 海鲫）；*Family Percichthyidae*（*temperate basses*）真鲈科；*Family Percidae* 鲈科（*perches* 石斑类）
Barramundi perch 金目鲈	*Lates calcarifer* 尖吻鲈，金目鲈，盲鳍
Eurasian perch 河鲈，欧亚鲈	*Perca fluviatilis* 河鲈
Golden perch 黄金鲈	*Macquaria ambigua* 黄鲈
Nile perch 尼罗河鲈鱼	*Lates niloticus* 尼罗尖吻鲈
Shiner perch 黑眼鲈鱼	*Cymatogaster aggregata* 墨西哥海鲫，又名灰海鲫或黑眼鲈
Yellow perch 黄鲈	*Perca flavescens* 黄金鲈
White perch 白鲈鱼，银鲈；美洲狼鲈	*Morone americana* 美洲狼鲈
Perchlet 双边鱼	*Family Ambassidae* 锯盖鱼科
Yellow perchlet 黄鳍双边鱼	*Priopidichthys marianus* 双边鱼
Pike 梭鱼，狗鱼	*Family Esocidae* 狗鱼（*pikes* 梭鱼）
Northern pike 白斑狗鱼	*Esox lucius* 白斑狗鱼
Pumpkinseed 驼背太阳鱼	*Lepomis gibbosus* 驼背太阳鱼
Queenfish 皇后石首鱼，女王鱼	*Seriphus politus* 皇后石首鱼
Rainbow fish 彩虹鱼，绿锦鱼	*Melanotaenia sp.* 虹银汉鱼尾
Salmon 三文鱼，鲑鱼，大马哈鱼	*Family Salmonidae* 鲑科（*trouts* 鳟鱼）
Atlantic salmon 大西洋鲑鱼	*Salmosalar* 大西洋鲑
Chinook (king) salmon 奇努克鲑鱼	*Oncorhynchus tshawytscha* 王鲑
Chum salmon 大马哈鱼	*Oncorhynchus keta* 大马哈鱼（鲑鱼）
Coho (silver) salmon 银鲑鱼	*Oncorhynchus kisutch* 银鲑，银大马哈鱼
Pink salmon 细鳞大马哈鱼	*Oncorhynchus gorbuscha* 细鳞大马哈鱼
Pacific salmon 太平洋鲑鱼	*Oncorhynchus spp.* 太平洋鲑鱼
Sockeye salmon 红大马哈鱼	*Oncorhynchus nerka* 红大马哈鱼
Sauger 加拿大梭鲈，北美凸鲈	*Stizostedion canadense* 梭鲈
Sculpin 杜父鱼	*Family Cottidae* 杜父鱼（*sculpins*）
Mottled sculpin 斑点杜父鱼	*Cottusbairdi* 斑点杜父鱼
Shad 西鲱	*Family Clupeidae* 鲱科（*herrings* 鲱鱼）
Allice shad 亚里期鲱	*Alosa alosa* 西鲱
American shad 美洲西鲱	*Alsoas apidissima* 美洲鲥
Threadfin shad 鲅鲥鱼	*Dorosoma petenense* 佩坦真鰶
Shiner 闪光鱼	*Family Cyprinidae* 鲤科（*carps and minnows*）：*Notropis spp.* 棱鱼属
Smelt 胡瓜鱼	*Family Osmeridae* 胡瓜鱼（*smelts*）
Rainbow smelt 亚洲胡瓜鱼	*Osmerus mordax* 胡瓜鱼
Squawfish 叶唇鱼属	*Family Cyprinidae* 鲤科（*carps and minnows*）
Northern squawfish 北方叶唇鱼	*Ptychocheilus oregonensis* 叶唇鱼
Stickleback 刺鱼，棘鱼	*Family Gasterosteidae* 刺鱼科

续表

Common name 常用名	Scientific name 学名
Sturgeon 鲟	*Family Acipenseridae* 鲟科（*sturgeons*）：*Acipenser spp.* 鲟鱼，*Huso spp.*，*Scaphirhynchus spp.* 鲟形目
Sucker 亚口鱼	*Family Catostomidae* 亚口鱼（*suckers*）
Longnose sucker 真亚口鱼	*Catostomus catostomus* 真亚口鱼
Mountain sucker	*Catostomus platyrhynchus* 扁吻亚口鱼
White sucker 白亚口鱼	*Catostomus commersoni* 白亚口鱼
Sunfish 翻车鱼	*Family Centrarchidae* 太阳鱼科（*sunfishes*）
Green sunfish 蓝太阳鱼	*Lepomis cyanellus* 蓝太阳鱼
Tench 丁鲷	*Tincatinca* 丁鱥
Threadfin 马鲅	*Family Polynemidae*；*polynemus spp.* 马鲅科
Trout 鲑鳟鱼，鳟鱼	*Family Salmonidae* 鲑科（*trouts*）
Brook trout 美洲红点鲑，七彩鲑鱼	*Salvelinus fontinalis* 美洲红点鲑，七彩鲑鱼
Brown trout 褐鳟	*Salmotrutta* 褐鳟
Cutthroat trout 切喉鳟	*Oncorhynchus clarki* 克拉克大马哈鱼（山鳟）
Dolly Varden 花羔红点鲑，牛鳟	*Salvelinus malma* 花羔红点鲑
Golden trout 金鳟	*Oncorhynchus aguabonita* 阿瓜大马哈鱼（金鳟）
Lake trout 湖红点鲑，灰鳟	*Salvelinus namaycush* 湖红点鲑
Rainbow trout 虹鳟	*Oncorhynchus mykiss* 虹鳟
Sea trout 海鳟（anadromous brown trout）	*Salmotrutta* 海鳟
Steelhead 硬头鳟（anadromous rainbow trout）	*Oncorhynchus mykiss* 虹鳟
Walleye 鼓眼鱼	*Stizostedion vitreum* 大眼鲥鲈
Wels（sheatfish）六须鲇	*Silurusglanis* 六须鲇
Whitefish 白鲑	*Family Salmonidae* 鲑科（*trouts* 鳟鱼）：*Coregonusspp* 白鲑，*Prosopium spp.* 白鲑
Mountain whitefish 落矶山柱白鲑	*Prosopium williamsoni* 落矶山柱白鲑

附录C 附　　件

C.1 对哥伦比亚河大坝设施的改进

首先，由陆军工程兵团的生物学家们提出的将哥伦比亚河的鱼道从口堰改变垂直挡板插槽来控制流量的做法吸引了我的注意。这个改变是在近几年分阶段发生的，主要针对美国鲥鱼的鱼道来设计。众所周知，成熟的洄游性美国鲥鱼表现出独特的行为特征，将鱼道从堰改变垂直挡板插槽来控制流量的做法使它们能够沿着水面这种它们喜欢的洄游方式洄游，同时这种改变还实现了应用一定的措施来控制下游挡板的流量这一最初的目的。

其次，是在哥伦比亚河较低的大坝上利用重力流吸引水流方面的改变，引入了辅助的发电设施来消能，使得通过辅助设施的水有限通过鱼道的上游进口。这是一个正常的改进，因为改变使得水力发电正如期待的那样的价格更高，输电线路更短。

最后，尝试为哥伦比亚河下游洄游性鱼类提供更安全的通道继续受到生物学家的关注。通过增加厂房进水口旋转屏幕的进水口尺寸（深度增加一倍），希望运移效率增加到 80%～90%。其他附属设施也被改进，比如捕获、运输鱼类从上游大坝通过下游几个大坝的设施，该设施有效地解决了下游洄游鱼类的迁徙问题，目前这方面已经显示出了一些成功。

对于哥伦比亚河鲑鱼洄游方面所有正在进行的用于提高鲑鱼通过的相关保护活动，这些的最终结果都比人们期待的差。然而，如文中所述的那样，上游的设施在遇到设计方面仍然是最好的模型，而且在这个修订版中包含了很多有价值的细节描述。

C.2 对于旋转屏幕的改进

改进的链带型（又称里斯多夫型）旋转屏幕最近在纽约地区的哈得逊河渔民协会和几家电力公司的支持下已经被认为有效的措施，弗莱彻（1990 年）在图 6.12 和相关文字中描述了用改进的屏幕设备的试验，这个试验表明即使有如描述的那样拥有这些改进，屏幕中显示了 5～7cm 长的鲈鱼、白鲈鱼、大西洋汤姆鳕鱼以及驼背太阳鱼等不可接受的高损失。

在一个水力学实验室利用屏幕来研究，并发现通过在水槽的入口加入一个辅助屏幕，然后在水槽中做一些小幅度的调整，如附图C.1所示，水力条件被充分且有利的改变，使得鲈鱼在水槽中以30～45cm/s的速度游动时，其能量损失从53%减少到9%，其他幼鱼也有类似的能量减小的百分比。

这项工作是生物学家与水力学工程师合作的一个经典方式来改进屏幕，由此产生的在一些条件下的改进措施来减小鱼类损失是值得称道的。

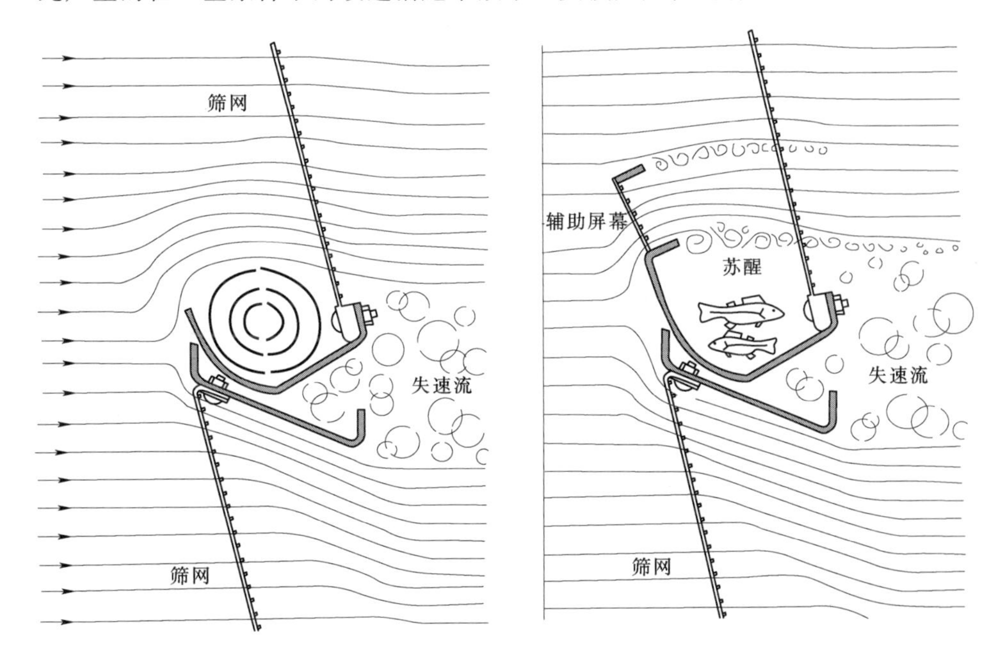

附图C.1　两个剖视图表明左图正如图6.12中建议的在移动屏幕延伸前端加入面板，右图移动屏幕进一步延伸到辅助屏幕的前端，增加的部分大大提高了分流的效率。
［Fletcher，R.I.，1990. Trans. Am. Fish. Soc.，119（3），pp. 319-415. 已允许］

C.3　澳大利亚对于降河产卵鱼类鱼道的研究

正如正文提到的，在南非和澳大利亚都发现在河口孵化的幼鱼洄游到河流上游，在新南威尔士和澳大利亚，幼鱼在地势较低的沿海地区为了保证灌溉或者其他目的建设了许多低坝，这导致了严重的洄游问题。其中一些低坝建设了鱼道，这些鱼道以早期欧洲或者北美鲑鱼洄游的鱼道为基础，目前只有少量降河洄游的鱼类能够越过这些鱼道。为了探明目前鱼道的状况，马龙-库珀

(1992 年）在文献中描述了一个低坝垂直竖缝式鱼道，有澳大利亚鲈鱼和尖吻鲈稚鱼成功地通过了该鱼道，通过鱼道的鲈鱼的尺寸为 40～93mm，尖吻鲈的尺寸约为 43mm。

在悉尼附近的曼莉水力学实验室建设了基于正文图 3.13 中所示的基于塞顿溪模型建设的鱼道，其宽度按比例缩小到 1m，其他尺寸也按比例合理的缩减，洄游试验用鱼来自附近的河流。仔细控制鱼道中三个挡板中的一个挡板，并记录鱼道中的最大流速。根据推测，能通过鱼道的上溯洄游的鱼通常都是能够在 1.0～1.4m/s 的流速下上溯的，它们能够在鱼道以最大流速运行的情况下通过一系列的挡板（目前挡板的数量还不知道），每个挡板头部之间的距离约为 50～100mm 或者 2～4in。当竖缝式鱼道以最大流速运行时，一般有 90%～100%的鱼能够成功完成上溯洄游。

这些试验在很多的方面都存在不足，这主要是由于在这个领域很多方面自然条件下难以实现。这方面还有许多工作要做，例如，我们建立了允许最大流速的鱼道，这个鱼道过不同种类、不同尺寸的鱼，但是这个方法对于解决鱼道过鱼效率的问题提供了很好的解决方案，是一个良好的开端。目前有几个相同尺寸的新鱼道正在建设，并在野外安装了计数装置来监测评定鱼道的过鱼效率。

我们希望通过本书的介绍，关于鱼道设计方面的问题将会进入一个拥有合理实时数据的状态。

C.4　参考文献

Fletcher，R. I. ，1990. Flow dynamics and fish recovery experiments：water intake systems，*Trans. Am. Fish. Sic.* ，119（3），pp. 393 - 415.

Mallen - Cooper，M. ，1992. Swimming ability of juvenile Australian bass，*Macquaria novemaculeata*（Steindachner），and barramundi，*Lates calcarifer*（Bloch），in an experimental vertical - slot fishway.